电工及电子技术

主　编　盛贤君　刘蕴红

编　者　盛贤君　刘蕴红

　　　　王　宁　章　艳

U0244165

大连理工大学出版社

图书在版编目(CIP)数据

电工及电子技术 / 盛贤君，刘蕴红主编. — 大连 ：
大连理工大学出版社，2012.9(2018.12 重印)
ISBN 978-7-5611-7338-1

Ⅰ. ①电… Ⅱ. ①盛… ②刘… Ⅲ. ①电工技术②电
子技术 Ⅳ. ①TM②TN

中国版本图书馆 CIP 数据核字(2012)第 230555 号

大连理工大学出版社出版
地址：大连市软件园路 80 号 邮政编码：116023
发行：0411-84706041 传真：0411-84707403 邮购：0411-84706041
E-mail：dutp@dutp.cn URL：http://dutp.dlut.edu.cn
丹东新东方彩色包装印刷有限公司印刷 大连理工大学出版社发行

幅面尺寸：185mm×260mm 印张：14.5 字数：353 千字
2012 年 9 月第 1 版 2018 年 12 月第 2 次印刷

责任编辑：王影琢 责任校对：王 波
封面设计：戴筱冬

ISBN 978-7-5611-7338-1 定 价：34.00 元

本书如有印装质量问题，请与我社发行部联系更换。

出 版 说 明

    基于计算机网络条件下的远程教育,即网络教育,亦称现代远程教育,已经成为当今推进我国高等教育大众化的新途径。经批准,大连理工大学于2002年2月成为全国68所现代远程教育试点高校之一。大连理工大学现代远程教育以"面向社会、服务社会"为宗旨,以"规范管理、提高质量、突出特色、创建品牌"为指导思想,在传承大连理工大学优秀的教育传统与文化的同时,依托校内外优秀的教育资源,借助于现代教育技术手段,在国家终身教育体系中为社会提供了多层次、高质量的教育服务,已形成具有大连理工大学特色的现代远程教育品牌。

    为了进一步提高现代远程教育的教学质量,我院在继续做好现代远程教育网络资源建设、开展好网上学习支持服务的同时,积极组织编写具有远程教育特色的高水平纸介教材。大连理工大学自2007年开始将现代远程教育系列纸介教材的编辑出版工作列入"现代远程教育类教学改革基金项目"加以实施。

    现代远程教育系列纸介教材建设立足于现代远程教育的特色,为培养应用型人才服务。现代远程教育系列纸介教材以网络课程的教学大纲为基础进行编写,在内容取舍、理论深度、文字处理上适合现代远程教育学生的实际接受能力,适应现代远程教育学生自主学习的需要。现代远程教育系列纸介教材的编者要求具有较高的学术水平、丰富的教学经验、较好的文字功底,原则上优先选聘本课程网络课件的主讲教师担任编写工作。

    目前,经过不断的努力,现代远程教育系列纸介教材已陆续出版问世,特向各位编者及审稿专家表示感谢,同时敬请社会各界同行对不足之处给予批评指正。

大连理工大学远程与继续教育学院

2013 年 8 月

前　言

　　本书是根据国家教委电工电子技术基础课程教学大纲的基本要求,结合大连理工大学网络教育学院《关于加强现代远程教育文字教材建设的意见》以及现代远程教育学生在职学习的特点,从实用角度出发,总结多年的教学经验,顺应电工电子技术发展的趋势编写而成。

　　本书在编写中力求体现以下特点:

　　1.体系完整、内容充实。教材内容兼顾了强电和弱电,具有知识点多、信息量大的特点。在编排上注意由浅入深,循序渐进,突出知识主线和重点,利于教学。

　　2.编写中贯彻了少而精的原则,对基本理论、基本知识和基本技能方面的内容力求定义准确,概念清楚,叙述简明。淡化细节描述,省略了一些繁杂的数理推导,精简了对分立元件的分析和过多的理论叙述,扩充了集成电路的应用举例,降低了学生学习的难度。

　　3.注重理论与实际相结合,突出实用性和实践性,增加了应用方面的知识,每个章节后均配有应用实例,全书共有应用实例21个,便于学生在具体应用中深入理解和掌握相关的理论知识。

　　全书共14章。内容包括直流电路、电路的瞬态分析、交流电路、供电与用电、变压器、电动机、电动机自动控制电路、电子器件、分立元件放大电路、集成运算放大器、直流稳压电源、组合逻辑电路、时序逻辑电路、A/D转换器和D/A转换器。

　　本书可作为网络教育非电类专业电工及电子技术教材,以及普通高等院校非电类专业少学时电工电子技术的教材,也可作为科研人员、工程技术人员及自学人员的参考用书。

　　本书编写的具体分工:章艳(第1、2章)、刘蕴红(第3、4、5、6、7章)、盛贤君(第8、9、10、12、13章)、王宁(第11、14章),盛贤君负责统稿。

　　本书经大连理工大学唐介教授仔细审阅,提出了很多宝贵意见,谨向唐介教授表示衷心的感谢。

　　限于编者的水平和经验,书中难免存在不足或错误之处,敬请读者批评、指正。

编　者

2012 年 9 月

目　录

第1章　直流电路 ………………………………………………………… 1

1.1　电路的基本概念 …………………………………………………… 1

　1.1.1　电路的基本组成 ……………………………………………… 1

　1.1.2　电路的种类和作用 …………………………………………… 1

1.2　电路的基本物理量 ………………………………………………… 2

　1.2.1　电　流 ………………………………………………………… 2

　1.2.2　电　压 ………………………………………………………… 2

　1.2.3　电　位 ………………………………………………………… 2

　1.2.4　电动势 ………………………………………………………… 3

　1.2.5　电功率 ………………………………………………………… 4

　1.2.6　电　能 ………………………………………………………… 4

1.3　电路的工作状态 …………………………………………………… 4

　1.3.1　通　路 ………………………………………………………… 4

　1.3.2　开路(断路) …………………………………………………… 5

　1.3.3　短　路 ………………………………………………………… 5

1.4　电压和电流的参考方向 …………………………………………… 5

1.5　电路模型 …………………………………………………………… 6

　1.5.1　理想的无源元件 ……………………………………………… 6

　1.5.2　理想的有源元件 ……………………………………………… 8

1.6　实际电源 …………………………………………………………… 9

　1.6.1　实际电压源 …………………………………………………… 9

　1.6.2　实际电流源 …………………………………………………… 9

　1.6.3　实际电压源和实际电流源之间的转换 ……………………… 10

1.7　基尔霍夫定律 ……………………………………………………… 11

　1.7.1　基尔霍夫电流定律 …………………………………………… 11

　1.7.2　基尔霍夫电压定律 …………………………………………… 12

1.8　支路电流法 ………………………………………………………… 13

1.9　叠加定理 …………………………………………………………… 14

1.10　等效电源定理 ……………………………………………………… 15

　1.10.1　基本概念 …………………………………………………… 15

　1.10.2　戴维宁定理 ………………………………………………… 15

　　1.10.3　诺顿定理 ……………………………………………………… 16

　1.11　应用实例 …………………………………………………………… 18

　　1.11.1　手电筒电路 …………………………………………………… 18

　　1.11.2　汽车发电机和蓄电池电路 …………………………………… 18

第 2 章　电路的瞬态分析 …………………………………………………… 19

　2.1　瞬态分析的基本概念 ……………………………………………… 19

　　2.1.1　稳态和瞬态 ……………………………………………………… 19

　　2.1.2　产生瞬态的原因 ………………………………………………… 19

　　2.1.3　分析瞬态过程的意义 …………………………………………… 20

　　2.1.4　激励和响应 ……………………………………………………… 20

　　2.1.5　一阶线性电路 …………………………………………………… 20

　2.2　换路定律 …………………………………………………………… 21

　2.3　一阶线性电路的三要素法 ………………………………………… 21

　　2.3.1　初始值的确定 …………………………………………………… 21

　　2.3.2　稳态值的确定 …………………………………………………… 23

　　2.3.3　时间常数的确定 ………………………………………………… 23

　　2.3.4　三要素法求解举例 ……………………………………………… 24

　2.4　RC 电路的瞬态分析 ……………………………………………… 25

　　2.4.1　RC 电路的零输入响应 ………………………………………… 25

　　2.4.2　RC 电路的零状态响应 ………………………………………… 26

　　2.4.3　RC 电路的全响应 ……………………………………………… 27

　2.5　应用实例 …………………………………………………………… 28

　　2.5.1　点焊机电路 ……………………………………………………… 28

　　2.5.2　闪光灯驱动电路 ………………………………………………… 28

第 3 章　交流电路 …………………………………………………………… 29

　3.1　正弦交流电的基本概念 …………………………………………… 29

　　3.1.1　周期、频率与角频率 …………………………………………… 29

　　3.1.2　瞬时值、最大值和有效值 ……………………………………… 30

　　3.1.3　相位、初相位和相位差 ………………………………………… 30

　3.2　正弦交流电的相量表示法 ………………………………………… 32

　　3.2.1　复数的基本知识 ………………………………………………… 32

　　3.2.2　正弦交流电的相量表示 ………………………………………… 32

　3.3　单一参数的交流电路 ……………………………………………… 33

　　3.3.1　纯电阻电路 ……………………………………………………… 33

　　3.3.2　纯电感电路 ……………………………………………………… 35

　　3.3.3　纯电容电路 ……………………………………………………… 36

　3.4　RLC 串联交流电路 ………………………………………………… 38

　3.5　阻抗串并联电路 …………………………………………………… 40

　　　3.5.1　阻抗串联电路……………………………………………………………40

　　　3.5.2　阻抗并联电路……………………………………………………………40

　3.6　交流电路的功率以及功率因数的提高……………………………………………41

　　　3.6.1　交流电路的功率………………………………………………………42

　　　3.6.2　交流电路功率因数的提高………………………………………………43

　3.7　电路谐振……………………………………………………………………………44

　　　3.7.1　串联谐振…………………………………………………………………44

　　　3.7.2　并联谐振…………………………………………………………………45

　3.8　应用实例……………………………………………………………………………45

　　　3.8.1　电容降压…………………………………………………………………45

　　　3.8.2　电感降压…………………………………………………………………46

　　　3.8.3　串联谐振用于收音机选台………………………………………………46

第4章　供电与用电………………………………………………………………………47

　4.1　三相电源……………………………………………………………………………47

　　　4.1.1　三相交流电的产生………………………………………………………47

　　　4.1.2　三相电源的连接…………………………………………………………48

　4.2　三相负载……………………………………………………………………………51

　　　4.2.1　负载的星形连接…………………………………………………………51

　　　4.2.2　负载的三角形连接………………………………………………………53

　4.3　三相电路的功率……………………………………………………………………55

　4.4　电力系统的基本概念………………………………………………………………56

　　　4.4.1　电能的产生………………………………………………………………56

　　　4.4.2　电能的传输………………………………………………………………57

　　　4.4.3　电能的分配………………………………………………………………57

　4.5　触电事故与触电保护………………………………………………………………58

　　　4.5.1　触电事故…………………………………………………………………58

　　　4.5.2　触电保护…………………………………………………………………59

　4.6　应用实例……………………………………………………………………………60

第5章　变压器……………………………………………………………………………61

　5.1　变压器的用途………………………………………………………………………61

　5.2　变压器的分类和基本结构…………………………………………………………61

　　　5.2.1　变压器的分类……………………………………………………………61

　　　5.2.2　变压器的基本结构………………………………………………………62

　5.3　变压器的工作原理…………………………………………………………………62

　　　5.3.1　变压器的空载运行和电压变换作用……………………………………62

　　　5.3.2　变压器的负载运行和电流变换作用……………………………………63

　　　5.3.3　变压器的阻抗变换作用…………………………………………………63

　5.4　变压器的外特性……………………………………………………………………64

5.5　变压器的额定值·· 65

5.6　变压器的功率和效率·· 66

　　5.6.1　变压器的功率·· 66

　　5.6.2　变压器的效率·· 66

5.7　变压器的极性·· 67

5.8　其他类型变压器·· 67

　　5.8.1　自耦变压器·· 67

　　5.8.2　互感器·· 68

　　5.8.3　三相变压器·· 69

5.9　应用实例··· 70

　　5.9.1　涡流的防止及应用·· 70

　　5.9.2　电流互感器应用·· 71

第6章　电动机··· 72

6.1　电动机概述·· 72

6.2　三相异步电动机的基本结构·· 73

6.3　三相异步电动机的工作原理·· 75

　　6.3.1　旋转磁场·· 75

　　6.3.2　电动机的转动原理·· 77

6.4　三相异步电动机的转矩特性和机械特性·································· 78

　　6.4.1　固有特性··· 79

　　6.4.2　人为特性··· 80

6.5　三相异步电动机的使用··· 80

　　6.5.1　三相异步电动机的功率传递··· 80

　　6.5.2　三相异步电动机的起动··· 81

　　6.5.3　三相异步电动机的调速··· 81

　　6.5.4　三相异步电动机的制动··· 82

6.6　三相异步电动机的铭牌数据·· 82

6.7　其他类型电动机·· 83

　　6.7.1　单相异步电动机·· 83

　　6.7.2　直流电动机·· 84

　　6.7.3　控制电动机·· 85

6.8　应用实例··· 86

第7章　电动机自动控制电路·· 90

7.1　常用低压电器·· 90

7.2　三相异步电动机的控制··· 95

　　7.2.1　直接起动控制电路·· 95

　　7.2.2　正反转控制电路·· 97

　　7.2.3　行程控制电路··· 98

7.2.4 时间控制电路 …………………………………………………………… 99
7.3 可编程控制器 …………………………………………………………………… 99
　　7.3.1 可编程控制器工作原理 ……………………………………………… 99
　　7.3.2 可编程控制器的编程语言 …………………………………………… 101
7.4 应用实例 ………………………………………………………………………… 102

第8章 电子器件 …………………………………………………………………… 104
8.1 半导体基础知识 ………………………………………………………………… 104
　　8.1.1 本征半导体 …………………………………………………………… 104
　　8.1.2 杂质半导体 …………………………………………………………… 104
　　8.1.3 PN结 …………………………………………………………………… 105
8.2 半导体器件 ……………………………………………………………………… 106
　　8.2.1 普通二极管 …………………………………………………………… 106
　　8.2.2 稳压二极管 …………………………………………………………… 108
　　8.2.3 双极型晶体管 ………………………………………………………… 109
　　8.2.4 场效晶体管 …………………………………………………………… 115
8.3 光电显示器件 …………………………………………………………………… 118
　　8.3.1 发光二极管 …………………………………………………………… 118
　　8.3.2 光敏二极管 …………………………………………………………… 119
　　8.3.3 光敏晶体管 …………………………………………………………… 119
　　8.3.4 光电耦合器 …………………………………………………………… 119
　　8.3.5 半导体激光器 ………………………………………………………… 120
8.4 电子显示器件 …………………………………………………………………… 120
　　8.4.1 发光二极管显示器 …………………………………………………… 120
　　8.4.2 液晶显示器 …………………………………………………………… 121
　　8.4.3 等离子显示器 ………………………………………………………… 121
　　8.4.4 阴极射线显示器 ……………………………………………………… 122
8.5 集成电路 ………………………………………………………………………… 122
　　8.5.1 集成电路简介 ………………………………………………………… 122
　　8.5.2 模拟集成电路 ………………………………………………………… 123
　　8.5.3 数字集成电路 ………………………………………………………… 124
8.6 应用实例 ………………………………………………………………………… 124

第9章 分立元件放大电路 ……………………………………………………… 126
9.1 双极型晶体管放大电路 ………………………………………………………… 126
　　9.1.1 放大电路工作原理 …………………………………………………… 126
　　9.1.2 放大电路的静态工作点 ……………………………………………… 128
　　9.1.3 放大电路的主要性能指标 …………………………………………… 129
9.2 场效晶体管放大电路 …………………………………………………………… 132
　　9.2.1 增强型MOS管共源放大电路 ……………………………………… 132

9.2.2 耗尽型 MOS 管共源放大电路 ·· 133

9.3 多级放大电路的概念 ·· 134

9.4 差分放大电路 ·· 135

9.4.1 抑制零点漂移原理 ·· 135

9.4.2 主要特点 ·· 136

9.5 应用实例 ·· 136

第 10 章 集成运算放大器 ·· 138

10.1 集成运算放大器概述 ·· 138

10.1.1 集成运算放大器的组成 ·· 138

10.1.2 集成运算放大器电压传输特性及主要参数 ···································· 139

10.2 理想运算放大器 ·· 140

10.2.1 理想运算放大器的条件 ·· 140

10.2.2 理想运算放大器的特性 ·· 141

10.3 反馈的基本概念 ·· 142

10.4 基本运算电路 ·· 143

10.4.1 比例运算电路 ·· 143

10.4.2 加法运算电路 ·· 145

10.4.3 减法运算电路 ·· 145

10.4.4 微分运算电路 ·· 147

10.4.5 积分运算电路 ·· 147

10.5 单限电压比较器 ·· 149

10.6 RC 正弦波振荡器 ·· 151

10.7 集成运算放大器在使用中应注意的问题 ·· 153

10.7.1 集成运算放大器的选用 ·· 153

10.7.2 集成运算放大器的消振与调零 ·· 154

10.7.3 集成运算放大器的保护 ·· 154

10.8 应用实例 ·· 155

10.8.1 直流电压表 ·· 155

10.8.2 直流电流表 ·· 157

第 11 章 直流稳压电源 ·· 158

11.1 直流稳压电源的组成 ·· 158

11.2 单相不可控整流电路 ·· 158

11.2.1 单相半波不可控整流电路 ·· 159

11.2.2 单相桥式不可控整流电路 ·· 159

11.3 单相可控整流电路 ·· 161

11.3.1 晶闸管 ·· 161

11.3.2 可控整流电路 ·· 161

11.4 滤波电路 ·· 162

11.4.1 电容滤波电路(C滤波电路) ……………………… 162

11.4.2 电感电容滤波电路(LC滤波电路) ……………… 164

11.4.3 π型滤波电路 …………………………………………… 164

11.5 稳压电路 ……………………………………………………… 164

11.5.1 稳压二极管稳压电路 …………………………………… 164

11.5.2 集成稳压电路 …………………………………………… 165

11.6 应用实例 ……………………………………………………… 166

第12章 组合逻辑电路 …………………………………………… 168

12.1 数字电路预备知识 …………………………………………… 168

12.1.1 数 制 …………………………………………………… 168

12.1.2 逻辑代数及运算 ………………………………………… 171

12.2 集成门电路 …………………………………………………… 174

12.2.1 基本门电路 ……………………………………………… 174

12.2.2 复合门电路 ……………………………………………… 175

12.3 组合逻辑电路的分析和设计 ………………………………… 178

12.3.1 组合逻辑电路的分析 …………………………………… 178

12.3.2 组合逻辑电路的设计 …………………………………… 180

12.4 加法器 ………………………………………………………… 181

12.4.1 半加器 …………………………………………………… 181

12.4.2 全加器 …………………………………………………… 182

12.5 编码器 ………………………………………………………… 183

12.5.1 普通编码器 ……………………………………………… 183

12.5.2 优先编码器 ……………………………………………… 185

12.6 译码器与数码显示 …………………………………………… 186

12.6.1 二进制译码器 …………………………………………… 186

12.6.2 显示译码器 ……………………………………………… 187

12.7 应用实例 ……………………………………………………… 188

第13章 时序逻辑电路 …………………………………………… 191

13.1 基本双稳态触发器 …………………………………………… 191

13.1.1 输入为低电平有效的基本RS触发器 ……………… 191

13.1.2 输入为高电平有效的基本RS触发器 ……………… 193

13.2 钟控触发器 …………………………………………………… 193

13.2.1 RS触发器 ……………………………………………… 194

13.2.2 JK触发器 ……………………………………………… 196

13.2.3 D触发器 ……………………………………………… 199

13.2.4 T触发器 ……………………………………………… 201

13.3 计数器 ………………………………………………………… 204

13.3.1 同步二进制减法计数器 ………………………………… 205

　　　13.3.2　异步五进制加法计数器 ·································· 206

　　　13.3.3　中规模集成计数器及其应用 ·························· 207

　　13.4　寄存器 ·· 209

　　　13.4.1　数码寄存器 ·· 209

　　　13.4.2　移位寄存器 ·· 210

　　13.5　应用实例 ·· 212

第14章　A/D转换器和D/A转换器 ······························ 214

　　14.1　数模转换器 ·· 214

　　14.2　模数转换器 ·· 216

　　14.3　应用实例 ·· 217

第1章 直流电路

电工与电子技术的应用离不开电路,直流电路是电路的基础。本章主要内容为电路的组成与工作状态、电压和电流的参考方向、电路模型、基尔霍夫定律以及基本的电路分析方法,如支路电流法、叠加定理以及等效电源定理等。

1.1 电路的基本概念

电路实际上就是电流流通的路径,是由一些电气设备或元件按照一定方式连接在一起的,目的是要实现某一特定的功能。平常我们所说的电气设备,在电路中被称为电路元件。图 1.1.1 是一个简单的直流电路。

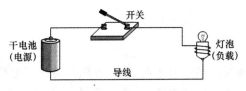

图 1.1.1 简单的直流电路

1.1.1 电路的基本组成

无论多复杂的电路,都包含以下几个最基本的部分:

(1)电源:能够将其他形态的能量转变为电能的装置。直流电源是能够提供直流电流的电源。例如干电池和可充电电池都是将化学能转换为电能的装置,它们都是直流电源。干电池只能将化学能一次性地转化为电能,而可充电电池又称为蓄电池,可以由充电器充电,充电的过程是将电能转换为化学能并储存起来,使用时,再将化学能转换为电能,因此可以反复充电使用。燃料电池也是一种化学电池,但需要不断添加燃料来维持供电。太阳能电池又称光伏电池,是将太阳能转换为电能的装置。直流发电机是将机械能转换为电流电能的装置,可以获得比电池更充足、更强大的电能。

(2)负载:是取用电能的设备,是将电能转换成非电形态的能量。例如电灯是将电能转换为光能和少量的热能,电加热器将电能转换为热能,电动机将电能转换为机械能。

(3)导线:是中间环节,起着连通电路和输送电能的作用,例如各种铜、铝电缆线。

(4)控制和保护器件:控制电路工作状态以及对电路进行保护的器件或设备,例如熔断器是用于保护的器件,开关是用来控制电路接通和断开的器件。

1.1.2 电路的种类和作用

根据电路的功能可以将电路分为力能电路和信号电路两大类。

（1）力能电路：力能电路的作用是进行能量的传输和转换。电力系统就属于力能电路，如图1.1.2所示，发电机产生的电能通过电线输送到各个用户，实现了电能的传输，用户又通过动力、电热及照明等设备实现了电能的转换。力能电路的特点是电压高、电流大、功率大。在研究力能电路时更关注电路中各个部分的功率损耗，即电能传输和转换的效率。

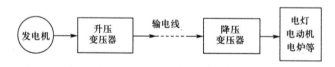

图1.1.2　电力系统示意图

（2）信号电路：信号电路的作用是实现信号的传递和处理。例如电话机、扩音机、收音机、电视机的电路都属于信号电路。信号电路的特点是电压低、电流小、功率小。一台收音机的功率一般只有几瓦。在研究信号电路时更关注的是效果，即要保证信号的不失真以及传输的速度等。

1.2　电路的基本物理量

1.2.1　电　流

电路中电荷有规则地定向移动形成电流，其方向规定为正电荷流动的方向，其大小等于在单位时间内通过导体横截面的电量，称为电流强度（简称电流）。

常用的电流单位有安（A）、毫安（mA）、微安（μA）、千安（kA）等。

如果电流的大小和方向不随时间变化，则这种电流称为恒定电流，简称直流（DC），直流电流用大写字母 I 表示。如果电流的大小和方向都随时间进行周期性变化，则称为交变电流，简称交流，交流电流的瞬时值要用小写字母 i 表示。

1.2.2　电　压

电压是指电路中 A、B 两点之间的电位差（简称为电压），其大小等于电场力把单位正电荷从电场中 A 点移到 B 点所做的功，一般规定：电压的方向是由高电位"＋"指向低电位"－"，因此通常把电压称为电压降。

电压的国际单位制为伏特（V），常用的单位还有毫伏（mV）、微伏（μV）、千伏（kV）等。

如果电压的大小及方向都不随时间变化，称为直流电压，用大写字母 U 表示。如果电压的大小及方向随时间变化，则称为交变电压。最常见的交变电压是正弦交流电压，其大小及方向均随时间按正弦规律作周期性变化。交流电压的瞬时值要用小写字母 u 表示。

1.2.3　电　位

电路中各点位置上所具有的势能称为电位。电路中的电位具有相对性，只有先明确了电路的参考点，电路中其他各点的电位才有意义。电位是指电场力把单位正电荷从电场中的一点移到参考点所做的功。用符号 V 表示。

电位与电压的单位相同,也是伏特(V)。

选择参考点,将参考点的电位定为零,则所求点的电位就是该点到参考点的电压。所以计算电位的方法与计算电压的方法完全相同。注意:电位值是相对的,改变电路的参考点,则电路中各点的电位也随之改变,但电路中两点间的电压值是固定的,不会因参考点的不同而改变。当电源的一个极接地时,可省略电源不画,而用没有接地极的电位代替电源。

例如图 1.2.1(a)中的电路,可将其改画成用电位代替电源的形式,即图 1.2.1(b)所示的电路。

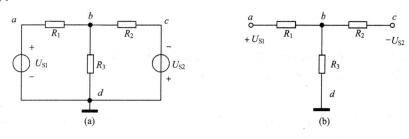

图 1.2.1　电位和参考点

【例 1.2.1】　求图 1.2.2(a)所示电路中 a 点电位值。若开关闭合,a 点电位值又为多少?

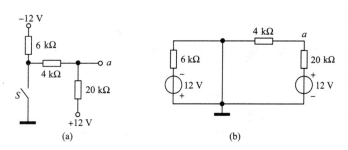

图 1.2.2　例 1.2.1 的电路图

解　S 断开时,三个电阻相串联。串联电路两端点的电压为

$$U = 12 - (-12) = 24 \text{ V}$$

电流方向由 +12 V 电源经三个电阻至 -12 V 电源,20 kΩ 电阻两端的电压为

$$U_{20 \text{ k}\Omega} = 24 \times \frac{20}{6+4+20} = 16 \text{ V}$$

根据电压等于两点电位之差可求得

$$V_a = 12 - 16 = -4 \text{ V}$$

开关 S 闭合后,电路相当于图 1.2.2(b)所示电路,即

$$V_a = \frac{4}{4+20} \times 12 = 2 \text{ V}$$

1.2.4　电动势

电动势和电位一样属于一种势能,它反映了电源内部能够将非电能转换为电能的本

领。从电的角度上看,电动势代表了电源力将电源内部的正电荷从电源负极移到电源正极所做的功,是电能累积的结果。电源之所以能够持续不断地向电路提供电流,也是由于电源内部存在电动势的缘故。电动势用符号 E 表示。在电路分析中,电动势的方向规定为由电源负极指向电源正极,即电位升高的方向。

电压、电位和电动势三者单位相同,都是伏特(V),电压和电位是反映电场力做功能力的物理量,电动势则是反映电源力做功能力的物理量;电压和电位既可以存在于电源外部,还可以存在于电源两端,而电动势只存在于电源内部;电压的大小仅取决于电路中两点电位的差值,因此是绝对的量,其方向由电位高的一点指向电位低的一点;电位只有高、低、正、负之分,没有方向,其高、低、正、负均是相对于电路中的参考点而言。

1.2.5 电功率

电路元件或设备在单位时间内吸收或发出的电能称为电功率。两端电压为 U、通过电流为 I 的任意二端元件或二端网络的功率大小为

$$P=UI$$

功率的国际单位制单位为瓦特(W),常用的单位还有毫瓦(mW)、千瓦(kW)。用电器铭牌上的电功率是它的额定功率,电功率是对用电设备能量转换本领的量度,例如"220 V,100 W"的白炽灯,说明当它两端加上 220 V 的额定电压时,可在 1 秒钟内将 100 焦耳的电能转换成光能和热能。

1.2.6 电 能

电能是指在一定的时间内电路元件或设备吸收或发出的电能量,用符号 W 表示。电能的计算公式为

$$W=P \cdot t=UIt$$

其国际单位制为焦耳(J),通常电能用千瓦小时(kW·h)来表示大小,也称为度(电):1 度(电)=1 kW·h=3.6×10⁶ J。即功率为 1 000 W 的供能或耗能元件,在 1 小时的时间内所发出或消耗的电能量为 1 度。

1.3 电路的工作状态

电路的主要工作状态有三种,即通路、开路和短路。

1.3.1 通 路

电源与负载接通,电路中有电流通过,电气设备或元器件获得一定的电压和电功率,进行能量转换或信号处理。在通路的状态下,要掌握以下几个术语:

(1)额定值:是指电气设备在工作时,其电压、电流和功率的一定数值范围,只要电压、电流和功率在这个范围内,电气设备就可以正常工作。我们日常使用的用电器上所标注的电流、电压和功率均是额定值。

(2)额定工作状态:电气设备或元器件在额定功率下的工作状态,也称满载状态。

(3)轻载状态:电气设备或元器件在低于额定功率的工作状态。轻载时电气设备不能

得到充分利用或根本无法正常工作。

（4）过载（超载）状态：电气设备或元器件在高于额定功率的工作状态。过载时电气设备很容易被烧坏或造成严重事故。

1.3.2　开路（断路）

就是由于开关断开或电路中某一部分断线，而使整个电路未能构成闭合回路。开路时，电路中没有电流流过，电源不输出电能，负载不能工作。在实际电路中，除了开关断开或电路中某一部分断线外，线路中的接触不良也会造成开路。

1.3.3　短　路

短路又可分为电源短路和用电器短路两种情况。用一根导线将电源的两极直接连接起来，叫做电源短路。此时电路中的电流很大，会把电源烧坏甚至引起火灾，因此通常采用在电路或电气设备中安装熔断器等来避免电源短路情况发生。用导线把用电器的两端直接连接起来，叫做用电器短路。常把连在用电器两端的这条导线叫做短路导线。用电器短路时，电流不通过用电器而直接从短路导线中通过。用电器短路的情况，有的时候可以被利用。为了与电源短路相区别，用电器短路也常常被称为短接。

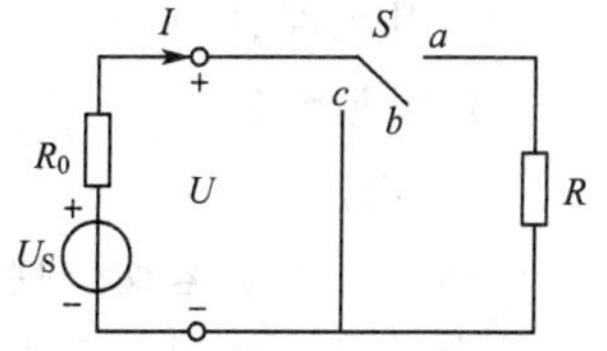

【例1.3.1】　在图1.3.1所示电路中，$U_S = 6$ V，$R_0 = 0.2$ Ω，$R = 9.8$ Ω，当开关分别位于 a、b、c 三个位置时，求出电路中的电流 I 和端电压 U。

图1.3.1　例1.3.1的电路图

解　（1）当开关位于 a 处时，电路处于通路状态。

$$I = \frac{U_S}{R_0 + R} = \frac{6}{0.2 + 9.8} = 0.6 \text{ A}$$

$$U = U_S - IR_0 = 6 - 0.6 \times 0.2 = 5.88 \text{ V}$$

（2）当开关位于 b 处时，电路处于断路状态。

$$I = 0 \text{ V}$$

$$U = U_S - IR_0 = 6 - 0 \times 0.2 = 6 \text{ V}$$

（3）当开关位于 c 处时，由于 R_0 很小，电源 U_S 接近于短路状态。

$$I = \frac{U_S}{R_0} = \frac{6}{0.2} = 30 \text{ A}$$

$$U = 0 \text{ V}$$

1.4　电压和电流的参考方向

在进行电路分析和计算时，常用数学表达式来表达各物理量之间的关系，因此要事先明确各支路电流以及各个元件两端电压的方向。通常任意假设一个方向，以方便分析和计算，这些假设的电流、电压方向称为参考方向。

当电路比较简单，电压和电流的实际方向可以直接判断出来，即当实际方向已知时，可以画出实际的方向，但对于比较复杂的电路如图1.4.1所示，无法预先判断出各支路的实际电流方向,支路电流方向可以任意假设。如图 1.4.1 中的 I_1,I_2,I_3 的方向均假设为向下方向,用箭头表示,R_3 上的电压 U 的方向也假设为向下方向(即上＋下一)。然后,进行分析和计算,如果计算的数值为负,就说明实际的电流或电压方向与假设的方向相反;如果计算的数值为正,则说明实际的电流或电压方向与假设的方向相同。

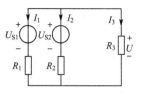

图 1.4.1　电路的参考方向

1.5　电路模型

实际电路是由实际的电路元件,如发电机、变压器、电池、电动机等组成的。但在对实际电路进行分析和计算时,往往将实际电路元件用能够表征其物理性质的理想电路元件来代替。这种由理想电路元件组成的电路叫做实际电路的电路模型。理想的电路元件又分为理想的有源元件和理想的无源元件。

1.5.1　理想的无源元件

电阻元件、电感元件、电容元件都是组成电路模型的理想无源元件。

1. 电阻元件

(1)电阻

物体对电子运动呈现的阻碍作用,称为该物体的电阻。电阻用符号 R 表示,在电路中的表示形式如图 1.5.1 所示。其单位有欧姆(Ω)、千欧($k\Omega$)、兆欧($M\Omega$)。

(2)电导

电阻的倒数称为电导,用符号 G 表示,即

$$G = \frac{1}{R}$$

电导的单位是西门子(S),简称西。

(3)电阻元件的电压与电流关系

$$u = iR \qquad (1.5.1)$$

或

$$i = uG \qquad (1.5.2)$$

即电阻元件上的电压与通过的电流成线性的关系。

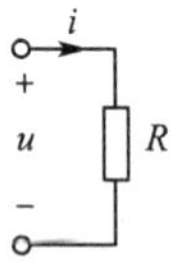

(4)电阻元件的功率

电阻元件吸收的功率为

$$p = ui = Ri^2 = Gu^2 = \frac{u^2}{R}$$

上式表明电阻元件上电能全部被消耗掉。

图 1.5.1　电阻元件

2. 电感元件

(1)电感

把金属导线绕在一骨架上,就构成一个实际的电感器。当忽略电感器的导线电阻时,电感器就成为理想化的电感元件,简称电感。符号为 L,在电路中的表示形式如图 1.5.2

所示。单位为亨利(H)、毫亨(mH)、微亨(μH)。

（2）电感元件的电压与电流关系

电感元件的电压与电流之间的关系表达式为：

$$u = L\frac{di}{dt} \qquad (1.5.3)$$

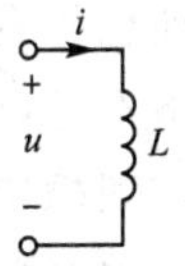

由式(1.5.2)可知,当线圈中通过不随时间而变化的恒定电流时,电感元件可视作短路。

图 1.5.2　电感元件

（3）电感元件储存的能量

电感元件中的能量表达式为

$$W_L = \frac{1}{2}Li^2 \qquad (1.5.4)$$

这说明当电感元件中电流增大时,磁场能量增大;在此过程中,电感元件从电源取用能量,并转换为磁能,转换的大小为 $\frac{1}{2}Li^2$。当电流减小时,磁场能量减小,磁能转换为电能,即电感元件向电源释放能量。理想电感元件不消耗能量,是一种储能元件。

3. 电容元件

（1）电容

电容器(也称电容)就是"储存电荷的容器"。尽管电容器品种繁多,但它们的基本结构和原理是相同的。两片相距很近的金属极板被某绝缘介质所隔开,就构成了电容器。在电容器两端加有电压时,在金属极板上会聚集等量且异号的电荷。电压越高,聚集的电荷越多,产生的电场越强,储存的电场能就越多。电容量可以表示为

$$C = \frac{q}{u} \qquad (1.5.5)$$

电容的单位是法拉(F)、微法(μF)、皮法(pF)等。若只考虑电容器的电场效应且认为其中绝缘介质的损耗为零(即绝缘电阻为无穷大),则此种电容器即可视为理想电容元件,简称电容元件。电容元件在电路中的表示形式如图1.5.3所示。

（2）电容元件的电压与电流关系

在电压的正方向如图1.5.3所示的情况下,当极板上的电量 q 或电压 u 发生变化时,在电路中就会产生电流 i,有

$$i = C\frac{du}{dt} \qquad (1.5.6)$$

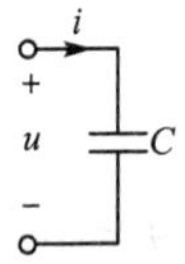

通过上式可知,当电容器两端加恒定电压时,电容元件可视作开路。

图 1.5.3　电容元件

（3）电容元件储存的能量

电容元件中的能量表达式为

$$W_C = \frac{1}{2}Cu^2 \qquad (1.5.7)$$

这说明当电容元件上电压增高时,电场能量增大,在此过程中电容元件从电源取用能量(充电);当电压降低时,电场能量减小,即电容元件向电源释放能量(放电),电容元件不消耗能量,因此称电容也是储能元件。

1.5.2　理想的有源元件

理想的有源元件分为理想电压源和理想电流源两种。当实际电源本身的功率损耗可以忽略不计，而只起产生电能的作用时，就可以用一个理想的电压源或电流源来表示。

1.理想电压源

理想电压源(或称恒压源)具有端电压保持恒定不变，而输出电流的大小由负载决定的特性。其外特性，即端电压 U 与输出电流 I 的关系 $U=f(I)$ 是一条平行于 I 轴的直线。

理想电压源的符号和外特性如图 1.5.4 所示。

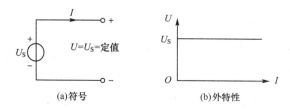

(a)符号　　　　　　　　　　(b)外特性

图 1.5.4　理想电压源的符号和外特性

但实际电压源总是存在内阻的，因此当负载增大时，电源的端电压总会有所下降。工程应用中，我们希望电源的内阻越小越好，当电压源内阻等于零时，就成为理想电压源。

2.理想电流源

理想电流源(或称恒流源)具有输出电流保持恒定不变，而端电压的大小由负载决定的特性。其外特性，即输出电流 I 与端电压 U 的关系 $I=f(U)$ 是一条平行于 U 轴的直线。

理想电流源的符号和外特性如图 1.5.5 所示。

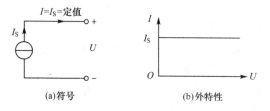

(a)符号　　　　　　　　　　(b)外特性

图 1.5.5　理想电流源的符号和外特性

功率本身没有正负，但为了电路分析方便，如果一个电路元件上电压的实际方向与电流的实际方向一致，则规定其电功率为正。当元件上消耗的电功率为正值时，说明这个元件在电路中吸收电能，起负载作用。如果元件两端电压的实际方向和电流的实际方向相反，则其上消耗的电功率为负值，说明它在向电路提供电能，起电源的作用。对于电源元件来说，如果其电压 U 和电流 I 方向一致，则功率为正，此电源吸收功率，是有源负载。

【例 1.5.1】　图 1.5.6 中电路，当电阻分别为 1 Ω，0.5 Ω 和 2 Ω 时，判断哪个电源发出功率，哪个电源吸收功率。

解　观察电路可知，恒流源、电阻和恒压源三者并联。由恒压源的性质可知，恒流源和电阻两端的电压均为 3 V，实际方向从上向下，因此恒流源两端的电压与电流的实际方向相反，恒流源消耗的功率为负值。换言之，无论电阻为何值，恒流源均发出功率，起电源作用。下面判断当电阻的取值不同时,恒压源的工作状态。

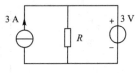

(1)当 $R=1\ \Omega$ 时,电阻中的电流为 3 A,方向从上向下,因此,3 V 的恒压源中没有电流流过,恒压源既不发出功率也不吸收功率。

图 1.5.6 例 1.5.1 的电路图

(2)当 $R=0.5\ \Omega$ 时,电阻中的电流为 6 A,方向从上向下,则此时恒压源中的电流一定是 3 A,且方向为从下向上。而恒压源两端电压的实际方向为从上向下,和流过恒压源电流的实际方向相反,则恒压源发出功率,也起电源作用。

(3)当 $R=2\ \Omega$ 时,电阻中的电流为 1.5 A,方向从上向下,则此时恒压源中的电流一定为 1.5 A,且方向为从上向下,和恒压源电压的实际方向相同,则恒压源吸收功率,起负载作用。

1.6 实际电源

恒压源和恒流源实际上是不存在的,电源内部总是存在一定的内阻,用 R_0 表示。该内阻的存在使得实际的电源自身会有功率损耗。实际电源可以用实际电压源或实际电流源的电路模型来描述。

1.6.1 实际电压源

实际电压源简称电压源。一般用一个恒压源与一个电阻元件的串联作为实际电压源的电路模型,如图 1.6.1(a)所示。

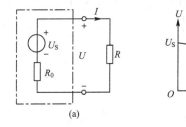

图 1.6.1 电压源模型及其外特性

电压源的外特性,即其输出电压 U 与输出电流 I 之间关系为

$$U=U_S-R_0I$$

实际电源的端电压 U 随着输出电流 I 的增大而下降。因为输出电流流过电源内阻 R_0,并在内阻上产生电压降 R_0I。电源内阻越小,则外特性曲线越趋于水平,也就是说当负载电流变化时,输出电压的变化越小,越接近恒压源的外特性,因此,通常希望电压源内阻越小越好。

1.6.2 实际电流源

实际电流源简称电流源,可用一个恒流源 I_S 和一个电阻 R_0 并联的电路模型表示,如图 1.6.2(a)所示。

电流源的外特性,即其输出电压 I 与输出电流 U 之间关系为

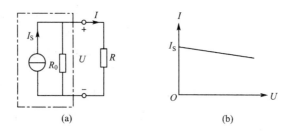

图 1.6.2　电流源模型及其外特性

$$I = I_S - \frac{U}{R_0}$$

电流源内阻 R_0 越小,则电源内阻分流越大,分给外电路的电流 I 就越小。可见,R_0 越大,则电流的外特性曲线越平,即负载电压变化时,输出电流的变化越小,越接近恒流源的外特性,因此,通常希望电流源的内阻越大越好。

1.6.3　实际电压源和实际电流源之间的转换

一个实际的电源,对外部电路来说,可以看成是一个电压源,也可以看成是一个电流源。在保持输出电压 U 和输出电流 I 不变的条件下,电压源和电流源之间可以进行等效变换。它们之间的相互转换关系为(图 1.6.3):

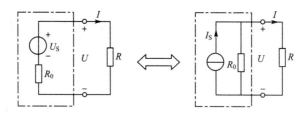

图 1.6.3　实际电压源和实际电流源之间的转换

(1)相互转换时,电源内阻保持不变。

(2)将电压源转换为电流源可以利用公式 $I_S = \dfrac{U_S}{R_0}$ 求出 I_S 的值。

(3)将电流源转换为电压源可以利用公式 $U_S = I_S R_0$ 求出 U_S 的值。

注意:

(1)只适用于实际电压源和实际电流源之间的转换。对于理想电压源和理想电流源,则不能等效变换。

(2)只适用于求解电源外部电路中的参数,即仅对外电路等效,对电源内部则是不等效的。

(3)互换时要注意电压源电压极性与电流源电流方向关系,I_S 应该从电压源的正极流出。

(4)与理想电压源并联的成分不影响外电路的计算结果,可除去;与理想电流源串联的成分不影响外电路的计算结果,可除去。

【**例 1.6.1**】 图 1.6.4(a)所示的电路中,已知:$U_{S1} = 12$ V,$U_{S2} = 6$ V,$R_1 = 3$ Ω,$R_2 = 6$ Ω,$R_3 = 10$ Ω,试用电源等效变换法求电阻 R_3 中的电流。

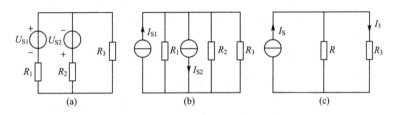

图 1.6.4 例 1.6.1 的电路图

解 （1）先将两个电压源等效变换成两个电流源，如图 1.6.4(b) 所示，两个电流源的电流分别为：

$$I_{S1} = \frac{U_{S1}}{R_1} = \frac{12}{3} = 4 \text{ A}$$

$$I_{S2} = \frac{U_{S2}}{R_2} = \frac{6}{6} = 1 \text{ A}$$

（2）将两个电流源合并为一个电流源，得到简化的等效电路，如图 1.6.4(c) 所示。

等效电流源的电流

$$I_S = I_{S1} - I_{S2} = 4 - 1 = 3 \text{ A}$$

其等效内阻为

$$R = R_1 /\!/ R_2 = 2 \text{ Ω}$$

（3）由图 1.6.4(c) 电路求出 R_3 中的电流为

$$I_3 = \frac{R}{R_3 + R} I_S = \frac{2}{10 + 2} \times 3 = 0.5 \text{ A}$$

1.7 基尔霍夫定律

基尔霍夫定律是用于电路分析和计算的基本定律，包括基尔霍夫电流定律和基尔霍夫电压定律。在介绍定律内容之前，先以图 1.7.1 为例，介绍几个有关电路结构的术语。

（1）结点：三个或三个以上电路元件的连接点称为结点，如图 1.7.1 中有 a、b、c、d 四个结点。

（2）支路：两个结点之间的每一条分支电路称为支路，如图 1.7.1 中有 ab、ac、cd、bc、bd、ad 六条支路。

（3）回路：电路中任一闭合路径称为回路，如图 1.7.1 中有 $abda$、$abcda$、$acbda$、$acdba$、$acda$、$abca$、$cbdc$ 六个回路。

（4）网孔：内部不含支路的回路称为网孔，如图 1.7.1 中有 $acda$、$abca$、$cbdc$ 三个网孔。

1.7.1 基尔霍夫电流定律

基尔霍夫电流定律（简称 KCL），又称为结点电流定律。它描述了连接在同一结点的各条支路电流之间的关系。其内容为：对任何一个结点，在任一时刻，流入该结点的所有支路电流的代数和恒等于零。用公式表示为

$$\sum i = 0 \tag{1.7.1}$$

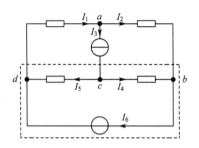

图 1.7.1　结点、支路、回路和网孔

对于直流电路,上面的公式可以写为

$$\sum I = 0 \qquad (1.7.2)$$

式(1.7.2)中,根据电流的正方向,流入结点的电流前面取正号,流出结点的电流前面取负号。例如对图 1.7.1 中的结点 a、b 分别应用 KCL 有

$$I_1 - I_2 - I_3 = 0 \qquad (1.7.3)$$
$$I_2 + I_4 - I_6 = 0 \qquad (1.7.4)$$

基尔霍夫电流定律不仅适用于电路中的任一结点,还可以推广应用于电路中任何一个假定的闭合面。图 1.7.2(a)中的虚线框为一个闭合面,对整个闭合面应用 KCL 有

$$I_1 + I_2 - I_3 = 0 \qquad (1.7.5)$$

图 1.7.2(b)中的三极管 T 也可以看成是一个闭合的面,则有

$$I_B - I_E + I_C = 0$$

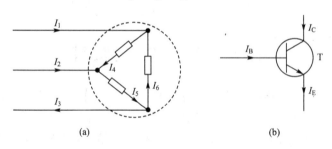

(a)　　　　　　　　　　　　　　　　　　(b)

图 1.7.2　KCL 定律的推广

1.7.2　基尔霍夫电压定律

基尔霍夫电压定律(简称 KVL),又称回路电压定律,它描述了回路中各段电压之间的关系。

其内容为:对任何一个回路,在任一时刻,沿任一绕行方向,回路中所有各段电压的代数和恒等于零。用公式表示为

$$\sum u = 0 \qquad (1.7.6)$$

对于直流电路,上面的公式可以写为

$$\sum U = 0 \qquad (1.7.7)$$

电压参考方向与回路绕行方向一致时取正号,相反时取负号。电阻上的电压方向与电流的参考方向一致。如图 1.7.3 所示,对左边回路有

$$U_1 + U_2 - U_S = 0 \qquad (1.7.8)$$

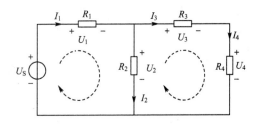

图 1.7.3　基尔霍夫电压定律应用

对右边回路有

$$U_3 + U_4 - U_2 = 0 \qquad (1.7.9)$$

根据欧姆定律,左边回路还可以写成

$$I_1 R_1 + I_2 R_2 - U_S = 0 \qquad (1.7.10)$$

右边回路还可以写成

$$I_3 R_3 + I_4 R_4 - I_2 R_2 = 0 \qquad (1.7.11)$$

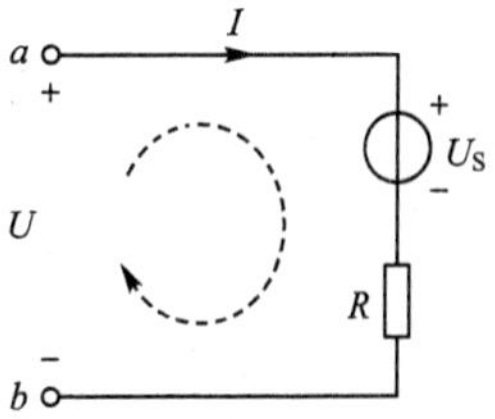

基尔霍夫电压定律不仅适用于电路中的任一闭合回路,还可以推广应用于任何一个假定闭合的一段电路。因此,KVL 也可以应用于局部电路。例如在图 1.7.4 中,只要将 ab 端的开路电压作为电阻电压降一样,记为 U,则应用 KVL 有

图 1.7.4　基尔霍夫电压定律应用于局部电路

$$U_S + IR - U = 0 \qquad (1.7.12)$$

1.8　支路电流法

支路电流法是计算复杂电路的最基本方法之一。它的求解对象是各条支路的电流,直接应用 KCL 和 KVL 列方程,然后联立求解。假设电路中有 m 条支路,n 个结点,则应用支路电流法求解 m 条支路电流的具体步骤如下:

(1)在电路图中标出 m 条支路电流的参考方向。

图 1.8.1 中有 3 条支路,需要求解 3 条支路电流。

(2)列出独立的结点电流方程。

需要注意的是,具有 n 个结点的电路则可以列出 $(n-1)$ 个独立结点电流方程。

(3)确定余下所需的方程数,列出独立的回路电压方程。

共有 m 个未知量,需要有 m 个独立方程。步骤(2)中应用 KCL 列出 $(n-1)$ 个独立的结点电流方程,因此只需应用 KVL 列出 $[m-(n-1)]$ 个独立的回路电压方程即可。一般可取网孔列出。

(4)将(2)和(3)步骤中列出的方程联立成一个方程组,求解方程组得出各支路电流。

【例 1.8.1】　图 1.8.1 所示电路中,已知 $U_{S1} = 70$ V,$R_1 = 20$ Ω,$U_{S2} = 45$ V,$R_2 = 5$ Ω,$R_3 = 6$ Ω。试用支路电流法求解各支路电流。

解　(1)图中共有 3 条支路,支路电流的参考方向如图 1.8.1 所示。

(2)图中有 a、b 两个结点,只能列出一个独立结点方程。

$$I_1 + I_2 - I_3 = 0$$

(3)还需根据 KVL 列出两个独立的回路电压方程。

左网孔：$I_1R_1 - I_2R_2 + U_{S2} - U_{S1} = 0$

右网孔：$I_2R_2 + I_3R_3 - U_{S2} = 0$

（4）代入数据，联立求解

$$\begin{cases} I_1 + I_2 - I_3 = 0 \\ 20I_1 - 5I_2 + 45 - 70 = 0 \\ 5I_2 + 6I_3 - 45 = 0 \end{cases}$$

解得

$$I_1 = 2 \text{ A}; I_2 = 3 \text{ A}; I_3 = 5 \text{ A}$$

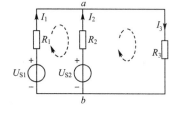

图 1.8.1　例 1.8.1 的电路图

1.9　叠加定理

图 1.9.1(a)所示电路中有两个电源，各元件中的电流（或电压）是由这两个电源共同作用产生的。对于线性电路，任何一个元件中的电流（或电压），都可以看成是由电路中各个电源（恒压源或恒流源）单独作用时，在此元件中产生的电流（或电压）的代数和，这就是叠加定理。

应用叠加定理时应注意以下几点：

（1）叠加定理只能用于计算线性电路；

（2）叠加定理只适用于支路电流或电压的计算，不能进行功率的叠加计算；

（3）电路中某电源单独作用时，就是假设将其余电源均除去（简称除源），即恒压源代之以短路，恒流源代之以开路；

（4）叠加时要注意电流或电压的参考方向，正确选取各分量的正负号。

【例 1.9.1】　图 1.9.1 所示电路中，已知 $U_S = 10 \text{ V}$，$I_S = 2 \text{ A}$，$R_1 = 20 \text{ } \Omega$，$R_2 = 30 \text{ } \Omega$，试用叠加定理求流过 R_2 的电流 I 和 R_2 两端的电压 U。

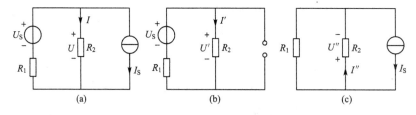

图 1.9.1　例 1.9.1 的电路图

解　（1）恒压源 U_S 单独作用时，恒流源 I_S 代之以开路，电路如图 1.9.1(b)所示，此时分电流 I' 的实际方向与总电流 I 的参考方向一致，有

$$I' = \frac{U_S}{R_1 + R_2} = \frac{10}{20 + 30} = 0.2 \text{ A}$$

$$U' = I'R_2 = 0.2 \times 30 = 6 \text{ V}$$

（2）恒流源 I_S 单独作用时，恒压源 U_S 代之以短路，电路如图 1.9.1(c)所示，此时分电流 I'' 的实际方向与总电流 I 的参考方向相反，有

$$I'' = \frac{R_1}{R_1 + R_2} I_S = \frac{20}{20 + 30} \times 2 = 0.8 \text{ A}$$

$$U'' = I''R_2 = 0.8 \times 30 = 24 \text{ V}$$

（3）叠加定理，求 I 和 U

$$I = I' - I'' = 0.2 - 0.8 = -0.6 \text{ A}$$
$$U = U' - U'' = 6 - 24 = -18 \text{ V}$$

1.10　等效电源定理

1.10.1　基本概念

具有两个出线端的电路称为二端网络，又称为一端口网络。称内部含有电源的二端网络为有源二端网络；否则称之为无源二端网络。

所谓等效电源定理，就是用电压源或电流源对二端网络进行等效变换的定理，包括等效电压源定理（又称戴维宁定理）和等效电流源定理（又称诺顿定理）。

1.10.2　戴维宁定理

任何一个线性有源二端网络，对外电路来说，总可以用一个电压源 U_{es} 与一个电阻 R_0 相串联的模型（即电压源模型）来替代。例如，图 1.10.1(a)所示的有源二端网络，其等效电路经图 1.10.1(b)最终如图 1.10.1(c)所示。等效电压源的电动势 U_{es} 等于该二端网络的开路电压 U_{OC}，电阻 R_0 等于该二端网络除源时（即令电压源短路、电流源开路）的等效电阻。例如，图 1.10.1(a)所示的有源二端网络，其等效电阻如图 1.10.2 所示。

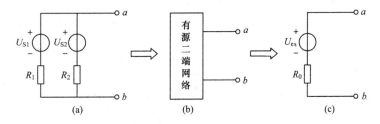

图 1.10.1　戴维宁等效定理

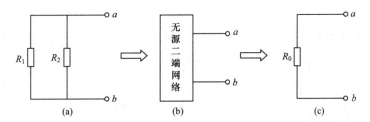

图 1.10.2　等效电阻

【例 1.10.1】　如图 1.10.3 所示电路，已知 $U_{S1} = 7$ V，$U_{S2} = 6.2$ V，$R_1 = R_2 = 0.2$ Ω，$R = 3.2$ Ω，试用戴维宁定理求电阻 R 中的电流 I。

解　（1）将 R 所在支路断开，剩余部分的电路即为有源二端网络，如图 1.10.3(b)所示。求该二端网络的开路电压 U_{OC}：

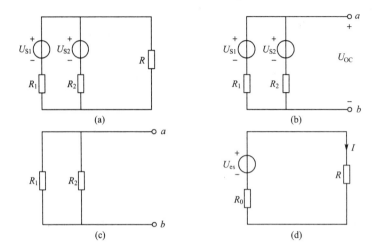

图 1.10.3 例 1.10.1 的电路图

$$I_1 = \frac{U_{S1} - U_{S2}}{R_1 + R_2} = \frac{7 - 6.2}{0.2 + 0.2} = 2 \text{ A}$$

应用 KVL 求开路电压：

$$U_{es} = U_{OC} = U_{ab} = U_{S2} + I_1 R_2 = 6.2 + 0.4 = 6.6 \text{ V}$$

（2）对二端网络进行除源处理，即将电压源代之以短路，电路如图 1.10.3（c）所示。求等效电阻 R_0：

$$R_0 = R_1 /\!/ R_2 = 0.1 \ \Omega$$

（3）画出戴维宁等效电路，即用等效电压源代替有源二端网络，如图 1.10.3（d）所示。求电阻 R 中的电流 I：

$$I = \frac{U_{es}}{R_0 + R} = \frac{6.6}{0.1 + 3.2} = 2 \text{ A}$$

1.10.3 诺顿定理

任何一个线性有源二端电阻网络，对外电路来说，总可以用一个电流源 I_{es} 与一个电阻 R_0 相串联的模型（即电流源模型）来替代。例如，图 1.10.4（a）所示的电路，经图 1.10.4（b）可以等效为图 1.10.4（c）中的电路。等效电流源的电流 I_{es} 等于该二端网络的短路电流 I_{sc}，电阻 R_0 等于该二端网络除源时（即令电压源短路、电流源开路）的等效电阻，与戴维宁定理求等效电阻的方法一样。诺顿定理和戴维宁定理统称为等效电源定理。

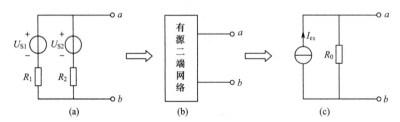

图 1.10.4 诺顿定理

【例 1.10.2】 如图 1.10.5 所示电路，已知 $U_{S1} = 7$ V，$U_{S2} = 6.2$ V，$R_1 = R_2 = 0.2 \ \Omega$，

$R = 3.2\ \Omega$，试应用诺顿定理求电阻 R 中的电流 I。

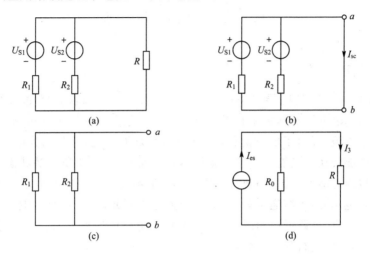

图 1.10.5 例 1.10.2 中的电路

解 (1)将 R 所在支路短路，使剩余电路成为有源二端网络，如图 1.10.5(b)所示，求短路电流 I_{sc}：

$$I_{sc} = \frac{U_{S1}}{R_1} + \frac{U_{S2}}{R_2} = \frac{7}{0.2} + \frac{6.2}{0.2} = 66\ \text{A}$$

(2)对二端网络进行除源处理，即将电压源代之以短路，如图 1.10.5(c)所示，求等效电阻 R_0：

$$R_0 = R_1 /\!/ R_2 = 0.1\ \Omega$$

(3)画出诺顿等效电路，如图 1.10.5(d)所示，求电阻 R 中的电流 I：

$$I = I_{es}\frac{R_0}{R_0 + R} = I_{sc}\frac{R_0}{R_0 + R} = 66 \times \frac{0.1}{0.1 + 3.2} = 2\ \text{A}$$

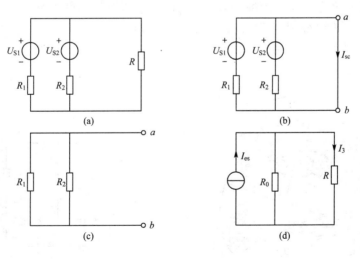

图 1.10.5 例 1.10.2 的电路图

1.11 应用实例

1.11.1 手电筒电路

常见的手电筒电路是用导线将电源、小灯泡以及开关顺次连接起来构成的,如图 1.11.1(a)所示。手电筒电路实际上是一个控制小灯泡点亮和熄灭的电路。当开关接通后,电路中有了电流,开始了能量的传输和转换,小灯泡发光,这是因为电流流过小灯泡时,小灯泡将电能转换为光能和少量热能。当开关断开时,电路所处的状态为开路,电路中没有电流,也没有能量的输送和转换,所以小灯泡不发光。在图 1.11.1(a)所示手电筒电路中,电池是电压源,小灯泡是负载电阻,开关是控制元件,连接小灯泡、电池和开关的电线是导线。因此该电路可以用图 1.11.1(b)中的电路模型来表示。我们可以利用该电路模型对手电筒电路进行分析和计算。

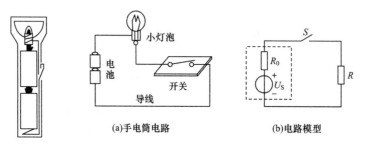

(a)手电筒电路   (b)电路模型

图 1.11.1 手电筒电路及其电路模型

1.11.2 汽车发电机和蓄电池电路

图 1.11.2(a)所示为汽车在运行时,发电机给蓄电池充电同时又点亮车灯的连接图。其中的发电机和蓄电池相当于两个实际的电压源,可以分别用电压源 U_{S1}、U_{S2} 来表示,两个实际电压源的内阻分别为 R_{01} 和 R_{02},车灯用电阻 R 来表示。因此,该电路可以用图 1.11.2(b)中的电路模型来表示。求车灯支路的电流或蓄电池支路的充电电流可以用学过的电路分析方法。

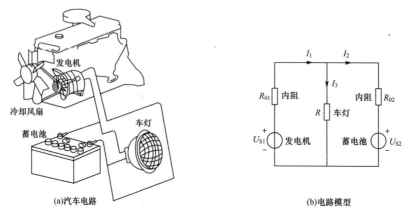

(a)汽车电路   (b)电路模型

图 1.11.2 汽车发电机和蓄电池电路及其电路模型

第2章 电路的瞬态分析

上一章所讨论的是电路的稳定工作状态。本章着重介绍瞬态的概念和产生的原因、零输入响应、零状态响应、全响应的概念、换路定律以及时间常数的物理意义,引出了一阶线性电路分析的三要素法。重点分析了 RC 电路和 RL 一阶线性电路的瞬态过程。

2.1 瞬态分析的基本概念

2.1.1 稳态和瞬态

当电路的结构、元件参数及电源电压一定时,电路的工作状态也就一定,且电流和电压为某一稳定的值,此时电路所处的工作状态就称为稳定状态,简称为稳态。

当电路的运行状态发生改变,例如电路中的开关突然接通或断开、电路中某一个参数发生了改变、电路的结构发生了改变、电源发生了波动等统称为换路。电路发生换路时,通常要引起电路稳定状态的改变,电路要从一个稳态进入另一个稳态。当电路从一个稳态过渡到另一个新的稳态时,往往需要一定的时间,电路在这段时间内所发生的物理过程就称为过渡过程。由于电路中的过渡过程时间通常比较短暂,故称之为瞬态过程,简称为瞬态。

2.1.2 产生瞬态的原因

现在让我们来看一个实验电路,如图 2.1.1(a)所示,当将开关 S 分别从 o 拨到 a、b、c 三点时,观察小灯泡的亮度以及电阻两端电压、电容两端电压和电感中流过的电流的变化情况。图 2.1.1(a)中的小灯泡相当于一个阻值为 R_0 的电阻。

当开关从 o 拨到 a 点瞬间,发现小灯泡立即点亮,电阻 R 两端的电压即刻跳至稳定值 $U_R(\infty)$,$U_R(\infty) = \dfrac{R}{R_0 + R} U_S$,如图 2.1.1(b)所示,电路没有瞬态过程。

当开关从 o 拨到 b 点瞬间,电容 C 两端的电压并不能即刻达到稳定值 U_S,而是有一个从 $u_C = 0$ 逐渐增大到 $u_C = U_S(\infty)$ 的过渡过程,如图 2.1.1(c)所示。现象是小灯泡立即点亮,但点亮后逐渐熄灭,电路出现了瞬态过程。

当开关从 o 拨到 c 点瞬间,电路的电流也不可能立即跃变到稳态值 $I_S(\infty)$,$I_S(\infty) = \dfrac{U_S}{R_0}$,而是存在一个从 $i_L = 0$ 逐渐增大到 $i_L = I_S(\infty)$ 的过渡过程,如图 2.1.1(d)所示。小灯泡逐渐变亮,也出现了瞬态过程。

一切产生瞬态过程的系统都和能量有着密切的联系。电感元件和电容元件均为电路

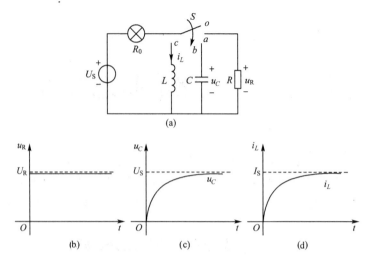

图 2.1.1　产生瞬态的原因

中的储能元件,电感元件储存磁场能量,电容元件储存电场能量。当电路发生换路后,由于能量不能突变,只能随时间作连续性地改变。可见电路中的瞬态过程是由于储能元件中所储存的能量不能突变所引起的。所以,当电路中有储能元件存在,发生换路后又有能量的变化产生时,则电路就会产生瞬态过程。

2.1.3　分析瞬态过程的意义

电路中的瞬态过程虽然短暂,但对它的分析却是十分重要。因为:一方面,我们要利用电路的瞬态过程来实现信号的产生、波形的改善和变换、电子继电器的延时动作等;另一方面,又要防止电路在瞬态过程中可能产生的比稳态时大得多的电压或电流,即所谓的过电压或过电流现象。过电压可能会击穿电气设备;过电流可能会产生过大的机械力或造成电气设备和器件因为局部过热而损坏,甚至还会引起人身安全事故。所以,进行瞬态分析就是要充分利用电路的瞬态特性来满足技术上对电气线路和电气装置的性能要求,同时又要尽量防止瞬态过程中的过电压或过电流现象对电气线路和电气设备所造成的危害。

2.1.4　激励和响应

电路从电源(包括信号源)输入的信号称为激励。激励有时也称为输入。

电路在外部激励的作用下,或者在内部储能的作用下所产生的随时间变化的电压和电流称为响应。响应有时也称为输出。

2.1.5　一阶线性电路

仅含一个储能元件或者含有多个储能元件,但能够等效为一个储能元件的线性电路称为一阶线性电路,一阶线性电路可以用一阶微分方程来描述。一阶线性电路的暂态分析方法有以下两种:(1)经典法:根据激励(电源电压或电流),通过求解电路的微分方程得出电路的响应(电压或电流);(2)三要素法:通过求解初始值、稳态值和时间常数这三个要素后再代入相应的公式求出响应。

2.2　换路定津

储能元件的能量在换路时不能突变,这就引出了在换路时的两个重要结论:

(1)电容两端的电压不能突变。这是因为电容储存的电能为

$$W_C = \frac{1}{2}CU^2 \qquad (2.2.1)$$

由于 W_C 不能突变,所以电容两端的电压不能突变。

(2)电感中的电流不能突变。这是因为电感储存的电能为

$$W_L = \frac{1}{2}LI^2 \qquad (2.2.2)$$

由于 W_L 不能突变,所以电感中的电流不能突变。

上述两个结论用公式可以表示为

$$\left. \begin{aligned} u_C(0_-) &= u_C(0_+) \\ i_L(0_-) &= i_L(0_+) \end{aligned} \right\} \qquad (2.2.3)$$

式中的 0_- 表示换路前瞬间,0_+ 表示换路后瞬间。式(2.2.3)就是换路定律。

换路定律只适用于换路瞬间,利用它可以确定瞬态过程中电容两端的电压、电感中的电流的初始值。

2.3　一阶线性电路的三要素法

采用经典法对电路进行暂态分析通常需要建立、求解微分方程,过程较为复杂。三要素法是在经典法的基础上总结出来的一种适用于一阶线性电路暂态分析的快捷方法,它实质上是一个通式:

$$f(t) = f(\infty) + [f(0_+) - f(\infty)]e^{-\frac{t}{\tau}} \qquad (2.3.1)$$

式中包含初始值 $f(0_+)$,稳态值 $f(\infty)$ 和时间常数 τ 三个要素,只要求出三个要素,代入上述公式,即可求出描述一阶线性电路瞬态过程的表达式。

三要素的意义如下:

(1)初始值 $f(0_+)$:是指任意元件上的电压或电流的初始值。

(2)稳态值 $f(\infty)$:换路后,电路达到新稳态时的电压或电流值。

(3)时间常数 τ:用来表征瞬态过程进行快慢的参数。

2.3.1　初始值的确定

初始值是指 $t=0_+$ 时各电压、电流的值。

求初始值步骤如下:

(1)在 $t=0_-$ 的电路(即换路前的电路)中,求出 $u_C(0_-)$ 或 $i_L(0_-)$ 变量;由换路定律得出初始值

$$u_C(0_+) = u_C(0_-)$$
$$i_L(0_+) = i_L(0_-)$$

(2)在 $t=0_+$ 的电路(即换路后的电路)中,求出其他变量的初始值。

注意:在 $t=0_+$ 的电路中,把初始值 $u_C(0_+)$ 或 $i_L(0_+)$ 当电源处理。

换路前,若储能元件没有储能,$u_C(0_+)=0$,$i_L(0_+)=0$,则在 $t=0_+$ 的电路中,将电容元件短路,电感元件开路。

换路前,若储能元件储有能量,$u_C(0_+)=u_C(0_-)$,$i_L(0_+)=i_L(0_-)$,则在 $t=0_+$ 的电路中,电容元件用一理想电压源来代替,其电压为 $u_C(0_+)$;电感元件可用一理想电流源来代替,其电流为 $i_L(0_+)$。

【**例 2.3.1**】 电路如图 2.3.1(a)所示,$U_S=10$ V,$R_1=4$ Ω,$R_2=6$ Ω,$C=4$ μF,换路前电路已处于稳态,求换路后 u_C、u_{R1}、u_{R2} 的初始值。

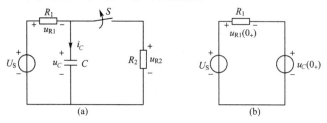

图 2.3.1 例 2.3.1 的电路图

解 由于换路前电路已处于稳态,$i_C=0$,电容可视为开路,则

$$u_C(0_-)=\frac{R_2}{R_1+R_2}U_S=\frac{6}{4+6}\times 10=6 \text{ V}$$

由换路定律可得

$$u_C(0_+)=u_C(0_-)=6 \text{ V}$$

画出 $t=0_+$ 时的电路如图 2.3.1(b)所示,电容可用电压源 $u_C(0_+)=6$ V 来代替。由此可求得

$$u_{R1}(0_+)=U_S-u_C(0_+)=10-6=4 \text{ V}$$

由图 2.3.1(a)可知,开关断开后

$$u_{R2}(0_+)=0$$

【**例 2.3.2**】 电路如图 2.3.2(a)所示,已知 $U_S=10$ V,$R_1=1.6$ kΩ,$R_2=6$ kΩ,$R_3=4$ kΩ,$L=0.2$ H,换路前已处于稳态,求换路后的 i_L、u_L 的初始值。

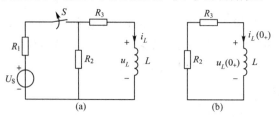

图 2.3.2 例 2.3.2 的电路图

解 由于换路前电路已处于稳态,$u_L=0$,电感可视为短路,则

$$i_L(0_-)=\frac{U_S}{R_1+\dfrac{R_2 R_3}{R_2+R_3}}\cdot\frac{R_2}{R_2+R_3}=\frac{10}{1.6+\dfrac{6\times 4}{6+4}}\times\frac{6}{6+4}=1.5 \text{ mA}$$

由换路定律可得

$$i_L(0_+)=i_L(0_-)=1.5 \text{ mA}$$

画出 $t=0_+$ 时的电路如图 2.3.2(b)所示,电感可用电流源 $i_L(0_+)=1.5$ mA 来代替。可求得

$$u_L(0_+)=-i_L(0_+) \cdot (R_2+R_3)=-1.5 \times (6+4)=-15 \text{ V}$$

2.3.2　稳态值的确定

当直流电路处于稳态时,电路的处理方法是:电容开路,电感短路,用求稳态电路的方法求出各稳态值 $f(\infty)$ 即可。

【例 2.3.3】　电路如图 2.3.3 所示,用三要素法求开关闭合后 i_1 和 i_2 的稳态值。

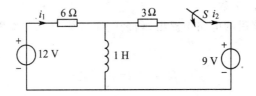

图 2.3.3　例 2.3.3 的电路图

解　稳态时,电感相当于短路,因此有

$$i_1(\infty)=\frac{12}{6}=2 \text{ A}$$

$$i_2(\infty)=-\frac{9}{3}=-3 \text{ A}$$

【例 2.3.4】　电路如图 2.3.4 所示,S 原已合在 a 位置上,试求当开关 S 在 $t=0$ 时合到 b 位置后,电容元件两端电压 u_C 的稳态值。

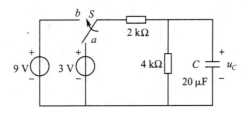

图 2.3.4　例 2.3.4 的电路图

解　稳态时,电容相当于开路,因此有

$$u_C(\infty)=\frac{9}{2+4} \times 4=6 \text{ V}$$

2.3.3　时间常数的确定

1. 时间常数的意义

时间常数 τ 越大,瞬态过程的速度越慢;τ 越小,瞬态过程的速度越快。理论上,当 t 为无穷大时,瞬态过程结束;但实际中,当 $t=(3\sim5)\tau$ 时,即可认为瞬态过程结束。

2. 时间常数的求法

对于 RC 电路,$\tau=RC$;对于 RL 电路,$\tau=\dfrac{L}{R}$。这里 R、L、C 都是等效值,其中 R 是把

换路后的电路变成无源电路,从电容(或电感)两端看进去的等效电阻(与戴维宁定理求 R_0 的方法相同)。时间常数的单位为秒(s)。

【例 2.3.5】 电路如图 2.3.3 所示,求开关闭合后的时间常数。

解 将电感从换路后的电路中提出,剩余电路成为有源二端网络。该二端网络除源后从端口看入的等效电阻 R 为

$$R = 6 /\!/ 3 = 2 \ \Omega$$

$$\tau = \frac{L}{R} = \frac{1}{2} \ \text{s}$$

【例 2.3.6】 电路如图 2.3.4 所示,S 原已合在 a 位置上,试求当开关 S 在 $t=0$ 时合到 b 位置后,电路的时间常数。

解 将电容从换路后的电路中提出,剩余电路成为有源二端网络。该二端网络除源后的等效电阻 R 为

$$R = 2 /\!/ 4 = \frac{4}{3} \ \text{k}\Omega$$

$$\tau = RC = \frac{4}{3} \times 10^3 \times 20 \times 10^{-6} = \frac{8}{3} \times 10^{-2} \ \text{s}$$

2.3.4 三要素法求解举例

【例 2.3.7】 电路如图 2.3.5(a)所示,$U_s = 24 \ \text{V}$,$R_1 = R_2 = 2 \ \text{k}\Omega$,$C = 3 \ \mu\text{F}$,当 $t=0$ 时,开关 S 闭合,开关闭合前电容没有储能。试用三要素法求换路后电容电压 $u_C(t)$ 和电源支路的电流 $i(t)$。

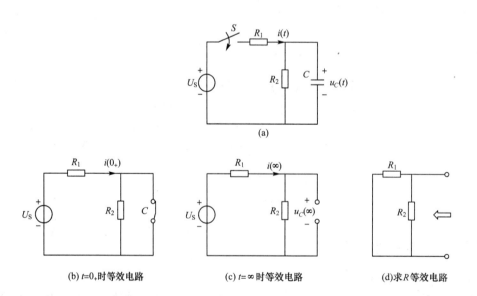

图 2.3.5 例 2.3.7 的电路图

解 (1)求初始值 $u_C(0_+)$ 和 $i(0_+)$

由于换路前电容没有储能,$u_C(0_-)=0$,故 $u_C(0_+)=0$。

画 $t=0_+$ 时的等效电路如图 2.3.5(b)所示,则

$$i(0_+)=\frac{U_s}{R_1}=\frac{24}{2}=12\ \text{mA}$$

(2)求稳态值 $u_C(\infty)$ 和 $i(\infty)$

画出 $t=\infty$ 时的等效电路如图 2.3.5(c)所示。根据此电路可计算出

$$u_C(\infty)=\frac{R_2}{R_1+R_2}\cdot U_s=\frac{2}{2+2}\times 24=12\ \text{V}$$

$$i(\infty)=\frac{U_s}{R_1+R_2}=\frac{24}{2+2}=6\ \text{mA}$$

(3)求时间常数 τ

画出求 R 等效电路如图 2.3.5(d)所示,则

$$R=\frac{R_1R_2}{R_1+R_2}=\frac{2\times 2}{2+2}=1\ \text{k}\Omega$$

$$\tau=RC=1\times 10^3\times 3\times 10^{-6}=3\ \text{ms}$$

(4)求电容电压 $u_C(t)$ 和电流 $i(t)$

$$u_C(t)=u_C(\infty)+[u_C(0_+)-u_C(\infty)]e^{-\frac{t}{\tau}}=12-12e^{-\frac{1}{3}\times 10^3 t}=12(1-e^{-\frac{1}{3}\times 10^3 t})\ \text{V}$$

$$i(t)=i(\infty)+[i(0_+)-i(\infty)]e^{-\frac{t}{\tau}}=6+6e^{-\frac{1}{3}\times 10^3 t}=6(1+e^{-\frac{1}{3}\times 10^3 t})\ \text{mA}$$

可见,用三要素法来计算一阶线性电路的过渡过程,不必列写和求解微分方程,比较简单。

2.4　RC 电路的瞬态分析

2.4.1　RC 电路的零输入响应

电路在没有电源作用的情况下,仅由内部储能元件中所储存的能量引起的响应为零输入响应。

如图 2.4.1(a)所示电路,开关 S 位于 a 时电路已处于稳态,S 拨至 b 后,电容上的电压 $u_C(0_+)=u_C(0_-)=U_0$,此时电容中的储能为 $W_C=\frac{1}{2}CU^2$,由此所产生的电路响应,称为零输入响应。

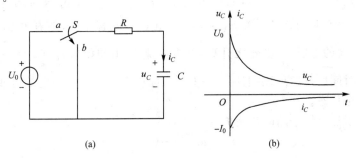

图 2.4.1　RC 电路的零输入响应

分析 RC 电路的零输入响应实际上就是分析它的放电过程。换路前开关 S 在位置

a，电源对电容充电。在 $t=0$ 时将开关转到位置 b，电容通过 R 放电。由于电容电压不能跃变，随着放电过程的进行，电容两端的电压 u_C 越来越小，电容储存的电荷越来越少，电流 i_C 也越来越小，如图 2.4.1(b)所示。

利用三要素法求解电路的初始值为

$$u_C(0)=U_0$$

$$i_C(0)=-\frac{U_0}{R}$$

电路的稳态值为

$$u_C(\infty)=0$$

$$i_C(\infty)=0$$

电路换路后的时间常数为

$$\tau=RC$$

根据三要素法有

$$u_C(t)=U_0\mathrm{e}^{-\frac{1}{RC}t}$$

$$i_C(t)=-\frac{U_0}{R}\mathrm{e}^{-\frac{1}{RC}t}$$

由此可见，RC 电路的零输入响应是随时间衰减的指数曲线，如图 2.4.1(b)所示。时间常数 τ 越小，电压电流衰减越快；反之，则越慢。

2.4.2　RC 电路的零状态响应

零状态是指换路前电容元件没有储能，$u_C(0_-)=0$。在此条件下，由电源激励所产生的电路响应，称为零状态响应。电路如图 2.4.2 所示。

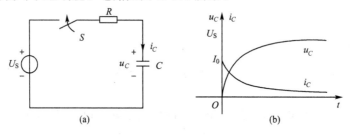

(a)   (b)

图 2.4.2　RC 电路的零状态响应

RC 电路的零状态响应实际上就是它的充电过程。图 2.4.2(a)所示电路中，设开关 S 合上前，电路已处于稳态，电容两端电压 $u_C(0_-)=0$，由于电容两端电压不能突变，$u_C(0_+)=0$，在 $t=0$ 时刻合上开关 S，电源经电阻 R 对电容充电，随着电容积累的电荷逐渐增多，电容两端的电压 u_C 也随之升高，充电电流 i_C 由初始值 $i_C(0_+)=\frac{U_\mathrm{s}}{R}$ 开始不断下降。经过一段时间后，电容两端电压 $u_C=U_\mathrm{s}$，电路中电流 $i_C=0$，充电的过渡过程结束，电路处于新的稳定稳态。

利用三要素法求解电路的初始值为

$$u_C(0)=0$$

$$i_C(0)=\frac{U_\mathrm{s}}{R}$$

电路的稳态值为

$$u_C(\infty)=U_\mathrm{S}$$
$$i_C(\infty)=0$$

电路换路后的时间常数为

$$\tau=RC$$

根据三要素法有

$$u_C(t)=U_\mathrm{S}-U_\mathrm{S}\mathrm{e}^{-\frac{1}{RC}t}$$

$$i_C(t)=I_0\,\mathrm{e}^{-\frac{t}{\tau}}=\frac{U_\mathrm{S}}{R}\mathrm{e}^{-\frac{1}{RC}t}$$

可见，RC 电路的零状态响应也是指数曲线，如图 2.4.2(b) 所示。时间常数 $\tau=RC$ 越大，充电时间越长。这是因为，C 越大，一定电压 U 之下电容储能越大，电荷越多；而 R 越大，则充电电流越小，所以需要更长的充电时间。

2.4.3　RC 电路的全响应

在非零状态的电路中，由外部激励和初始储能共同作用产生的响应，称为全响应。零输入响应和零状态响应都可以看作是全响应的一个特例。

RC 电路的全响应是指电源激励 U_S、电容元件的初始状态 $u_C(0_+)$ 均不为零时电路的响应，也就是零输入响应和零状态响应的叠加。图 2.4.3(a) 所示电路中，在 $t=0$ 时刻，开关 S 由位置 a 拨向位置 b。此过渡过程中，电容初始电压 $u_C(0_+)$ 不为 0，输入信号也不为 0，此时的电路响应，称全响应。

利用三要素法求解电路的初始值为

$$u_C(0)=U_0$$
$$i_C(0)=\frac{U_\mathrm{S}-U_0}{R}$$

电路的稳态值为

$$u_C(\infty)=U_\mathrm{S}$$
$$i_C(\infty)=0$$

电路换路后的时间常数为

$$\tau=RC$$

根据三要素法有

$$u_C(t)=U_\mathrm{S}+(U_0-U_\mathrm{S})\mathrm{e}^{-\frac{1}{RC}t}$$

$$i_C(t)=\frac{U_\mathrm{S}-U_0}{R}\mathrm{e}^{-\frac{1}{RC}t}$$

它们的变化规律与 U_0 和 U_S 的相对大小有关。当 $U_0>U_\mathrm{S}$ 时，电容放电，变化曲线如图 2.4.3(b) 所示。当 $U_0<U_\mathrm{S}$ 时，电容充电，变化曲线如图 2.4.3(c) 所示。

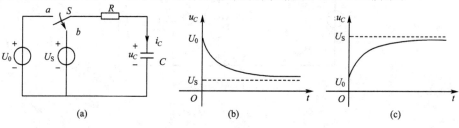

图 2.4.3　RC 电路的全响应

2.5 应用实例

2.5.1 点焊机电路

根据电容器能量公式 $W_C = \frac{1}{2}CU^2$ 可知,电容器储存的能量与电压的平方成正比,即电容器上充得的电压越高,储存的能量越大。储存的能量与电压建立的过程无关。当需要瞬间大能量的场合,可以采用电容器放电的方法——先给电容器小电流充电,当电容器的能量充到一定值后向负载突然放电,输出大电能。

图 2.5.1 所示是点焊机电路框图,电极中间是两块薄金属板,当将电极压下时,电容器放电,两金属板的压点处就会通过瞬间的大电流,使压点处的金属熔化并焊接在一起。电极离开金属板后,电容 C 继续充电,以备下次焊接。

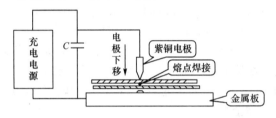

图 2.5.1 点焊机电路框图

2.5.2 闪光灯驱动电路

使用照相机时,我们都会用到闪光灯。闪光灯是加强曝光量的方式之一,尤其在昏暗的地方,打闪光灯有助于让景物更明亮。

图 2.5.2 是一个简易的闪光灯驱动电路。图中的 H 是照相机中的闪光灯管,照相时,如遇现场光线较暗时,就会自动闪光补足。

该电路图中的 S_1 是电子开关,每秒通断上万次。当电子开关闭合时,电感电路中有电流流过,电感储能;当电子开关断开时,电感中的能量不能突变,电感的电流通过二极管 D 给电容充电(二极管的作用是阻止电流反向流通),电容上的电压最终达到几百伏甚至更高。当照相机的快门按下时,图中的另一个开关 S_2 闭合,电容向闪光灯管放电,闪光灯管闪亮。

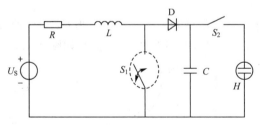

图 2.5.2 闪光灯驱动电路

第3章 交流电路

在稳态直流电路中,电压和电流的大小和方向都不随时间变化。但在实际生活和生产中广泛使用的是一种大小和方向随时间按一定规律周期性变化的电压或电流,叫做交变电流或电压,简称交流电。如果电流或电压随时间按正弦规律变化,叫做正弦交流电。我们的供电系统从发电、输电到配电,都采用正弦交流电压和电流。这是因为正弦交流电可以通过变压器方便地进行变换而且供电性能好,效率高。另外交流电器结构简单、价格便宜、维修方便。本章介绍了交流电的基本概念、正弦量的相量表示、单一参数的交流电路、RLC 串联交流电路、交流电路的功率以及功率因数的提高等。

3.1 正弦交流电的基本概念

以电流为例,图 3.1.1 为正弦交流电波形。

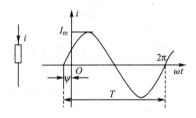

图 3.1.1 正弦交流电波形

其数学表达式为

$$i = I_m \sin(\omega t + \psi) \tag{3.1.1}$$

式中 i 为瞬时值,I_m 为最大值,ω 为角频率,ψ 为初相位。

正弦交流电的特征表现在大小、变化的快慢及初始值三个方面,而它们分别由最大值(或有效值)、频率(或周期)和初相位来确定,所以只要上述三个量一定,正弦交流电的表达式就一定,因此最大值、频率和初相位就称为确定正弦交流电的三要素。

3.1.1 周期、频率与角频率

正弦交流电变化一个循环所需的时间称为周期 T,周期的单位为秒(s)。每秒钟完成的周期次数称为频率 f,频率的单位为赫兹(Hz)。周期与频率之间具有倒数关系,即

$$f = \frac{1}{T} \text{ 或者 } T = \frac{1}{f} \tag{3.1.2}$$

正弦交流电变化的快慢除了用周期和频率表示外,还可以用角频率 ω 来表示。角频率是指交流电在 1 s 内变化的电角度。正弦交流电在一个周期内经历了 2π 弧度,如图 3.1.1所示,所以角频率为

$$\omega = \frac{2\pi}{T} = 2\pi f \tag{3.1.3}$$

ω 的单位为弧度/秒(rad/s)。

我国和世界上大多数国家,都采用 50 Hz 作为电力标准频率,这种频率在工业上应用广泛,习惯上也称为工频。少数国家(如美国、日本)的工频为 60 Hz。在其他技术领域中也用到各种不同的频率,如在无线电工程中,常用兆赫(MHz)来计量。如无线电广播的中波段频率为 535 kHz~1 650 kHz,电视广播的频率是几十兆赫到几百兆赫。

3.1.2 瞬时值、最大值和有效值

正弦交流电在任一瞬时的值称为瞬时值,用小写字母表示,如 i、u 及 e 分别表示电流、电压及电动势的瞬时值。交流电的最大值(或幅值)用带下标 m 的大写字母来表示,如 I_m、U_m 及 E_m 分别表示电流、电压及电动势的最大值。

正弦交流电的电流、电压及电动势的大小往往不是用它们的最大值,而是常用有效值(均方根)来计量的。因为在电工技术中电流常表现出其热效应,故有效值是以电流的热效应来规定的。就是说,某一交流电流 i 通过电阻 R(如电阻炉)在一个周期内产生的热量,和另一个直流电流 I 通过同样大小的电阻 R 在相等的时间内产生的热量相等,那么这个交流电流 i 的有效值在数值上就等于这个直流电流 I。根据数学推导,正弦交流电的有效值和最大值的关系为

$$I = \frac{I_m}{\sqrt{2}}, U = \frac{U_m}{\sqrt{2}}, E = \frac{E_m}{\sqrt{2}} \tag{3.1.4}$$

其中,I、U、E 分别表示正弦交流电的电流、电压和电动势有效值。交流电的有效值都用大写字母表示,和表示直流的字母一样。

一般交流电气设备上所标明的电流、电压的值都是指有效值。使用交流电流表、电压表所测出的数据也多是有效值。我国所使用的单相正弦电源的电压 $U = 220$ V,就是正弦电压的有效值,它的最大值 $U_m = \sqrt{2}U = 1.414 \times 220 = 311$ V。

3.1.3 相位、初相位和相位差

1. 相位

正弦交流电表达式中的 $(\omega t + \psi)$ 反映了正弦交流电随时间变化的进程,是一个随时间变化的电角度,称为正弦交流电的相位角,简称相位。当相位随时间连续变化时,正弦交流电的瞬时值随之作连续变化。

2. 初相位

对应 $t = 0$ 时的相位 ψ 称为初相位或初相角,简称初相。初相确定了正弦交流电计时开始时正弦交流电的状态。

在波形图上,正值初相角位于坐标原点左边零点(指波形由负值变为正值所经历的点)与原点之间(如图 3.1.2 所示 $\psi_u = +30°$);负值初相角位于坐标原点右边零点与原点之间(如图 3.1.2 所示 $\psi_i = -60°$)。

3. 相位差

为了比较两个同频率的正弦量在变化过程中的相位关系和先后顺序,引入相位差的

概念,相位差用 φ 表示。如 3.1.3 各图所示的正弦交流电
压和正弦交流电流的表达式分别为

$$u = U_m \sin(\omega t + \psi_u)$$
$$i = I_m \sin(\omega t + \psi_i)$$

则电压和电流的相位差为

$$\varphi = (\omega t + \psi_u) - (\omega t + \psi_i) = \psi_u - \psi_i$$

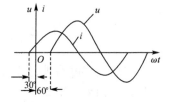

图 3.1.2　正弦交流电的初相位

可见,两个同频率正弦量的相位差等于它们的初相之
差,与时间 t 无关。通常规定相位差 φ 和初相不得超过 $\pm 180°$。

若 $\varphi = \psi_u - \psi_i = 0$,则电压 u 与电流 i 同相位,简称同相。如图 3.1.3(a)。

若 $\varphi > 0$,则电压 u 超前电流 i,或称电流 i 滞后电压 u,如图 3.1.3(b)。

若 $\varphi < 0$,则电流 i 超前电压 u,或称电压 u 滞后电流 i,如图 3.1.3(c)。

若 $\varphi = \pm 180°$,则称电压 u 和电流 i 相位相反,简称反相,如图 3.1.3(d)。

若 $\varphi = \pm 90°$,则称电压 u 和电流 i 正交,如图 3.1.3(e)。

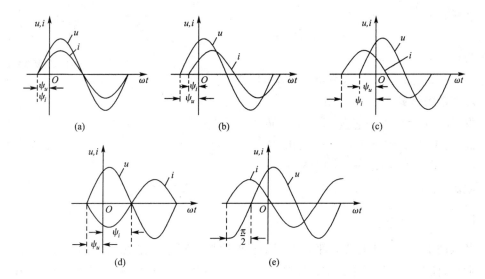

図 3.1.3　正弦交流电的相位

【例 3.1.1】　已知 $u_A = 220\sqrt{2}\sin 314t$ V,$u_B = 220\sqrt{2}\sin(314t - 120°)$ V。

(1)试指出各正弦量的最大值、有效值、初相、角频率、频率、周期及两者之间的相位差
各为多少?

(2)画出 u_A、u_B 的波形。

解　(1)u_A 的最大值是 311 V,有效值是 220 V,
初相是 0,角频率是 314 rad/s,频率是 50 Hz,周期是
0.02 s;u_B 的最大值也是 311 V,有效值是 220 V,初
相是 $-120°$,角频率是 314 rad/s,频率是 50 Hz,周期
是 0.02 s。u_A 超前 u_B 120°。

(2)u_A、u_B 的波形如图 3.1.4 所示。

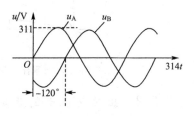

图 3.1.4　波形图

3.2 正弦交流电的相量表示法

在对交流电路进行分析和计算时,经常需要将几个频率相同的正弦量进行加、减、乘、除运算。如果采用如前所述的三角函数式运算或通过作波形图求解,很显然计算过程将十分繁琐。为了简化计算过程,正弦交流电常用相量来表示,把三角函数的运算简化为复数形式的代数运算。

3.2.1 复数的基本知识

1. 复数的表示

设 A 为一复数,a、b 分别为实部和虚部,如图 3.2.1 所示的复平面上,OA 表示复数的模,ψ 表示复数的辐角。则

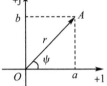

$$A = a + jb = r(\cos\psi + j\sin\psi) = r \angle \psi \qquad (3.2.1)$$

式中复数 A 的模为

$$r = \sqrt{a^2 + b^2}$$

辐角为

图 3.2.1 复数的表示

$$\psi = \arctan(b/a)$$

2. 复数的运算

设 $A_1 = a_1 + jb_1 = c_1 \angle \psi_1$,$A_2 = a_2 + jb_2 = c_2 \angle \psi_2 \neq 0$

加法:$A_1 + A_2 = (a_1 + a_2) + j(b_1 + b_2)$

减法:$A_1 - A_2 = (a_1 - a_2) + j(b_1 - b_2)$

乘法:$A_1 A_2 = c_1 c_2 \angle \psi_1 + \psi_2$

除法:$\dfrac{A_1}{A_2} = \dfrac{c_1}{c_2} \angle \psi_1 - \psi_2$

复数的加减运算也可在复平面上用平行四边形法则作图完成,如图 3.2.2 所示。

此外,任意一个相量乘以 j($j = e^{j90°} = 1 \angle 90°$)其模值不变,辐角增加 90°,相当于在复平面上把该相量逆时针旋转 90°;任意一个相量乘以 $-j$($-j = e^{-j90°} = 1 \angle -90°$),其模值不变,辐角减少 90°,相当于在复平面上把该相量顺时针旋转 90°,如图 3.2.3 所示。

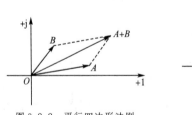
图 3.2.2 平行四边形法则

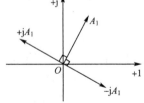
图 3.2.3 相量图

3.2.2 正弦交流电的相量表示

在平面直角坐标系中,用具有方向的直线线段来表示正弦量的方法称为正弦量的相量表示法。线段的长度表示正弦量有效值(或最大值)的大小,线段与横坐标轴的夹角表

示正弦量的初相位。

正弦交流电可以用相量表示,而相量可以用复数来表示,因此正弦交流电可以用复数的表达方式来表示,但为了不与一般的复数混淆,在代表交流电符号的顶部加一个圆点。例如,正弦交流电的电压、电流的有效值相量可以表示为 $\dot{U}$、$\dot{I}$。

【例 3.2.1】 已知 $i_1 = 8\sqrt{2}\sin(\omega t + 60°)$ A,$i_2 = 6\sqrt{2}\sin(\omega t - 30°)$ A,(1)求出 $i(=i_1+i_2)$;(2)画出相量图(包含 $\dot{I}_1$、$\dot{I}_2$、$\dot{I}$)。

解 (1)通过相量运算,求解两电流之和。

$$\dot{I}_1 = 8\underline{/60°} = 8\cos60° + j8\sin60° = 8\left(\frac{1}{2} + j\frac{\sqrt{3}}{2}\right) \text{ A}$$

$$\dot{I}_2 = 6\underline{/-30°} = 6[\cos(-30°) + j\sin(-30°)]$$
$$= 6\left(\frac{\sqrt{3}}{2} - j\frac{1}{2}\right) \text{ A}$$

$$\dot{I} = \dot{I}_1 + \dot{I}_2 = 8\left(\frac{1}{2} + j\frac{\sqrt{3}}{2}\right) + 6\left(\frac{\sqrt{3}}{2} - j\frac{1}{2}\right)$$
$$= 9.196 + j3.928 = 10\underline{/23.1°} \text{ A}$$

即
$$i = 10\sqrt{2}\sin(\omega t + 23.1°) \text{ A}$$

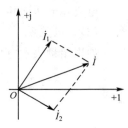

图 3.2.4 相量图

(2)相量图如图 3.2.4 所示。

3.3 单一参数的交流电路

在分析各种交流电路时,必须首先掌握单一参数(电阻、电感、容)元件电路中的电压与电流的关系。

3.3.1 纯电阻电路

1. 电压与电流关系

图 3.3.1(a)所示为纯电阻交流电路。电压和电流的正方向如图所示,两者满足欧姆定律,即 $u = iR$。

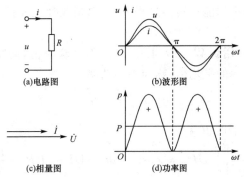

图 3.3.1 电阻元件交流电路

为了便于分析，我们选电流 i 从负到正过零点的瞬间作为计时起点（称 i 为参考量），即 $i=I_\mathrm{m}\sin\omega t$，则

$$u=iR=I_\mathrm{m}R\sin\omega t=U_\mathrm{m}\sin\omega t \qquad (3.3.1)$$

电阻两端的电压和流过的电流是同频率的正弦量，可以得出以下几个结论：

（1）大小关系

电压与电流的最大值（或有效值）之比值就是电阻 R。

$$U_\mathrm{m}=I_\mathrm{m}R（最大值表达式）$$
$$U=IR（有效值表达式） \qquad (3.3.2)$$

（2）相位关系

$$\psi_u=\psi_i \qquad (3.3.3)$$

电流和电压同相位（相位差 $\varphi=0°$），电压 u 电流 i 的波形如图 3.3.1(b) 所示。

（3）相量关系

如用相量表示电压与电流的关系，则为

$$\dot{U}=U\mathrm{e}^{\mathrm{j}0°} 或 \dot{I}=I\mathrm{e}^{\mathrm{j}0°}；\frac{\dot{U}}{\dot{I}}=\frac{U\mathrm{e}^{\mathrm{j}0°}}{I\mathrm{e}^{\mathrm{j}0°}}=R$$

$$\dot{U}=\dot{I}R \qquad (3.3.4)$$

式(3.3.4)为电压和电流之间关系的相量表示式，电压和电流的相量如图 3.3.1(c) 所示。需要说明的是，这里电流 i 为参考量，初相位为 0°，在相量图中 $\dot{I}$ 与实轴重合，称 $\dot{I}$ 为参考相量。当有参考相量存在时，在相量图中可不必画出坐标轴。

2. 功率

（1）瞬时功率

在任意瞬间，电压瞬时值 u 与电流瞬时值 i 的乘积称为瞬时功率，用小写字母 p 表示，即

$$p=p_R=ui=U_\mathrm{m}I_\mathrm{m}\sin^2\omega t=\frac{U_\mathrm{m}I_\mathrm{m}(1-\cos2\omega t)}{2}$$
$$=\frac{U_\mathrm{m}}{\sqrt{2}}\frac{I_\mathrm{m}}{\sqrt{2}}(1-\cos2\omega t)=UI(1-\cos2\omega t) \qquad (3.3.5)$$

由于在电阻元件的交流电路中 u 与 i 同相，它们同时为正，同时为负，所以瞬时功率总是正值，即 $p\geqslant0$。瞬时功率为正，表明电阻总是从电源吸收能量，将电能转换为其他形式的能量，这是一种不可逆的能量转换过程，所以电阻是耗能元件。

（2）平均功率

我们平常计算电能时用到 $W=Pt$，其中的 P 不是瞬时值，而是一个周期内电路消耗电能的平均值，即瞬时功率的平均值，称为平均功率。

$$P=\frac{1}{T}\int_0^T p\,\mathrm{d}t \qquad (3.3.6)$$

在电阻元件电路中，平均功率为

$$P=\frac{1}{T}\int_0^T UI(1-\cos2\omega t)\,\mathrm{d}t=UI=I^2R=\frac{U^2}{R} \qquad (3.3.7)$$

瞬时功率 p 与平均功率 P 如图 3.3.1(d) 所示。

3.3.2 纯电感电路

1. 电压与电流关系

纯电感电路(图 3.3.2(a)),设电流为 $i=I_{\mathrm{m}}\sin\omega t$,根据基尔霍夫电压定律有

$$u=L\frac{\mathrm{d}i}{\mathrm{d}t}=L\frac{\mathrm{d}(I_{\mathrm{m}}\sin\omega t)}{\mathrm{d}t}$$
$$=\omega L I_{\mathrm{m}}\cos\omega t=\omega L I_{\mathrm{m}}\sin(\omega t+90°)$$
$$=U_{\mathrm{m}}\sin(\omega t+90°) \tag{3.3.8}$$

在纯电感电路中,电压和电流仍然为同频率的正弦量。由式(3.3.8)可以得出下面结论:

(1)大小关系

$$U_{\mathrm{m}}=\omega L I_{\mathrm{m}}=X_L I_{\mathrm{m}}(最大值表达式)$$
$$U=\omega L I=X_L I(有效值表达式) \tag{3.3.9}$$

由式(3.3.9)可以看出,电压 U 一定时,ωL 越大,则电流 I 越小。可见 ωL 反映了电感对电流阻碍能力的强弱,所以称之为感抗。用 X_L 表示,即

$$X_L=\omega L=2\pi f L \tag{3.3.10}$$

感抗 X_L 的国际标准单位与电阻一样也为欧姆,它与电感 L、频率 f 成正比,因此电感线圈对高频电流的阻碍作用很大,而对直流则可视作短路。

(2)相位关系

$$\psi_u-\psi_i=90° \tag{3.3.11}$$

在相位上电压超前电流 $90°$。电压 u 和电流 i 的波形如图 3.3.2(b)所示。

(3)相量关系

如用相量表示电压与电流的关系,则为

$$\dot{U}=\mathrm{j}\omega L\dot{I}=\mathrm{j}X_L\dot{I} \tag{3.3.12}$$

j 代表相位相差 $90°$,电流相量 $\dot{I}$ 乘上 j 后即逆时针旋转 $90°$,电压和电流的相量图如图 3.3.2(c)所示。

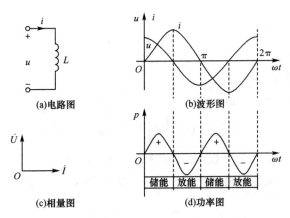

(a)电路图　　(b)波形图

(c)相量图　　(d)功率图

图 3.3.2　电感元件交流电路

2. 功率

(1)瞬时功率

掌握了电压 u 和电流 i 的变化规律和相互关系后,便可找出瞬时功率的变化规律,即

$$p = ui = U_m \sin(\omega t + 90°) I_m \sin\omega t = U_m I_m \sin\omega t \cos\omega t$$

$$= \frac{1}{2} U_m I_m \sin 2\omega t = UI \sin 2\omega t \tag{3.3.13}$$

可见 p 是一个幅值为 UI,以 2ω 角频率随时间而变化的交变量,如图 3.3.2(d)所示。当 u 和 i 方向相同时,p 为正值,电感从电源取用电能;当 u 和 i 方向相反时,p 为负值,电感把电能归还电源。

(2)平均功率

$$P = \frac{1}{T} \int_0^T UI \sin 2\omega t \, dt = 0$$

电感元件电路的平均功率为零,即电感元件的交流电路中没有能量消耗,只有电源与电感元件间的能量交换,是储能元件。

(3)无功功率

为了衡量电感与电源之间的能量交换规模,将瞬时功率的最大值定义为无功功率,即

$$Q = UI = I^2 X_L = \frac{U^2}{X_L} \tag{3.3.14}$$

无功功率的单位是乏(var)或千乏(kvar)。

【例 3.3.1】 高频扼流圈的电感为 2 mH,试计算在 1 000 Hz 和 1 000 kHz 时其感抗值。

解 频率为 1 000 Hz 时(相当于音频范围):
$$X_L = 2\pi f L = 2\pi \times 1\,000 \times 2 \times 10^{-3} = 12.56 \ \Omega$$

频率为 1 000 kHz 时(相当于高频范围):
$$X_L = 2\pi f L = 2\pi \times 1\,000 \times 10^3 \times 2 \times 10^{-3} = 12.56 \ \text{k}\Omega$$

可见,在 1 000 kHz 时的感抗比在 1 000 Hz 时的感抗要大 1 000 倍,它可以让音频信号较顺利地通过,而对高频信号则"阻力"很大。

3.3.3 纯电容电路

1. 电压与电流关系

纯电容电路如图 3.3.3(a)所示。

设电容两端电压 $u = U_m \sin\omega t$,则

$$i = C \frac{du}{dt} = C \frac{d(U_m \sin\omega t)}{dt} = \omega C U_m \cos\omega t$$

$$= \omega C U_m \sin(\omega t + 90°) = I_m \sin(\omega t + 90°) \tag{3.3.15}$$

在纯电容电路中,电压和电流仍然为同频率的正弦量。由式(3.3.15)可以得出下面结论:

(1)大小关系

$$U_m = \frac{1}{\omega C} I_m (\text{最大值表达式}) \tag{3.3.16}$$

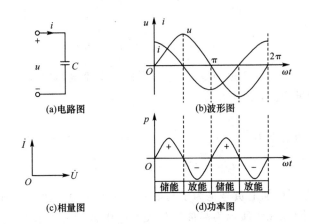

图 3.3.3 电容元件交流电路

$$U = \frac{1}{\omega C} I \text{ （有效值表达式）} \tag{3.3.17}$$

由式(3.3.17)可以看出,当电压 U 一定时,$\frac{1}{\omega C}$ 越大,则电流 I 越小。可见 $\frac{1}{\omega C}$ 反映了电容对电流阻碍能力的强弱,所以称之为容抗。用 X_C 表示,即

$$X_C = \frac{1}{\omega C} = \frac{1}{2\pi f C} \tag{3.3.18}$$

容抗 X_C 的国际标准单位也为欧姆,它与电容 C、频率 f 成反比。因此,电容对低频电流的阻碍作用很大。对直流($f=0$)而言,$X_C \to \infty$,可视作开路。

(2)相位关系

$$\psi_i - \psi_u = 90° \tag{3.3.19}$$

在相位上电流超前电压 $90°$。在今后的问题中,为了便于说明电路是电感性的还是电容性的,我们规定:当电压比电流超前时,其相位差 φ 为正值;当电压比电流滞后时,其相位差 φ 为负值。电容电路中电压 u 和电流 i 的波形如图 3.3.3(b)所示。

(3)相量关系

如用相量表示电压与电流的关系,则为

$$\dot{U} = -j X_C \dot{I} = -j \frac{1}{\omega C} \dot{I} \tag{3.3.20}$$

$-j$ 代表电压滞后电流 $90°$,电流相量 $\dot{I}$ 乘上算子 $-j$ 后即顺时针方向旋转 $90°$。电压和电流的相量图如图 3.3.3(c)所示。

2. 功率

(1)瞬时功率

掌握了电压 u 和电流 i 的变化规律和相互关系后,便可找出瞬时功率的变化规律,即

$$p = ui = U_m \sin\omega t \, I_m \sin(\omega t + 90°) = U_m I_m \sin\omega t \cos\omega t$$
$$= \frac{1}{2} U_m I_m \sin 2\omega t = UI \sin 2\omega t \tag{3.3.21}$$

由上式可见,p 是一个最大值为 UI,并以 2ω 角频率随时间而变化的交变量,如图 3.3.3(d)所示。当 u 和 i 方向相同时,p 为正值,电容处于充电状态,它从电源取用电能;当 u 和 i 方向相反时,p 为负值,电容处于放电状态,它把电能归还电源。

（2）平均功率

$$P = \frac{1}{T}\int_0^T UI\sin 2\omega t\, \mathrm{d}t = 0$$

电容元件电路的平均功率也为零，即电容元件的交流电路中没有能量消耗，只有电源与电容元件间的能量交换，是储能元件。

（3）无功功率

电容电路的无功功率为

$$Q = -UI = -I^2 X_C = -\frac{U^2}{X_C} \tag{3.3.22}$$

功率本身没有正负，加上负号是为了与电感上的无功功率加以区别。

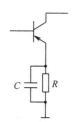

【例 3.3.2】 图 3.3.4 所示为晶体管放大电路中常用的电容和电阻并联电路，在电阻 R 上并联电容 C 的目的是为了使交流电流"容易通过"电容 C，而不在电阻 R 上产生显著的交流电压，因此电容 C 称为旁路电容。已知 $R=47\ \Omega$，$C=500\ \mu\mathrm{F}$，试计算 $f=20\ \mathrm{Hz}$ 及 $f=2\,000\ \mathrm{Hz}$ 时电容 C 的容抗值。

图 3.3.4
例 3.3.2 的电
路图

解 $f=20\ \mathrm{Hz}$ 时，容抗

$$X_C = \frac{1}{2\pi \times 20 \times 500 \times 10^{-6}} = 15.92\ \Omega$$

$f=2\,000\ \mathrm{Hz}$ 时，容抗

$$X_C = \frac{1}{2\pi \times 2\,000 \times 500 \times 10^{-6}} = 0.159\,2\ \Omega$$

可见频率越高，容抗值越小，它对交流起了"旁路"的作用。

3.4　RLC 串联交流电路

电阻、电感与电容元件串联的交流电路如图 3.4.1(a)所示，电路中的各元件通过同一电流，电流与电压的正方向在图中已经标出。

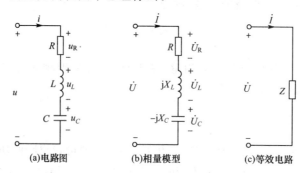

图 3.4.1　电阻、电感与电容串联的交流电路

根据 KVL 有

$$u = u_R + u_L + u_C$$

用相量表示(图 3.4.1(b))，则为

$$\dot{U} = \dot{U}_R + \dot{U}_L + \dot{U}_C \tag{3.4.1}$$

因为是串联电路,流过电阻、电感和电容上的电流都相同,将电阻、电感和电容上的电压用上节学过的相量表达式代入,则有

$$\dot{U} = \dot{U}_R + \dot{U}_L + \dot{U}_C = R\dot{I} + jX_L\dot{I} - jX_C\dot{I} = [R + j(X_L - X_C)]\dot{I} = (R + jX)\dot{I} = Z\dot{I}$$

式中的$(X_L - X_C)$称为电抗,Z则称为电路的等效阻抗,如图 3.4.1(c)所示。

$$Z = R + j(X_L - X_C) = R + jX = |Z| \angle \varphi \tag{3.4.2}$$

式(3.4.2)中的$|Z|$为阻抗的大小,即阻抗的模

$$|Z| = \sqrt{R^2 + (X_L - X_C)^2} = \sqrt{R^2 + \left(\omega L - \frac{1}{\omega C}\right)^2} \tag{3.4.3}$$

式(3.4.2)中的φ为阻抗角

$$\varphi = \arctan \frac{X_L - X_C}{R} = \arctan \frac{X}{R} \tag{3.4.4}$$

由式(3.4.3)和式(3.4.4)可知,$|Z|$、R、$(X_L - X_C)$三者之间的关系可以用直角三角形(称为阻抗三角形)来表示,如图 3.4.2 所示。

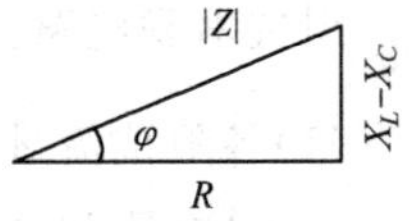

根据以上分析可以得出下面结论:

(1)大小关系

$$U = |Z| I \tag{3.4.5}$$

图 3.4.2 阻抗三角形

(2)相位关系

$$\varphi = \psi_u - \psi_i \tag{3.4.6}$$

φ是总电压和总电流之间的夹角,φ角的大小是由电路(负载)的参数决定的。

当$X_L > X_C$,$\varphi > 0$,电压u超前电流i,电路呈电感性;

当$X_L < X_C$,$\varphi < 0$,电流i超前电压u,电路呈电容性;

当$X_L = X_C$,$\varphi = 0$,电流i与电压u同相,电路呈电阻性。

以电流为参考相量,根据电阻、电感和电容的电压与电流的相量关系及总电压相量等于各部分电压相量之和,画出各部分电压之间关系的相量图,如图 3.4.3 所示。图中的各个电压也组成一个直角三角形,利用相量图也可以得到电压与电流的关系:

$$U = \sqrt{U_R^2 + (U_L - U_C)^2} = \sqrt{R^2 + (X_L - X_C)^2}\, I = |Z| I \tag{3.4.7}$$

$$\varphi = \arctan \frac{U_L - U_C}{U} = \arctan \frac{X_L - X_C}{R}$$

$$= \arctan \frac{X}{R} \tag{3.4.8}$$

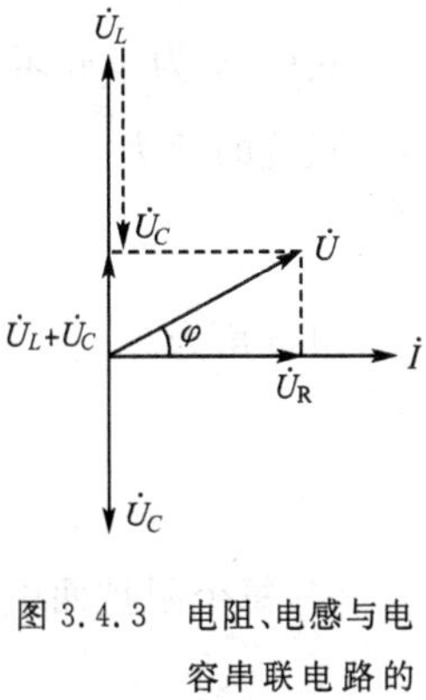

图 3.4.3 电阻、电感与电容串联电路的相量图

(3)相量关系

$$\dot{U} = Z\dot{I} \tag{3.4.9}$$

$$|Z| \angle \varphi = \frac{U \angle \psi_u}{I \angle \psi_i} = \frac{U}{I} \angle \psi_u - \psi_i$$

3.5 阻抗串并联电路

3.5.1 阻抗串联电路

·阻抗的串联电路如图 3.5.1(a)所示。

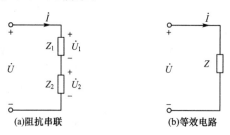

(a)阻抗串联   (b)等效电路

图 3.5.1 阻抗串联电路及其等效电路

阻抗串联电路具有以下特点:

(1)各阻抗流过同一电流 $\dot{I}$。

(2)总电压和电流之间的相量关系

$$\dot{U} = \dot{U}_1 + \dot{U}_2 = (Z_1 + Z_2)\dot{I} = Z\dot{I}$$

式中的 Z 为电路的等效阻抗,等效电路如图 3.5.1(b)所示。

(3)等效阻抗

$$Z = Z_1 + Z_2$$

等效阻抗等于各个串联阻抗之和。如果有多个阻抗串联,则有

$$Z = \sum Z_K = \sum R_K + \mathrm{j}\sum X_K = |Z|\angle\varphi$$

式中 K 为串联阻抗的个数,计算时,$\sum X_K$ 中感抗 X_L 取正号,容抗 X_C 取负号。

阻抗的模为

$$|Z| = \sqrt{\left(\sum R_K\right)^2 + \left(\sum X_K\right)^2}$$

阻抗角为

$$\varphi = \arctan\frac{\sum X_K}{\sum R_K}$$

(4)每个阻抗两端的电压

$$\dot{U}_1 = \frac{Z_1}{Z}\dot{U}$$

$$\dot{U}_2 = \frac{Z_2}{Z}\dot{U}$$

3.5.2 阻抗并联电路

阻抗的并联电路如图 3.5.2(a)所示。

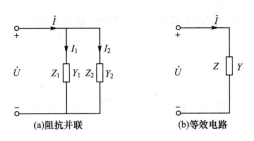

图 3.5.2 阻抗并联电路及其等效电路

为了分析计算方便,引入复导纳:复导纳 $Y = \dfrac{1}{Z}$(复阻抗的倒数)。

在图中 $Y_1 = \dfrac{1}{Z_1}$,$Y_2 = \dfrac{1}{Z_2}$。

阻抗并联电路具有以下特点:

(1)各导纳两端的电压是同一电压 $\dot{U}$。

(2)总电流和总电压之间的相量关系

$$\dot{I} = \dot{I}_1 + \dot{I}_2 = \left(\frac{1}{Z_1} + \frac{1}{Z_2}\right)\dot{U} = \frac{1}{Z}\dot{U} = (Y_1 + Y_2)\dot{U} = Y\dot{U}$$

式中的 Y 为电路的等效导纳,如图 3.5.2(b)所示。

(3)等效导纳

$$Y = Y_1 + Y_2$$

等效导纳等于各个并联导纳之和。如果有多个导纳并联,则有

$$Y = \sum Y_K = \sum G_K + j\sum B_K = |Y| \angle \theta$$

式中 K 为并联导纳的个数,G 为电导,B 为电纳,单位均为西门子(S)。计算时,$\sum B_K$ 中感纳 B_L 取负号,容纳 B_C 取正号。

导纳的模为

$$|Y| = \sqrt{\left(\sum G_K\right)^2 + \left(\sum B_K\right)^2}$$

导纳角为

$$\theta = \arctan \frac{\sum B_K}{\sum G_K}$$

(4)每个导纳中的电流

$$\dot{I}_1 = \frac{Y_1}{Y}\dot{I}$$

$$\dot{I}_2 = \frac{Y_2}{Y}\dot{I}$$

3.6 交流电路的功率以及功率因数的提高

对任一交流电路,可选总电流 i 为参考量,即 $i = I_m \sin\omega t$,则总电压 u 可表示为

$$u = U_m \sin(\omega t + \varphi)$$

下面讨论交流电路中的功率、功率因数及提高功率因数的措施。

3.6.1　交流电路的功率

1. 瞬时功率

$$p = ui = U_m \sin(\omega t + \varphi) I_m \sin\omega t = UI [\cos\varphi - \cos(2\omega t + \varphi)]$$

2. 有功功率

$$P = \frac{1}{T}\int_0^T p\,dt = \frac{1}{T}\int_0^T UI[\cos\varphi - \cos(2\omega t + \varphi)]\,dt = UI\cos\varphi \qquad (3.6.1)$$

式(3.6.1)说明交流电路中,有功功率的大小不仅取决于电压和电流的有效值,而且与电压、电流间的相位差 φ(阻抗角)有关。

由电压三角形可知

$$U\cos\varphi = U_R = IR$$

故

$$P = UI\cos\varphi = U_R I = I^2 R = \frac{U^2}{R} \qquad (3.6.2)$$

这说明交流电路中只有电阻元件消耗功率,电路中所有电阻元件消耗的功率就等于电路的有功功率。

3. 无功功率

电路中电感和电容元件要与电源交换能量,相应的无功功率为

$$Q = U_L I - U_C I = (U_L - U_C)I = UI\sin\varphi \qquad (3.6.3)$$

对于电感性电路, $\varphi > 0$,则 $\sin\varphi > 0$,无功功率 Q 为正值;对于电容性电路, $\varphi < 0$,则 $\sin\varphi < 0$,无功功率 Q 为负值。

在电路中既有电感元件又有电容元件时,无功功率相互补偿,它们在电路内部先相互交换一部分能量后,差值部分再与电源进行交换,则无源二端网络的无功功率为

$$Q = Q_L + Q_C \qquad (3.6.4)$$

式(3.6.4)表明,二端网络的无功功率是电感元件的无功功率与电容元件无功功率的代数和。式中的 Q_L 为正值, Q_C 为负值, Q 为一代数量,单位为乏(var)。

4. 视在功率

交流电路中,电压有效值 U 与电流有效值 I 的乘积称为电路的视在功率,用 S 表示,即

$$S = UI \qquad (3.6.5)$$

视在功率的单位为伏安(V·A)或千伏安(kV·A)。

视在功率 S 通常用来表示供电设备的容量。容量说明了供电设备可能转换的最大功率。

根据前面的分析,由于

$$P = UI\cos\varphi$$
$$Q = UI\sin\varphi$$
$$S = UI$$

则视在功率、有功功率和无功功率也存在一个直角三角形关系,称为功率三角形,如图3.6.1所示。

【例 3.6.1】　有一 LC 并联电路接在 220 V 的工频交流电源上,已知 $L=2$ H,$C=4.75$ μF,试求:

(1)感抗与容抗;(2)I_L、I_C;(3)Q_L、Q_C 与总的无功功率。

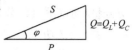

图 3.6.1　功率三角形

解　(1)感抗 $X_L=2\pi fL=2\pi\times50\times2=628$ Ω

容抗 $X_C=\dfrac{1}{2\pi fC}=\dfrac{1}{2\pi\times50\times4.75\times10^{-6}}=670$ Ω

(2)$I_L=\dfrac{U}{X_L}=\dfrac{220}{628}=0.35$ A

$\quad I_C=\dfrac{U}{X_C}=\dfrac{220}{670}=0.328$ A

(3)$Q_L=I_L^2 X_L=UI_L=220\times0.35=77$ var

$\quad Q_C=-I_C^2 X_C=-UI_C=-220\times0.28=-72.16$ var

总无功功率　$Q=Q_L+Q_C=77-72.16=4.84$ var

亦即 L 吸收或释放功率的规模为 77 var,其中 72.16 var 是与 C 之间交换,4.84 var 是与电源之间交换。

3.6.2　交流电路功率因数的提高

交流电路的有功功率的大小不仅取决于电压和电流的有效值,而且还与阻抗角 φ 有关,我们称 $\cos\varphi$ 为电路的功率因数。因为 $S=UI$,则功率因数 $\cos\varphi=\dfrac{P}{S}$。功率因数实际上反映了有功功率的利用率,φ 又被称为功率因数角。

对纯电阻电路(例如白炽灯、电阻炉等),无功功率 $Q=UI\sin\varphi$ 为 0,功率因数为 1。对其他电路,无功功率 $Q=UI\sin\varphi$ 不为 0,其功率因数介于 0 与 1 之间。由于存在无功功率,使电能不能被充分利用,其中有一部分能量在电源与负载之间进行能量交换,同时增加了线路的功率损耗。

提高功率因数的首要任务是减小电源与负载间的无功互换规模。一般在工业生产和日常生活中用电设备大多数为感性负载,可采用并联容性元件来减小无功功率。

感性负载并联电容提高功率因数的电路,如图 3.6.2(a)所示。以电压为参考相量画出相量图,如图 3.6.2(b)所示,其中 φ_1 为原感性负载的阻抗角,φ 为并联 C 后线路 $\dot{U}$ 与总电流 $\dot{I}$ 间的相位差。可见并联 C 后使线路电流减小。

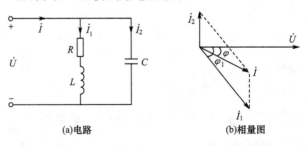

(a)电路　　　　　　　　　　(b)相量图

图 3.6.2　感性负载并联电容提高功率因数

由图 3.6.2(b)还可看出,电流的有功分量(与 $\dot{U}$ 同相的分量)$I_1\cos\varphi_1=I\cos\varphi$ 不变,无

功分量(与 $\dot{U}$ 垂直的分量)变小,实际是由电容 C 补偿了一部分无功分量。亦即,有功功率 P 不变,无功功率 Q 减小,显然提高了电源的有功利用率。

下面计算一下需要并联电容的电容值。由图 3.6.2(b)中的无功分量可得到:

$$I_2 = I_1\sin\varphi_1 - I\sin\varphi = \frac{P}{U\cos\varphi_1}\sin\varphi_1 - \frac{P}{U\cos\varphi}\sin\varphi$$

$$= \frac{P}{U}(\tan\varphi_1 - \tan\varphi)$$

又因

$$I_2 = \frac{U}{X_C} = \omega CU$$

故

$$C = \frac{P}{\omega U^2}(\tan\varphi_1 - \tan\varphi) \qquad (3.6.6)$$

式中的 C 即为把功率因数 $\cos\varphi_1$ 提高到 $\cos\varphi$ 所需并入电容器的电容值。

供电部门对用户负载的功率因数是有要求的,一般应在 0.95 以上。工矿企业配电时也必须考虑这一因素,常在变配电室中安装大型电容器来提高功率因数。

3.7 电路谐振

含有 L 和 C 的交流电路中,改变电源频率或改变电路参数(L 或 C),使电路的总电压与电流同相,称电路发生谐振。谐振现象是正弦交流电路的一种特定现象,它在电子和通信工程中得到广泛应用,但在电力系统中,发生谐振有可能破坏系统的正常工作,我们应设法预防。谐振分为串联谐振和并联谐振。

3.7.1 串联谐振

串联谐振的条件:当回路中的电流与电压的相位相同时,有 $\varphi = 0$,这时复阻抗中的电抗 $X = 0$,我们称此时电路发生了串联谐振。

一个 RLC 串联电路发生谐振的条件是 $X = X_L - X_C = 0$,即

$$\omega_0 L = \frac{1}{\omega_0 C}$$

进一步推导可得:

$$\omega_0 = \frac{1}{\sqrt{LC}} \quad 或 \quad f_0 = \frac{1}{2\pi\sqrt{LC}} \qquad (3.7.1)$$

f_0 为串联谐振的频率。

串联谐振的特点如下:

(1)谐振时电路的阻抗 $|Z_0| = \sqrt{R^2 + (X_L - X_C)^2} = R$ 最小;

(2)电压一定时,谐振时的电流 $I_0 = \dfrac{U}{\sqrt{R^2 + (X_L - X_C)^2}} = \dfrac{U}{R}$ 最大;

(3)谐振时电感与电容上的电压大小相等、相位相反,$\dot{U}_L = -\dot{U}_C$,当 $X_L = X_C \gg R$,则

谐振电压 $U_L=U_C \gg U$,电路将出现过电压现象,故又称串联谐振为电压谐振。因此电力系统中要避免出现串联谐振。而在电子技术的工程应用中,谐振现象应用很广泛,如用作选频网络。把谐振时的 U_L 或 U_C 与总电压 U 之比叫做电路的品质因数,用 Q 表示。即

$$Q=\frac{U_L}{U}=\frac{U_C}{U}=\frac{\omega_0 L}{R}=\frac{1}{\omega_0 RC} \tag{3.7.2}$$

3.7.2　并联谐振

RLC 并联情况下发生的谐振称为并联谐振。

一个 RLC 并联电路谐振的条件:$X_L=X_C(X_L \gg R)$。

谐振的频率:$\omega_0=\dfrac{1}{\sqrt{LC}}$ 或 $f_0=\dfrac{1}{2\pi\sqrt{LC}}$。

并联谐振的特点如下:

(1)谐振时电路阻抗最大;

(2)电压一定时,谐振电流 $I_0=\dfrac{U}{|Z_0|}$ 最小;

(3)$I_L=I_C \gg I_0$,故并联谐振又称电流谐振。

并联谐振电路在电子技术中也常作选频使用。电路的品质因数为

$$Q=\frac{I_L}{I}=\frac{I_C}{I} \tag{3.7.3}$$

3.8　应用实例

3.8.1　电容降压

有些电子电路需要交流电源供电,但需要的供电电压较低,有一种解决办法是,在电路中串入一只电容,利用电容降压,它的输出电压通常可在几伏到几十伏。如图 3.8.1 所示。例如,图中的电子电路需要的电压为 $U_R=12$ V,电流为 0.1 A,求需要串联的电容值。

因为电阻电路需要的电压 $U_R=12$ V,与电容两端电压相比很小,为了方便计算,我们忽略 U_R,即 $U_C \approx 220$ V。

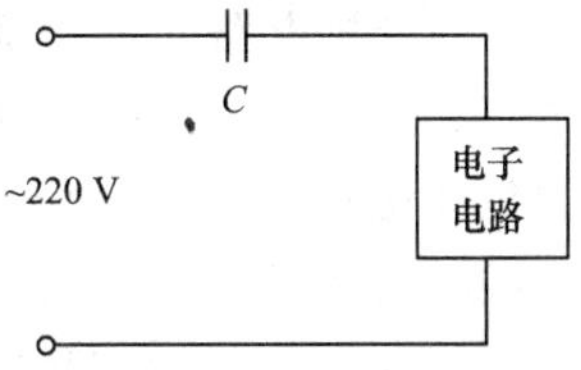

根据 $X_C=\dfrac{U_C}{I}=\dfrac{220}{0.15}=1\ 466.7\ \Omega$,则需要串联的电容

图 3.8.1　电容降压电路

值为:

$$C=\frac{1}{2\pi f X_C}=\frac{1}{2\pi \times 50 \times 1\ 466.7}=2.17 \times 10^{-6}\ \text{F}=2.17\ \mu\text{F}$$

电容降压是无损降压,因为电容在电路中只是进行能量的交换,并不消耗电能;如果采用电阻降压,则电阻上会有能量损耗。但是要注意,电容降压为非隔离降压,使用时要注意安全。

3.8.2 电感降压

生活中很多地方都要用到风扇,有时为了降低风扇的转速,可在电源与风扇之间串入电感,以降低风扇电动机的端电压。若电源电压为 220 V,频率为 50 Hz,电动机的电阻为 190 Ω,感抗为 260 Ω。例如现在要求将电动机的端电压降至 180 V 以降低风扇的转速,试求出待串电感的电感值。

风扇串联电感降压的等效电路如图 3.8.2 所示。

电动机的等效阻抗为

$$Z_1 = 190 + j260 = 322 \underline{/53.84°}\ \Omega$$

则串联待求电感后电路中电流为

$$I = \frac{U_1}{|Z_1|} = \frac{180}{322} = 0.56\ \text{A}$$

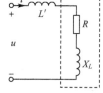

图 3.8.2 电感降压电路

电路的总阻抗为

$$Z = jX'_L + R + jX_L = R + j(X'_L + X_L) = 190 + j(X'_L + 260)\ \Omega$$

因为

$$I = \frac{U}{|Z|}$$

即

$$0.56 = \frac{220}{\sqrt{190^2 + (X'_L + 260)^2}}$$

解之得

$$X'_L = 2\pi f L' = 83.86\ \Omega$$
$$L' = 83.86/(2 \times 3.14 \times 50) = 0.27\ \text{H}$$

电感降压也是无损降压,因为电感在电路中只是进行能量的交换,并不消耗电能。

3.8.3 串联谐振用于收音机选台

收音机电路的选台部分是一个串联谐振电路,电路如图 3.8.3 所示。图中的 L_1 是天线线圈,绕在铁氧体磁棒上,当各电台不同频率的电磁信号经过天线时,在线圈 L_1 上感应出各广播电台的电信号 e_1、e_2、e_3 …,这些电信号在线圈 L_1 和可变电容器 C 组成的串联回路中流动。当某个电信号的频率和串联回路的谐振频率相同时,回路的阻抗最低,这个电

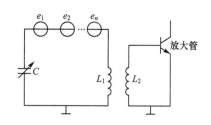

图 3.8.3 收音机选台电路

信号在回路中产生的电流最大,由于天线回路和电感之间有感应作用,在电感的两端就会得到最高的输出电压,再经解调、放大,就能收听到该电台的节目。对于其他电台的信号,电路对它们不发生谐振,因而阻抗大,电流很小。因此,通过调节电容 C 的数值,电路就会对不同电台的频率发生谐振,从而达到选台的目的。

第4章　供电与用电

　　电能的产生、传输和分配大多采用的是三相正弦交流电形式。在生产和生活中,常用到的电动机、大型电炉等电气设备也都采用三相交流电源,由三相正弦交流电源供电的电路称为三相电路。

　　三相电路与第3章学习的单相电路相比有着许多技术和经济上的优点:在发电方面,输出同样功率的三相发电机比单相发电机体积小、重量轻;在输电方面,若输送功率相同、电压相同、距离和线路损耗相等,采用三相制输电所用的有色金属仅为单相输电的75%,因而大大节约输电线路的有色金属用量;在变配电方面,三相变压器比单相变压器经济而且便于接入单相或三相负载;在用电方面,工农业生产中广泛应用的三相异步电动机比单相电动机的结构更简单、价格更低、性能更好、工作更平稳可靠。

　　本章主要讨论三相正弦交流电源、负载的连接方式和电路分析、三相电路的功率以及电力系统的基本知识和用电安全。

4.1　三相电源

4.1.1　三相交流电的产生

　　三相交流发电机的结构如图 4.1.1 所示,其主要部件为定子和转子。定子上有三个相同的绕组 U_1—U_2、V_1—V_2 和 W_1—W_2,它们在空间位置上彼此相差 120°。这样的绕组叫做对称三相绕组,其中 U_1、V_1 和 W_1 叫做首端,U_2、V_2 和 W_2 叫做末端。转子上有励磁绕组,通入直流电流可产生磁场。

　　当转子匀速转动时,定子三相绕组被磁感线切割,产生幅值相等、频率相同、只在相位上彼此相差 120°的三相交变感应电动势 e_1、e_2 和 e_3。

　　(1)三相交流电的瞬时值表达式

$$\left.\begin{array}{l} e_1 = E_m \sin\omega t \\ e_2 = E_m \sin(\omega t - 120°) \\ e_3 = E_m \sin(\omega t - 240°) = E_m \sin(\omega t + 120°) \end{array}\right\} \tag{4.1.1}$$

　　(2)三相交流电的波形图

由数学表达式可以画出三相交流电的波形,如图 4.1.2 所示。

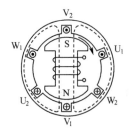

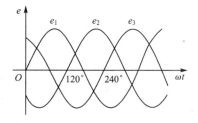

图 4.1.1　三相交流发电机原理示意图　　　图 4.1.2　三相对称电动势的波形图

由波形图不难看出

$$e_1 + e_2 + e_3 = 0 \qquad (4.1.2)$$

在任意瞬间,三相对称电动势的瞬时值之和为零。

（3）三相交流电的相量表达式

若以有效值相量表示,则为

$$\left. \begin{aligned} \dot{E}_1 &= E \angle 0° \\ \dot{E}_2 &= E \angle -120° \\ \dot{E}_3 &= E \angle +120° \end{aligned} \right\} \qquad (4.1.3)$$

由相量表达式也可以得出:

$$\dot{E}_1 + \dot{E}_2 + \dot{E}_3 = 0 \qquad (4.1.4)$$

（4）三相交流电的相量图

相量图如 4.1.3 图所示。

（5）相序

三相电动势达到最大值（振幅）的先后次序叫做相序。U_1—U_2 绕组中产生的 e_1 比 V_1—V_2 绕组中产生的 e_2 超前 $120°$,而 e_2 比 W_1—W_2 绕组中产生的 e_3 超前 $120°$,而 e_3 又比 e_1 超前 $120°$,称这种相序为正相序或正序;反之,如果 e_1 比 e_3 超前 $120°$,e_3 比 e_2 超前 $120°$,e_2 比 e_1 超前 $120°$,则称这种相序为负相序。

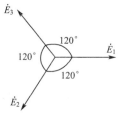

图 4.1.3　相量图

相序是一个十分重要的概念,为使电力系统能够安全可靠地运行,通常统一规定技术标准,一般在配电盘上用黄色标出 L_1（U）相,用绿色标出 L_2（V）相,用红色标出 L_3（W）相。

4.1.2　三相电源的连接

将三相电源的三个绕组以一定的方式连接起来就构成三相电路的电源。通常的连接方式是星形（也称 Y 形）连接和三角形（也称△形）连接。对三相发电机来说,通常采用星形连接。

1.三相电源的星形（Y 形）接法

将三相发电机三相绕组的尾端 U_2、V_2、W_2 连接在一点,首端 U_1、V_1、W_1 分别与负载相连,这种连接方法叫做星形（Y 形）连接。如图 4.1.4 所示。

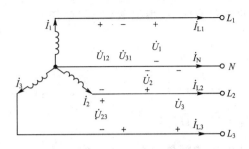

图 4.1.4　三相绕组的星形接法

（1）基本术语

①相线：从三相电源三个首端 U_1、V_1、W_1 引出的三根导线 L_1、L_2、L_3 叫做相线，俗称火线。

②中线：星形连接的公共点 N 叫做中性点，从中性点引出的导线叫做中线或零线。

③三相四线制：由三根相线和一根中线组成的输电方式叫做三相四线制。

④相电压：每相绕组首端与尾端之间的电压（即相线与中线之间的电压）叫做相电压，它们的有效值相量用 $\dot{U}_1$、$\dot{U}_2$、$\dot{U}_3$ 来表示。

⑤线电压：任意两个火线之间的电压叫做线电压，它们的有效值相量用 $\dot{U}_{12}$、$\dot{U}_{23}$、$\dot{U}_{31}$ 来表示。

⑥相电流：每一相绕组中流过的电路为相电流，其有效值相量用 $\dot{I}_1$、$\dot{I}_2$、$\dot{I}_3$ 来表示。

⑦线电流：每一条火线中流过的电路叫线电流，其有效值相量用 $\dot{I}_{L1}$、$\dot{I}_{L2}$、$\dot{I}_{L3}$ 来表示。

（2）线电流与相电流之间的关系

从图 4.1.4 可以看出，星形连接时，线电流就是对应的相电流。

$$\left. \begin{aligned} \dot{I}_{L1} &= \dot{I}_1 \\ \dot{I}_{L2} &= \dot{I}_2 \\ \dot{I}_{L3} &= \dot{I}_3 \end{aligned} \right\} \tag{4.1.5}$$

如果线电流对称，则相电流也一定对称，它们的有效值可以分别用 I_L 和 I_P 表示，即 $I_{L1}=I_{L2}=I_{L3}=I_L$，$I_1=I_2=I_3=I_P$。所以，在星形连接的对称三相电路中，线电流的有效值等于相电流的有效值，即

$$I_L = I_P \tag{4.1.6}$$

（3）线电压与相电压之间的关系

因为三相电动势是对称的，所以三个相电压也是对称的，如图 4.1.5 中的 $\dot{U}_1$、$\dot{U}_2$、$\dot{U}_3$，相电压有效值均为 $U_1=U_2=U_3=U_P$。

其各相的相电压的相量表达式为

$$\left. \begin{aligned} \dot{U}_1 &= U_P \angle 0^\circ \\ \dot{U}_2 &= U_P \angle -120^\circ \\ \dot{U}_3 &= U_P \angle +120^\circ \end{aligned} \right\} \tag{4.1.7}$$

在图 4.1.4 中所示的参考方向下,根据 KVL,线电压与相电压之间的相量关系为

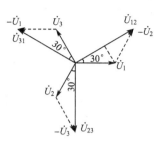

$$\left.\begin{array}{l} \dot{U}_{12}=\dot{U}_1-\dot{U}_2 \\ \dot{U}_{23}=\dot{U}_2-\dot{U}_3 \\ \dot{U}_{31}=\dot{U}_3-\dot{U}_1 \end{array}\right\} \qquad (4.1.8)$$

图 4.1.5　相电压与线电压的相量图

根据几何法得出各线电压的相量如图 4.1.5 中的 $\dot{U}_{12}$、$\dot{U}_{23}$、$\dot{U}_{31}$ 所示。

由图 4.1.5 可以看出,星形连接的对称三相电源的线电压也是对称的。线电压的有效值 U_L 是相电压有效值 U_P 的 $\sqrt{3}$ 倍,即 $U_L=\sqrt{3}U_P$;式中各线电压的相位超前于相应的相电压 $30°$。

三相电源星形连接的供电方式有两种,一种是三相四线制(三条端线和一条中线),另一种是三相三线制,即无中线。目前电力网的低压供电系统(又称民用电)为三相四线制,此系统供电的线电压为 380 V,相电压为 220 V,通常写作电源电压 380/220 V。

2. 三相电源的三角形(△形)连接

将三相发电机的第二绕组的首端 V_1 与第一绕组的末端 U_2 相连、第三绕组的首端 W_1 与第二绕组的末端 V_2 相连、第一绕组的首端 U_1 与第三绕组的末端 W_2 相连,并分别从三个首端 U_1、V_1、W_1 引出三根导线 L_1、L_2、L_3 与负载相连,这种连接方法叫做三角形(△形)连接。这种没有中线、只有三根相线的输电方式也叫做三相三线制。如图 4.1.6 所示。

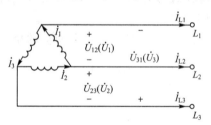

图 4.1.6　三相绕组的角形接法

(1)线电压与相电压之间的关系

三角形连接时,线电压就是对应的相电压,即

$$\left.\begin{array}{l} \dot{U}_{12}=\dot{U}_1 \\ \dot{U}_{23}=\dot{U}_2 \\ \dot{U}_{31}=\dot{U}_3 \end{array}\right\} \qquad (4.1.9)$$

可以看出,在三角形连接的对称三相电源中,线电压的有效值与相电压的有效值相等,即

$$U_L=U_P \qquad (4.1.10)$$

线电压的相位与所对应的相电压相位相同。

(2)线电流与相电流之间的关系

在图 4.1.6 中所示参考方向下,根据 KCL,线电流与相电流之间的相量关系为

$$\left.\begin{array}{l} \dot{I}_{L1} = \dot{I}_1 - \dot{I}_3 \\ \dot{I}_{L2} = \dot{I}_2 - \dot{I}_1 \\ \dot{I}_{L3} = \dot{I}_3 - \dot{I}_2 \end{array}\right\} \qquad (4.1.11)$$

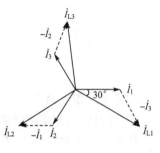

对称三相电源,其各相的相电流的相量如图 4.1.6 中的 $\dot{I}_1$、$\dot{I}_2$、$\dot{I}_3$,用几何方法可以得到各线电流的相量如图 4.1.7 中的 $\dot{I}_{L1}$、$\dot{I}_{L2}$、$\dot{I}_{L3}$。

由图 4.1.7 可以看出,三角形连接的对称三相电源的线电流也是对称的。线电流的有效值 I_L 是相电流有效值 I_P 的 $\sqrt{3}$ 倍,即 $I_L = \sqrt{3} I_P$;式中各线电流的相位落后于相应的相电流 $30°$。

图 4.1.7　相电流与线电流的相量图

【例 4.1.1】 已知发电机三相绕组产生的电动势大小均为 $E = 220$ V,试求:(1)三相电源为 Y 形接法时的相电压 U_P 与线电压 U_L;(2)三相电源为△形接法时的相电压 U_P 与线电压 U_L。

解　(1)三相电源 Y 形接法:相电压 $U_P = E = 220$ V,线电压 $U_L = \sqrt{3} U_P \approx 380$ V;
(2)三相电源△形接法:相电压 $U_P = E = 220$ V,线电压 $U_L = U_P = 220$ V。

4.2　三相负载

交流用电设备分为单相和三相两类。一些小功率的用电设备,例如灯和家用电器等通常为单相的,称为单相负载。而三相电动机、大功率的电阻炉通常为三相设备,其三个相的阻抗相等,称为三相对称负载。负载接入电源时应遵循两个原则:一是加到负载两端的电压必须等于负载的额定电压,二是应尽可能使电源的各相负荷均匀、对称,从而使三相趋于平衡。因此单相负载,例如白炽灯、日光灯等额定电压为 220 V 的单相负载应平均分接于各相线与中线之间。

三相负载本身为对称负载,其额定电压和相应接法通常在铭牌上给出。三相负载的额定电压如无特殊说明均为线电压。例如,三相异步电动机的额定电压为 380/220 V,连接方式为 Y/△,是指当电源电压为 380 V 时,电动机的三相对称绕组接成 Y 形;当电源电压为 220 V 时,则应接成△形。具体采用何种接法,应根据电源电压和负载额定电压的大小来决定。原则上应使负载的实际相电压等于其额定相电压。

4.2.1　负载的星形连接

三相负载的星形连接如图 4.2.1 所示。

三相负载的三个末端连接在一起,接到电源的中线上。三相负载的三个首端分别接到电源的三根相线上。为了便于分析有时也画成图 4.2.1(b)的形式。在图 4.2.1(b)中,负载上的线电压分别为 $\dot{U}_{12}$、$\dot{U}_{23}$、$\dot{U}_{31}$,线电流为 $\dot{I}_{L1}$、$\dot{I}_{L2}$、$\dot{I}_{L3}$,负载的相电压为 $\dot{U}_1$、$\dot{U}_2$、$\dot{U}_3$,相电流为 $\dot{I}_1$、$\dot{I}_2$、$\dot{I}_3$,中线上的电流为 $\dot{I}_N$。

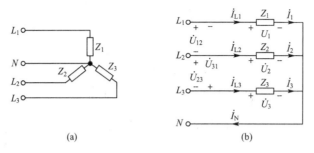

图 4.2.1　三相负载的星形连接

1. 任意三相电路

(1)线电流与相电流之间的关系

从图 4.2.1 可以看出,在图示参考方向下,星形连接时,负载上的线电流就是对应的相电流。

$$
\left.
\begin{array}{l}
\dot{I}_{L1} = \dot{I}_1 \\
\dot{I}_{L2} = \dot{I}_2 \\
\dot{I}_{L3} = \dot{I}_3
\end{array}
\right\}
\tag{4.2.1}
$$

中线上的电流为

$$
\dot{I}_N = \dot{I}_{L1} + \dot{I}_{L2} + \dot{I}_{L3} = \dot{I}_1 + \dot{I}_2 + \dot{I}_3
\tag{4.2.2}
$$

(2)线电压与相电压之间的关系

在图 4.2.1 中所示的参考方向下,负载上线电压与相电压之间的相量关系为

$$
\left.
\begin{array}{l}
\dot{U}_{12} = \dot{U}_1 - \dot{U}_2 \\
\dot{U}_{23} = \dot{U}_2 - \dot{U}_3 \\
\dot{U}_{31} = \dot{U}_3 - \dot{U}_1
\end{array}
\right\}
\tag{4.2.3}
$$

(3)相电压与相电流之间的关系

$$
\left.
\begin{array}{l}
\dot{I}_1 = \dfrac{\dot{U}_1}{Z_1} \\[2mm]
\dot{I}_2 = \dfrac{\dot{U}_2}{Z_2} \\[2mm]
\dot{I}_3 = \dfrac{\dot{U}_3}{Z_3}
\end{array}
\right\}
\tag{4.2.4}
$$

三相负载上相电压与相电流之间的关系与单相负载两端的电压与电流之间的关系一样。在进行每一相的计算时,可以看成是单相负载进行计算。

2. 对称三相负载电路

三相电源提供的线电压一般都是对称的,如果负载也是对称负载(所谓负载对称是指各相的复阻抗相等,即 $Z_1 = Z_2 = Z_3$,不仅阻抗模相等,而且阻抗角也必须相等),则三相电路为对称三相电路。假设负载为感性且阻抗角为 φ,我们画出了负载上各参数的相量图,如图 4.2.2 所示。

（1）线电压与相电压之间的相量关系

由相量图可知

$$\left.\begin{array}{l}\dot{U}_{12}=\dot{U}_1-\dot{U}_2=\sqrt{3}U_1\underline{/30°}\\[4pt]\dot{U}_{23}=\dot{U}_2-\dot{U}_3=\sqrt{3}U_2\underline{/30°}\\[4pt]\dot{U}_{31}=\dot{U}_3-\dot{U}_1=\sqrt{3}U_3\underline{/30°}\end{array}\right\}\tag{4.2.5}$$

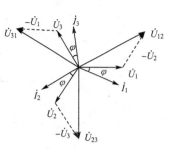

图 4.2.2　相量图

在大小上,各线电压的有效值是相应相电压有效值的$\sqrt{3}$倍,即$U_{\mathrm{L}}=\sqrt{3}U_{\mathrm{P}}$;在相位上,各线电压的相位超前于相应的相电压30°。

（2）线电流与相电流之间的相量关系

$$\dot{I}_{\mathrm{N}}=\dot{I}_1+\dot{I}_2+\dot{I}_3=0\tag{4.2.6}$$

对称三相电路的中线中没有电流。显然,此时中线完全可以省去,但在实际中,负载一般是不对称的,中线中的电流不为零,中线不能省去。三相负载不对称而又没有中线时,三相负载的相电压不会对称,导致有的相电压超过负载的额定相电压,有的低于额定相电压,致使负载不能正常工作,甚至损坏。因此,在三相四线制电路中,中线不允许断开,也不允许安装熔断器等短路或过电流保护装置。

（3）相电压与相电流之间的关系

一般的三相电气设备,大都是（如三相电动机）对称负载,即

$$Z_1=Z_2=Z_3=|Z|\underline{/\varphi}\tag{4.2.7}$$

设以$\dot{U}_1$为参考相量,则

$$\dot{I}_1=\frac{\dot{U}_1}{Z_1}=\frac{U_{\mathrm{P}}\underline{/0°}}{|Z|\underline{/\varphi}}=\frac{U_{\mathrm{P}}}{|Z|}\underline{/0°-\varphi}=I_{\mathrm{P}}\underline{/-\varphi}$$

$$\dot{I}_2=\frac{\dot{U}_2}{Z_2}=\frac{U_{\mathrm{P}}\underline{/-120°}}{|Z|\underline{/\varphi}}=I_{\mathrm{P}}\underline{/-120°-\varphi}$$

$$\dot{I}_3=\frac{\dot{U}_3}{Z_3}=\frac{U_{\mathrm{P}}\underline{/120°}}{|Z|\underline{/\varphi}}=I_{\mathrm{P}}\underline{/120°-\varphi}$$

【例 4.2.1】　在负载作 Y 形连接的对称三相电路中,已知每相负载均为$|Z|=20\ \Omega$,设线电压$U_{\mathrm{L}}=380\ \mathrm{V}$,试求各线电流。

解　在对称 Y 形负载中,相电压$U_{\mathrm{P}}=\dfrac{U_{\mathrm{L}}}{\sqrt{3}}\approx220\ \mathrm{V}$。

相电流为

$$I_{\mathrm{P}}=\frac{U_{\mathrm{P}}}{|Z|}=\frac{220}{20}=11\ \mathrm{A}$$

线电流为

$$I_{\mathrm{L}}=I_{\mathrm{P}}=11\ \mathrm{A}$$

4.2.2　负载的三角形连接

负载的三角形连接电路如图 4.2.3 所示。

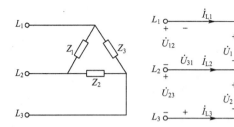

图 4.2.3 负载的三角形连接

电压与电流的参考方向如图 4.2.3 所示,可见,三相负载的相电压即为线电压,且无论负载对称与否,电压总是对称的,即

$$
\left.\begin{array}{l}
\dot{U}_{12}=\dot{U}_1 \\
\dot{U}_{23}=\dot{U}_2 \\
\dot{U}_{31}=\dot{U}_3
\end{array}\right\}
\tag{4.2.8}
$$

三个负载中的相电流 $\dot{I}_1$、$\dot{I}_2$、$\dot{I}_3$ 与三条相线中的线电流 $\dot{I}_{L1}$、$\dot{I}_{L2}$、$\dot{I}_{L3}$ 满足

$$
\left.\begin{array}{l}
\dot{I}_{L1}=\dot{I}_1-\dot{I}_3 \\
\dot{I}_{L2}=\dot{I}_2-\dot{I}_1 \\
\dot{I}_{L3}=\dot{I}_3-\dot{I}_2
\end{array}\right\}
\tag{4.2.9}
$$

1. 对称三相负载电路

三相负载对称时,$Z_1=Z_2=Z_3=|Z|\angle\varphi$,则三个相电流也是对称的,其有效值为

$$
I_P=I_1=I_2=I_3=\frac{U_P}{|Z|}
\tag{4.2.10}
$$

相位互差 120°。若以 $\dot{I}_1$ 为参考,则其相量图如图 4.2.4 所示。由式(4.2.9),利用几何法作图,画出三个线电流,如图 4.2.4 中的 $\dot{I}_{L1}$、$\dot{I}_{L2}$、$\dot{I}_{L3}$,可见线电流也是对称的,即

$$
\left.\begin{array}{l}
\dot{I}_{L1}=\sqrt{3}\,\dot{I}_1\underline{/-30°} \\
\dot{I}_{L2}=\sqrt{3}\,\dot{I}_2\underline{/-30°} \\
\dot{I}_{L3}=\sqrt{3}\,\dot{I}_3\underline{/-30°}
\end{array}\right\}
\tag{4.2.11}
$$

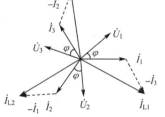

图 4.2.4 三角形连接相电流和线电流之间的关系

线电流的有效值 I_L 是相电流有效值 I_P 的 $\sqrt{3}$ 倍,即 $I_L=\sqrt{3}I_P$;在相位上,各线电流滞后于相应的相电流 30°。

综合负载对称时 Y 形与 △ 形连接的情况与特征,可见,负载对称时,只要计算其中一相,再利用对称关系,便可求得其他两个相上的电压、电流量。

2. 任意三相电路

负载不对称时,尽管三个相电压对称,但三个相电流因阻抗不同而不再对称,式(4.2.11)的关系不再成立,只能利用式(4.2.9),逐相计算各线电流。

【**例 4.2.2**】 在对称三相电路中,负载作 △ 形连接,已知每相负载均为 $|Z|=50\ \Omega$,

设线电压 $U_L = 380$ V,试求各相电流和线电流。

解　在△形负载中,相电压等于线电压,即 $U_P = U_L = 380$ V。

则相电流

$$I_P = \frac{U_P}{|Z|} = \frac{380}{50} = 7.6 \text{ A}$$

线电流

$$I_L = \sqrt{3} I_P = 13.2 \text{ A}$$

4.3　三相电路的功率

三相电路,不论是否对称,也不论采用何种连接方式,三相总有功功率都等于各相有功功率的算术和,即

$$P = P_1 + P_2 + P_3 \tag{4.3.1}$$

总无功功率等于各相无功功率的代数和,即

$$Q = Q_1 + Q_2 + Q_3 \tag{4.3.2}$$

总视在功率

$$S = \sqrt{P^2 + Q^2} \tag{4.3.3}$$

对于对称三相电路,各相的有功功率、无功功率均相等。根据第 3 章的知识,有

$$P_1 = P_2 = P_3 = U_P I_P \cos\varphi \tag{4.3.4}$$
$$Q_1 = Q_2 = Q_3 = U_P I_P \sin\varphi \tag{4.3.5}$$

式中 U_P 和 I_P 分别为各相电压和相电流的有效值,φ 为各相负载相电压和相电流之间的相位差(负载的阻抗角)。从而得到用相电压和相电流表示的总有功功率、无功功率和视在功率的表达式为

$$\left.\begin{array}{l} P = 3 U_P I_P \cos\varphi \\ Q = 3 U_P I_P \sin\varphi \\ S = 3 U_P I_P \end{array}\right\} \tag{4.3.6}$$

在工程上,三相负载的相电压 U_P 和相电流 I_P 有时测量起来很不方便,而线电压 U_L 和线电流 I_L 则比较容易测量,因此需要将功率用线电流和线电压来表示。

当对称负载是星形连接时

$$U_P = \frac{U_L}{\sqrt{3}} , I_P = I_L$$

当对称负载是三角形连接时

$$U_P = U_L , I_P = \frac{I_L}{\sqrt{3}}$$

代入式(4.3.6)中,得到用线电压和线电流表示的总有功功率、无功功率和视在功率的表达式为

$$\left.\begin{array}{l} P = \sqrt{3} U_L I_L \cos\varphi \\ Q = \sqrt{3} U_L I_L \sin\varphi \\ S = \sqrt{3} U_L I_L \end{array}\right\} \tag{4.3.7}$$

也就是说,式(4.3.7)既适用于星形连接的三相对称电路也适用于三角形连接的三相对称电路。但应当注意,这里的 φ 仍然是相电压和相电流之间的相位差。

【例 4.3.1】 有一对称三相负载,每相电阻为 $R=6\ \Omega$,电抗 $X=8\ \Omega$,三相电源的线电压为 $U_L=380\ V$。求:(1)负载星形连接时的功率 P_Y;(2)负载三角形连接时的功率 $P_\triangle$。

解 每相阻抗均为 $|Z|=\sqrt{6^2+8^2}=10\ \Omega$,功率因数 $\lambda=\cos\varphi=\dfrac{R}{|Z|}=0.6$。

(1)负载星形连接

相电压
$$U_{YP}=\frac{U_L}{\sqrt{3}}=220\ V$$

线电流等于相电流
$$I_{YL}=I_{YP}=\frac{U_{YP}}{|Z|}=22\ A$$

负载的功率　$P_Y=\sqrt{3}U_{YL}I_{YL}\cos\varphi=\sqrt{3}\times380\times22\times0.6=8.7\ kW$

(2)负载三角形连接

相电压等于线电压
$$U_{\triangle P}=U_{\triangle L}=380\ V$$

相电流
$$I_{\triangle P}=\frac{U_{\triangle P}}{|Z|}=38\ A$$

线电流
$$I_{\triangle L}=\sqrt{3}I_{\triangle P}=66\ A$$

负载的功率　$P_\triangle=\sqrt{3}U_{\triangle L}I_{\triangle L}\cos\varphi=\sqrt{3}\times380\times66\times0.6=26\ kW$

$P_\triangle$ 为 P_Y 的 3 倍。

4.4　电力系统的基本概念

电能通常是由发电厂产生,经过输电线的传输,最后分配到各个用户,是由发电、输电、变电、配电和用电等环节组成的电力生产与消费系统。它将自然界的一次能源通过发电动力装置转化成电力,再经输电、变电和配电将电力供应到各用户。

4.4.1　电能的产生

电能的产生就是发电,它是将其他形式的能量转换成电能的过程。发电主要有火力发电、水利发电和核能发电,除此之外还有风力、潮汐、地热、天然气和太阳能发电等。

(1)火力发电是利用燃烧的化学能来产生电能,适用的燃料主要有煤、重油、天然气等。我国的火力发电厂主要以燃煤为主。火力发电的过程是,煤粉在锅炉内充分燃烧,锅炉内的水被加热成高温高压的蒸汽,推动汽轮机带动发电机旋转发电。

(2)水利发电是利用水流的位能来产生电能。当控制水流的闸门打开时,水流沿进水管进入水轮机,水轮机在水流的带动下转动起来,水轮机再带动发电机旋转发电。水电站建设的初期投资较大,建设周期长,但发电成本较低,仅为火力发电成本的 $\dfrac{1}{3}\sim\dfrac{1}{4}$,而其水电属于清洁、可再生能源,有利于环境保护,同时水电建设通常还兼具防洪、灌溉、航运、水产养殖和旅游等多项功能。我国的水利资源十分丰富,因此,大力发展水电建设并实施西电东送工程,进而促进国民经济的快速发展。

(3)核能发电是利用原子核的裂变能量来产生电能。核电站的关键设备是核反应堆,它相当于火力发电站的锅炉,但核电站是以少量的核燃料代替了大量的煤炭。

(4)风力发电的设备建在有丰富风力资源的地方,利用风能来产生电能。风能是一种取之不尽的清洁、廉价和可再生的能源,因此我国应大力发展。但风能的能量密度较小,而且它是一种具有随机性和不稳定性的能源,因此风力发电必须配备一定的蓄电装置,以保证其连续发电。

此外,地热发电是利用地球内部蕴藏的大量地热资源来产生电能。太阳能发电是一种十分安全、经济、没有污染、取之不尽的能源,我国的太阳能资源也相当丰富。

4.4.2　电能的传输

输电把相距很远的发电厂和负荷中心联系起来,使电能的开发和利用超越地域的限制。和其他能源的传输(如输煤、输油等)相比,输电的损耗小、效益高、灵活方便、易于调控、环境污染少,输电还可以将不同地点的发电厂连接起来,实行峰谷调节。

输电线路按结构形式可分为架空输电线路和地下输电线路。前者由线路杆塔、导线、绝缘子等构成,架设在地面上;后者主要用电缆,敷设在地下(或水下)。按所送电流的性质,输电可分为直流输电和交流输电。19 世纪 80 年代首先成功地实现了直流输电,后因受电压升压的限制(输电容量一般与输电电压的平方成比例),19 世纪末开始,交流输电成为主要的输电形式。交流输电线路中,除了有导线的电阻损耗外还有交流感抗的损耗,为了解决交流输电电阻的损耗,通常采用高压和超高压输电,通过减小线路电流来减小损耗,但是交流感抗的损耗不能减小,如果线路过长输送的大部分电能就会消耗在输电线路上。此外,交流输电并网还要考虑相位的一致性,如果相位不一致两组发电机并网会互相抵消。20 世纪 60 年代以来,由于电力电子技术的发展,直流输电又有了新的发展,直流输电克服了线路的感抗损耗,只有导线电阻的损耗,主要应用于远距离大容量输电、电力系统联网、远距离海底电缆或大城市地下电缆送电、配电网络的轻型直流输电等方面。直流输电与交流输电相互配合,构成现代电力传输系统。到 20 世纪 90 年代,世界各国常用输电电压有 220 千伏及以下的高压输电、330~765 千伏的超高压输电、1 000 千伏及以上的特高压输电。

4.4.3　电能的分配

电能的分配也叫配电,主要是利用变配电所来实现的,变电所由电力变压器、配电装置、二次系统及必要的附属设备组成。配电装置主要由母线、高压断路器开关、电抗器线圈、互感器、电力电容器、避雷器、高压熔断器、二次设备及必要的其他辅助设备所组成,主要作用是接受和分配电能。配电采用逐级降压的方法,把电能层层分配下去。来自高压输电网的电压通过降压变电站降到 10 kV 或 6 kV,经高压配电线路传输给高压设备用户和用户变电站,并经用户变电站的配电变压器降低到 3 kV、1 kV、380/220 V,再由低压配电线路将电能分送到各个用户。工厂车间是主要的配电对象之一,在车间配电中,把动力配电线路与照明配电线路各自分开,这样,可以避免因局部事故而影响整个车间的生产。

4.5　触电事故与触电保护

随着电气化的发展,人身触电事故、设备事故和电气火灾时有发生,给人民生命财产和国民经济带来损失。多数事故是因为缺乏安全用电知识或电气设备的安装不符合要求以及没有安全工作制度造成的。

4.5.1　触电事故

触电是指人体接触到带电体或接近带电体时承受较高电压,有电流通过人体造成伤害。触电事故可分为直接触电事故和间接触电事故。造成触电事故的原因主要是操作人员麻痹大意,违反操作规程;或是电气设备绝缘损坏、接地不良以及人进入高压线路的非安全区、接地短路点或遭雷击等原因。

(1)直接触电事故是指人体直接接触到正常运行的电气设备带电部分引起的触电事故,例如在 380/220 V 低压供电系统中,当人站在地面或其他接地体上,人体触及任一根裸露的相线而触电,称为单线触电,如图 4.5.1 所示。这是人体最常见的一种触电方式,因为三相四线制供电线路的中性点一般都接地,所以单线触电时,人体承受的电压是相电压。当人体同时接触到两根裸露的相线,则称为两线触电,如图 4.5.2 所示。此时,人体承受的电压是线电压,通过人体的电流比单线触电时大得多,两线触电更危险。

(2)间接触电事故是指人体接触到在正常情况下不带电、仅在事故情况下才带电的部分而发生的触电事故。例如,电气设备的外露金属壳体,在正常情况下是不带电的,但是当设备内部绝缘老化、破损时,内部带电部分会向外部不带电的金属部分漏电,在这种情况下,人体接触设备外露金属部分就会触电,如图 4.5.3 所示。随着家用电器的种类和使用增多,间接触电事故的发生也更加频繁。

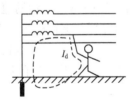 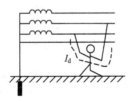 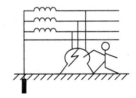

图 4.5.1　单线触电　　　　　图 4.5.2　两线触电　　　　　图 4.5.3　间接触电

按人体所受伤害方式的不同,触电又可分为电击和电伤两种。电击是指电流通过人体内部,破坏人体内部组织,影响呼吸系统、心脏及神经系统的正常功能,甚至危及生命。电击致伤的部位主要在人体内部,它可以使肌肉抽搐、内部组织损伤,造成发热发麻、神经麻痹等,严重时引起昏迷、窒息,甚至心脏停止跳动而死亡。电伤是指电流的热效应、化学效应、机械效应及电流本身作用造成的人体伤害。电伤会在人体皮肤表面留下明显的伤痕,常见的有灼伤、烙伤和皮肤金属化等现象。电击和电伤也可能同时发生,但大部分触电死亡事故都是由电击造成的。

触电对人体的伤害程度,与流过人体电流的大小、种类、频率、持续时间、电流流过人体的途径以及触电者本人的情况(人体的电阻大小)有关。触电事故表明,频率为 50 ～ 100 Hz 的电流最危险,通过人体的电流超过 50 mA(工频)时,就会产生呼吸困难、肌肉痉挛、中枢神经遭受损害从而使心脏停止跳动以至死亡;电流流过大脑或心脏时,最容易造成死亡事故。

4.5.2　触电保护

1. 安全电压

通过人体的电流一般不能超过 7~10 mA,有的人对 5 mA 的电流就有感觉,当通过人体的电流在 30 mA 以上时,将引起呼吸困难,如不及时摆脱,就有生命危险。所以 30 mA 是人体允许通过电流的临界值。不同人其人体的电阻差别很大,通常人体电阻较小时(如出汗、皮肤有伤口)为 800~1 200 Ω,较大时(如干燥环境中)为 2 kΩ~2 MΩ。

安全电压是指人体在不戴任何防护设备时,而不受到电击或电伤的电压。我国规定工频有效值 42 V、36 V、24 V、12 V 和 6 V 为安全电压的额定值。电气设备安全电压的选择应根据具体的使用环境、使用方式和工作人员的状况等因素选用不同等级的安全电压。例如,手提照明灯和便携式电动工具一般采用 42 V 或 36 V 的额定电压;若在环境潮湿、狭窄的隧道或矿井内工作时,应采用额定电压为 24 V 或 12 V 的电气设备。

安全电压的供电电源除采用独立电源外,还要用隔离变压器将供电电源的输入电路与输出电路实行电隔离。工作在安全电压下的电路还必须与其他电路实行电气隔离。

2. 保护接地和保护接零

安全电压只是在特殊情况下采用的安全措施,人们所接触的大多数电气设备都是采用 380/220 V 的供电电源,其工作电压大大超过了安全电压。当电气设备由于绝缘老化而出现漏电,或某一相与外壳相碰时都会使外壳带电,这时人体接触外壳便有触电的危险。为防止发生触电事故,应该按照供电系统接地方式的不同,分别采用接地或接零保护。

(1)保护接地

保护接地是一种保护措施,在电源的中性点不接地的三相三线制供电系统中,将电气设备的外壳与大地作良好的电气连接,这种保护措施称为保护接地。在保护接地中,通常把与土壤直接接触的金属叫做接地体;接地体与电气设备外壳的连接线,叫做接地线;而接地体与接地线的组合称为接地装置;接地装置的电阻称为接地电阻。在 380 V 的低压供电系统中,一般要求接地电阻不超过 4 Ω。

(2)保护接零

在电源中性点接地的三相四线制中,把电气设备的金属外壳与中线连接起来。这时,如果电气设备的绝缘损坏而碰壳,由于中线的电阻很小,短路电流会很大,立即使电路中的熔丝烧断或断路器动作,切断电源,从而消除触电危险。

3. 触电与电气火灾的急救措施

无论是触电还是电气火灾及其他电气事故,首先应切断电源。拉闸时要用绝缘工具,需切断电线时要用绝缘钳错位剪开,切不可同一位置齐剪,以免造成电源短路。

对已脱离电源的触电者要用人工呼吸或胸外心脏挤压法进行现场抢救,以争取进医院抢救的时间,但千万不可打强心针。

在发生火灾不能及时断电的场合,应采用不导电的灭火剂(如四氯化碳、二氧化碳干粉等)灭火,切不可用水灭火。

电气事故重在预防,一定要按照有关规程和规定办事,这样才能从根本上杜绝电气事故。

4.6 应用实例

某学校有一三层教学楼,采用三相四线制供电,一楼是实验室;二楼和三楼是教室。三楼的灯均并联接在火线 L_1 和中线 N 间,二楼的灯均并联接在火线 L_2 和中线 N 间,一楼的灯均并联接在火线 L_3 和中线 N 间。这一天晚上,一楼没有做实验(没用电),二楼有一个教室开着灯,三楼有三个教室开着灯。突然二楼所有的灯雪亮刺眼(用电的灯少),而三楼的灯昏暗无光(用电的灯多),如图 4.6.1 所示。请分析出现此故障现象的原因。

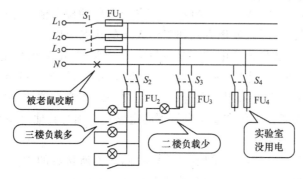

图 4.6.1　故障现象

1.分析

教学楼为三相四线制供电系统,根据三相四线制供电的原理,在正常情况下,各相之间互不影响。但当出现意外中线断了之后,各相负载变为无中线的星形连接,当其中一相没用电,另两相就变为串联关系,如图 4.6.2 所示。故判定电路故障为中线断路。由图可知,中线断路,L_3 相又没工作,则 L_1、L_2 两相变为串联关系。

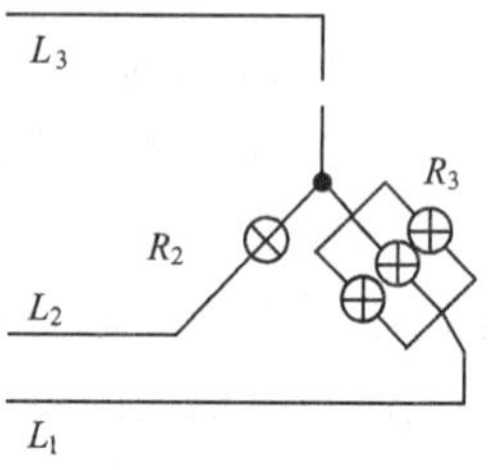

图 4.6.2　中线断开后的等效电路

2.计算

根据实际的情况,可知设二楼灯的数量为三楼的 1/3,则有

$$U_{R3}=\frac{1}{4}\times 380=95 \text{ V}$$

$$U_{R2}=\frac{3}{4}\times 380=285 \text{ V}$$

正常情况下(中线未断),二楼和三楼灯上的电压均为 220 V,灯的亮度不会有变化。当中线断时,二楼灯的数量少,阻抗大,所分得的电压大,因此,二楼所有的灯雪亮刺眼;而三楼灯的数量多,阻抗小,所分得的电压小,因此,灯昏暗无光。

第 5 章　变压器

变压器是电工技术中不可缺少的电气设备,在电子技术中也有广泛的应用。本章主要介绍变压器的用途、分类和基本结构、工作原理、外特性、功率和效率、变压器的极性以及几种常见的变压器等。

5.1　变压器的用途

变压器是利用电磁感应原理将某一等级的交流电压或电流变换成同频率的另一等级的交流电压或电流的电气设备。单相变压器具有变换电压、电流和阻抗的作用。变换的目的是为了满足高压输电、低压配电以及测量等各种工作的需要。变压器在电力系统和电子电路中得到广泛应用。

在输电方面,我们知道当输送功率和负载功率因数一定时,若输送电压越高,则线路电流越小,因而可以减少输电导线的截面积,节省有色金属材料,而且还能减少线路上的功率损耗和电压损失。因此,远距离输电采用高电压是经济的。目前,我国交流输电的电压等级有 35 kV、110 kV、220 kV、330 kV、500 kV 等几种。国际上输电线路的最高电压是 750 kV。这样高的电压,不论从安全运行角度还是从制造成本方面考虑,都不适合由发电机直接产生。大型发电机的额定电压一般有 3.15 kV、6.3 kV、10.5 kV、13.8 kV、15.7 kV、18 kV 等几种。因此,在输电时必须利用变压器将电压升高到相应的输电电压。

在用电方面,各类负载的额定电压不一,多数为 220 V 或 380 V,少数电动机也有采用 3 kV 或 6 kV 的,机床上和井下的安全照明灯为 36 V。为了保证负载在额定电压下正常工作,供电时还要利用变压器把电源的高电压变换成为负载所需的低电压。

在电子电路中,常需要多种电源电压,例如收音机电路、电视机电路中的多种电压,都需要变压器进行变压。此外,变压器在改变电压的同时也改变了电流和阻抗,在测量技术中利用变压器改变电流的原理,例如电流互感器的作用是可以把数值较大的一次电流通过一定的变比转换为数值较小的二次电流,用来进行保护、测量等用途。在无线电技术中利用变压器变换阻抗的原理,通过变换阻抗以达到阻抗匹配的目的。

5.2　变压器的分类和基本结构

5.2.1　变压器的分类

变压器的种类繁多,按用途分,变压器可分为电力变压器、整流变压器、焊接变压器、测量变压器、隔离变压器以及电子技术中应用的输入变压器、输出变压器、振荡变压器、高频变压器、中频变压器、脉冲变压器等;按结构分,可分为双绕组变压器、三绕组变压器、多绕组变压器以及自耦变压器等;按相数分,可分为单相变压器、三相变压器和多相变压器;按冷却方式分,可分为干式变压器、油浸变压器和充气式变压器等。

5.2.2　变压器的基本结构

变压器的结构多种多样,但基本构造相似,都是由铁芯和绕组构成。

铁芯是变压器的磁路通道。铁芯按构造形式可分为芯式和壳式两种,一种是绕组在外、铁芯在内,绕组包围着铁芯,称为芯式结构,如图 5.2.1(a)所示;另一种绕组在内、铁芯在外,铁芯包围着绕组,称为壳式结构,如图 5.2.1(b)所示。芯式变压器构造简单,硅钢片用量较少,用铜量较多,绕组的绝缘和安装比较容易,多用于电压较高、容量较大的变压器。壳式变压器硅钢片用量较多,用铜量较少,机械强度较高,多用于容量较小的变压器。铁芯一般是由导磁性能较好的硅钢片叠制而成,硅钢片的表面涂有绝缘漆,以便减少涡流和磁滞损耗。

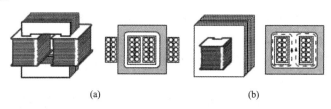

(a)　　　　　　　　　　　　(b)

图 5.2.1　芯式和壳式变压器

5.3　变压器的工作原理

绕组又称线圈,是变压器的电路部分,是用漆色线、沙包线或丝包线绕成。变压器是按电磁感应原理工作的,一般将接电源的绕组称为一次绕组;接负载的绕组称为二次绕组。如果变压器一次绕组的电压大于二次绕组的电压通常称为降压变压器;反之,则称为升压变压器。

一次绕组接在交流电源上,就有正弦交流电通过绕组。在电流作用下,在铁芯中产生交变磁通。由于一次、二次绕组是绕在同一铁芯上,所以铁芯中的磁通也要穿过二次绕组。由电磁感应原理可知,交变的磁通穿过绕组线圈时将在绕组中产生感应电动势,从而在一次、二次绕组中产生感应电动势。在二次绕组中产生的感应电动势是由于一次绕组中通过交变电流而产生的,这种由一个绕组中的磁通发生变化,在另一个绕组中产生感应电动势的现象称为互感现象。变压器就是利用互感原理制成的。

变压器的铁芯是用硅钢片叠成,具有良好的导磁性,绝大部分的磁通既穿过一次绕组,也穿过二次绕组。为了便于分析,我们假设变压器无漏磁,并忽略导线电阻产生的功率损耗和铁芯中的磁滞损耗、涡流损耗,并且在空载运行(二次绕组不接负载即开路)时,一次绕组中的电流为零。

5.3.1　变压器的空载运行和电压变换作用

如图 5.3.1 所示,设一次绕组匝数为 N_1,端电压为 U_1;二次绕组匝数为 N_2,端电压

为 U_2。忽略变压器一次、二次绕组的内阻,则有

$$\frac{U_1}{U_2} = \frac{N_1}{N_2} = n \qquad (5.3.1)$$

即一次、二次绕组电压之比等于一次、二次绕组的匝数之比,n 叫做变压器的变压比,简称变比。

注意式(5.3.1)为理想变压器的电压变换关系。

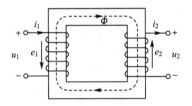

图 5.3.1　变压器空载运行原理图

5.3.2　变压器的负载运行和电流变换作用

如图 5.3.2 所示,变压器的二次绕组两端加上负载 Z_2,流过负载的电流为 I_2,下面分析理想变压器一次、二次绕组中的电流之间的关系。

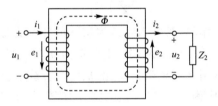

图 5.3.2　变压器有载运行原理图

将变压器视为理想变压器,其内部不消耗功率,输入变压器的功率全部消耗在负载上,即

$$U_1 I_1 = U_2 I_2$$

将上式变形代入式(5.3.1),可得理想变压器电流变换关系

$$\frac{I_1}{I_2} = \frac{U_2}{U_1} = \frac{N_2}{N_1} = \frac{1}{n} \qquad (5.3.2)$$

因此,理想变压器一次、二次绕组中的电流之比等于一次、二次绕组匝数的反比。也就是说变压器的高压侧绕组的匝数多,通过的电流小,通常用较细的导线绕制;低压侧绕组的匝数少,通过的电流大,通常用较粗的导线绕制。

5.3.3　变压器的阻抗变换作用

如图 5.3.3 所示,理想变压器的负载阻抗为 $|Z_2|$,从变压器的一次绕组两端看进去的输入阻抗为 $|Z_1|$,则

$$|Z_1| = \frac{U_1}{I_1}$$

将 $U_1 = \frac{N_1}{N_2} U_2$,$I_1 = \frac{N_2}{N_1} I_2$ 代入,得

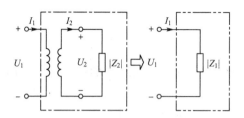

图 5.3.3　理想变压器的阻抗变换

$$|Z_1| = \left(\frac{N_1}{N_2}\right)^2 \frac{U_2}{I_2}$$

因为

$$\frac{U_2}{I_2} = |Z_2|$$

所以

$$|Z_1| = \left(\frac{N_1}{N_2}\right)^2 |Z_2| = n^2 |Z_2|$$

即

$$\frac{|Z_1|}{|Z_2|} = n^2 \qquad\qquad (5.3.3)$$

由此可见,当变压器工作时,其输入阻抗为实际负载阻抗的 n^2 倍,即当变压器的二次绕组接上负载 $|Z_2|$ 时,相当于在电源两端接上阻为 $n^2|Z_2|$ 的负载。变压器的这种阻抗变换特性,在电子线路中常用来实现阻抗匹配,从而在负载上获得最大功率。

【例 5.3.1】　有一变比为 220/110 V 的降压变压器,如果变压器的二次绕组接上 47 Ω 的电阻,求从变压器一次绕组两端看进去的输入阻抗。

解　变比
$$n = \frac{N_1}{N_2} = \frac{U_1}{U_2} = \frac{220}{110} = 2$$

输入阻抗
$$|Z_1| = n^2 |Z_2| = 4 \times 47 = 188 \ \Omega$$

【例 5.3.2】　一个信号源的电压 $U_s = 40$ V,内阻 $|Z_0| = 200$ Ω,通过理想变压器接 $|Z_2| = 8$ Ω 的负载。为使负载电阻换算到一次侧的阻值 $|Z_1| = 200$ Ω,以达到阻抗匹配,则变压器的变比 n 应为多少?

解　根据公式
$$\frac{|Z_1|}{|Z_2|} = n^2$$

则有
$$n = \sqrt{\frac{|Z_1|}{|Z_2|}} = \sqrt{\frac{200}{8}} = 5$$

因此,变压器的变比为 5。

5.4　变压器的外特性

以上讨论的都是理想变压器,即忽略了一次、二次绕组的内阻与漏磁电抗。而实际变压器的一次、二次绕组均有内阻和漏磁电抗,当电流通过时,会产生电压降,使变压器输出的电压下降。

当电源电压 U_1 和二次绕组所带负载的功率因数 $\cos\varphi_2$ 一定时,二次绕组两端的电压 U_2 随负载电流 I_2 变化的关系曲线 $U_2 = f(I_2)$ 称为变压器的外特性曲线,如图 5.4.1 所示。

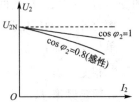

图 5.4.1 变压器的外特性曲线

由图可知,U_2 随 I_2 的增加而降低,这是由于变压器绕组本身存在阻抗,I_2 增加,绕组阻抗压降增大的缘故。图 5.4.1 中的两条曲线分别为电阻性负载和感性负载的情况,可见,感性负载端电压下降的程度比电阻性负载大。现代电力变压器从空载到满载($I_2 = I_{2N}$),二次绕组的端电压下降约为其额定电压的 4%~6%。

为了反映二次侧电压随负载的变化而产生的波动程度,引入了电压变化率的概念,即

$$\Delta U\% = \frac{U_{20} - U_2}{U_{20}} \times 100\% \tag{5.4.1}$$

式中 U_{20} 为二次绕组的空载电压,也就是二次侧的额定电压 U_{2N};U_2 为满载($I_2 = I_{2N}$)时二次绕组两端的电压。显然,ΔU 越小越好,说明变压器二次侧电压 U_2 的变动越小越稳定。电压变化率有时也称为电压调整率。

【例 5.4.1】 某单相变压器的额定电压为 10 000/230 V,接在 10 000 V 的交流电源上向一电感性负载供电,电压调整率为 0.043,求变压器的变比、空载和满载时的二次电压。

解 变压器的变比为

$$n = \frac{N_1}{N_2} = \frac{U_1}{U_2} = \frac{10\ 000}{230} = 43.5$$

空载时的二次电压为

$$U_{20} = U_{2N} = 230 \text{ V}$$

满载时的二次电压为

$$U_2 = U_{20}(1 - \Delta U\%) = 230 \times (1 - 0.043) = 220 \text{ V}$$

5.5 变压器的额定值

为了正确、安全地使用和选择变压器,应该掌握变压器的额定值。按照国标规定,标注在铭牌上的,代表变压器在规定使用环境和运行条件下的主要技术数据,称为变压器的额定值(或称为铭牌数据),主要有:

1. 额定电压 U_{1N}/U_{2N}

在变压器正常运行时,加在一次绕组上的电压,称为一次侧的额定电压,用 U_{1N} 来表示;当一次绕组加上额定电压,二次绕组开路时的空载电压即为二次侧的额定电压,用 U_{2N} 来表示。单相变压器的额定电压是指相电压,对三相变压器是指线电压。

2. 额定电流 I_{1N}/I_{2N}

指在额定状态下一次、二次绕组允许长期通过的最大电流。对单相变压器是指相电流,对三相变压器是指线电流。

3. 额定容量 S_N

指变压器在正常运行时的视在功率,单位为伏安(VA)或千伏安(kVA)。对于一般的变压器,一次、二次侧的额定容量都设计成相等。

额定容量、额定电压和额定电流之间的关系为:

单相变压器:
$$S_N = I_{1N}U_{1N} = I_{2N}U_{2N}$$

三相变压器:
$$S_N = \sqrt{3}\,I_{1N}U_{1N} = \sqrt{3}\,I_{2N}U_{2N}$$

4. 额定频率 f_N

指电源的工作频率,我国的工业标准频率是 50 Hz。

此外,变压器的铭牌上一般还会标注效率、温升、绝缘等级等。

5.6 变压器的功率和效率

5.6.1 变压器的功率

变压器的输入功率,即一次侧的输入功率为 $P_1 = U_1 I_1 \cos\varphi_1$;变压器的输出功率,即二次侧的输出功率为 $P_2 = U_2 I_2 \cos\varphi_2$。实际变压器在工作时,必然存在功率损耗。变压器的功率损耗为输入功率和输出功率之差,即

$$\Delta P = P_1 - P_2$$

变压器的功率损耗包括铜损和铁损两部分,它们分别用符号 P_{Cu} 和 P_{Fe} 表示。则有

$$\Delta P = P_1 - P_2 = P_{Cu} + P_{Fe}$$

铜损是指变压器线圈电阻所引起的损耗,当电流通过线圈,会使线圈发热,一部分电能就转变为热能而损耗,由于线圈一般都由带绝缘的铜线缠绕而成,因此称为铜损。变压器的铁损包括两个方面,一方面是磁滞损耗,即铁磁材料在磁化过程中由磁滞现象引起的能量损耗。这部分能量转变为热能,使设备升温,效率降低,从而损耗了一部分电能。另一方面是涡流损耗,当变压器工作时,铁芯中有磁力线穿过,在与磁力线垂直的平面上就会产生感应电流,由于此电流自成闭合回路形成环流,且成旋涡状,故称为涡流。涡流的存在使铁芯发热,消耗能量,故称为涡流损耗。

5.6.2 变压器的效率

由于变压器运行有损耗(铜损和铁损),所以变压器输出功率 P_2 总小于输入功率 P_1,即

$$\eta = \frac{P_2}{P_1} = \frac{P_2}{P_2 + P_{Cu} + P_{Fe}} \times 100\%$$

大容量变压器的效率可达 98% ～ 99%,小型电源变压器的效率为 70% ～ 80%。

【例 5.6.1】 一台单相变压器的额定容量 $S_N = 180$ kVA,其额定电压为 6 000/230 V,变压器的铁损为 0.5 kW,满载时的铜损为 2 kW,如果变压器在满载情况下向功率因数为 0.85 的负载供电,这时副绕组的端电压为 220 V。求:(1)变压器一次、二次侧的额定电流 I_{1N}、I_{2N};(2)电压调整率 $\Delta U\%$;(3)满载时的效率 η。

解　$(1) I_{1N} = \dfrac{S_N}{U_{1N}} = \dfrac{180 \times 10^3}{6\ 000} = 30\ A$

$\qquad I_{2N} = \dfrac{S_N}{U_{2N}} = \dfrac{180 \times 10^3}{230} = 783\ A$

$(2) \Delta U\% = \dfrac{U_{2N} - U_2}{U_{2N}} \times 100\% = \dfrac{230 - 220}{230} = 4.3\%$

$(3) P_2 = U_2 I_{2N} \cos\varphi = 220 \times 783 \times 0.85 = 146\ kW$

$\qquad \eta = \dfrac{P_2}{P_2 + P_{Cu} + P_{Fe}} = \dfrac{146 \times 10^3}{146 \times 10^3 + 2 \times 10^3 + 0.5 \times 10^3} = 98.3\%$

5.7　变压器的极性

同名端也称为同极性端,是指在同一交变磁通的作用下,两个绕组上所产生的感应瞬时极性始终相同的端子。在使用多绕组变压器时,常常需要辨别出各个绕组引出线的同名端或异名端,才能正确地将线圈并联或串联使用。

同名端常用"＊"或"·"进行标注。

同名端的判断方法如图 5.7.1 所示,图中 U_S 为 1.5 V 或 3 V 电池,图中的电压表为直流毫伏表。闭合开关 S 瞬间,如果电压表指针正向偏转,则 1 和 2 端为同名端;如果指针反向偏转,则 1 和 $2'$ 端为同名端。

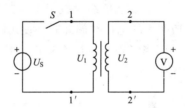

图 5.7.1　同名端判断方法

5.8　其他类型变压器

5.8.1　自耦变压器

图 5.8.1 所示的是一种自耦变压器,其结构特点是二次绕组是一次绕组的一部分。即一次、二次绕组共用一部分绕组,它们之间不仅有磁耦合,还有电的关系。

一次、二次绕组电压之比和电流之比的关系为

$$\frac{U_1}{U_2} = \frac{I_2}{I_1} = \frac{N_1}{N_2} = n$$

为了平滑地调节输出电压,将自耦变压器的二次绕组的抽头做成可以沿线圈任意滑动的电刷触点,转动电刷可以改变二次绕组的匝数,获得所需电压。例如实验室常用的调压器就是一种可以改变二次绕组匝数的自耦变压器,实验时,通过转动手柄来改变滑动端

的位置,得到不同的输出电压。其外形如图 5.8.2 所示。

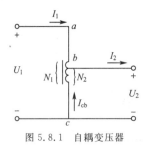 

图 5.8.1　自耦变压器　　　　　　图 5.8.2　调压器外形

注意:

(1)自耦变压器一次、二次绕组不能对调使用,若把电源接到二次绕组,可能烧坏自耦变压器或使电源短路。

(2)接通电压前,要将手柄转到零位。接通电源后,渐渐转动手柄,调节出所需要的电压。用毕,应将滑动触点再旋至零位。

(3)一次、二次绕组的公共端必须接电源的零线且可靠接地。

5.8.2　互感器

互感器是一种专供测量仪表、控制设备和保护设备中高电压或大电流时使用的变压器。可分为电压互感器和电流互感器两种。

1. 电压互感器

电压互感器如图 5.8.3(a)所示,一次绕组匝数很多,与被测电路负载并联;二次绕组匝数很少,与电压表、电能表、功率表的电压线圈并联。使用时,电压互感器的高压绕组跨接在需要测量的供电线路上,低压绕组则与电压表相连,如图 5.8.3(b)所示。电压互感器二次绕组表头额定值为标准值 100 V。

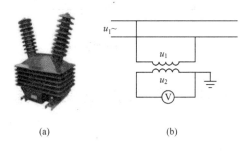

(a)　　　　　　　　　(b)

图 5.8.3　电压互感器

互感器能够实现用低量程的电压表测高电压。

$$被测电压=电压表读数\times n$$

式中的 $n=\dfrac{N_1}{N_2}$,为一次、二次绕组的匝数比。

注意:

(1)二次绕组不能短路,否则会因短路电流过大而烧毁二次绕组。

(2)铁芯和二次绕组一端必须可靠接地,防止高压绕组绝缘被破坏时而造成设备的破坏和人身伤亡。

2．电流互感器

电流互感器如图5.8.4(a)所示，一次绕组线径较粗，匝数很少，与被测电路负载串联；二次绕组线径较细，匝数很多，与电流表、电能表、功率表的电流线圈串联，如图5.8.4(b)所示。电流互感器的二次绕组表头额定值为标准值5 A或1 A。

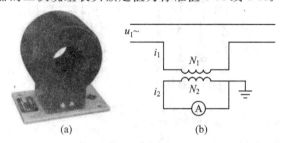

(a)　　　　　　(b)

图5.8.4　电流互感器

$$被测电流＝电流表读数×\frac{1}{n}$$

注意：

(1)绝对不能让电流互感器的二次侧开路，以防产生高压，造成危险。

(2)铁芯和二次绕组均应可靠接地。

5.8.3　三相变压器

电力系统由于采用三相四线制或三相三线制，因此大多采用三相变压器，如图5.8.5(a)所示。三相变压器的每一相，相当于一个独立的单相变压器，三相变压器原理和单相变压器原理相同。

在三相变压器中，每一芯柱上均缠绕有一次绕组和二次绕组，相当于一只单相变压器。三相变压器一次绕组的始端常用U_1，V_1，W_1，末端用U_2，V_2，W_2来表示，二次绕组则用u_1，v_1，w_1和u_2，v_2，w_2来表示，如图5.8.5(b)所示。

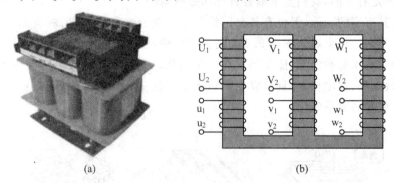

(a)　　　　　　　　　(b)

图5.8.5　三相变压器

三相变压器的一次、二次绕组可以分别接成星形(Y)或三角形(△)。三相绕组最常用的连接方式有Y，Y_n(即Y/Y_0)和Y，d(即Y/△)两种，如图5.8.6所示。

三相变压器的原、副绕组相电压之比与单相变压器一样，等于一次、二次绕组每相的匝数比，但一次、二次绕组线电压的比值，不仅与变压器的变比有关，而且还与变压器绕组的连接方式有关。

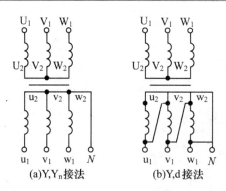

(a)Y,Y_n接法   (b)Y,d接法

图 5.8.6 三相绕组的连接

三相电力变压器的额定值含义与单相变压器相同,但三相变压器的额定容量 S_N 是指三相总额定容量,可用下式计算:

$$S_N = \sqrt{3} U_{2N} I_{2N}$$

5.9 应用实例

5.9.1 涡流的防止及应用

我们知道,如果线圈绕在铁芯上,当通过线圈的电流发生变化,则磁通也发生变化。由于金属电阻小,所以涡流很强,如图 5.9.1 所示。因此,当交变电流通过导线时,铁芯中就产生很强的涡流,这种强电流使铁芯发热,浪费电能。为了减少损失,电机、变压器等通常用具有绝缘层的薄硅钢片叠压制成铁芯,使回路电阻增大,减少涡流。在各种电机、变压器中,涡流是有害的,我们要采取各种办法来减弱。

涡流有其有害的一面,但也有其有用的一面。在冶金行业,利用涡流的热效应,制成高频感应电炉来冶炼金属。图 5.9.2 为高频感应炉,当线圈中通入交变电流时,在待熔金属中产生感应电动势和涡流,使金属发热以至熔化。这种无接触加热的冶炼方法有很多优点:加热效率高、速度快,并且可以把高频感应炉放在真空中加热,既避免金属受污染,又不会使金属在高温下氧化。

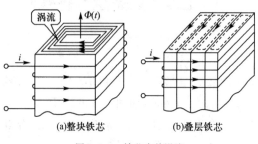

(a)整块铁芯   (b)叠层铁芯

图 5.9.1 铁芯中的涡流

图 5.9.2 高频感应炉

电磁炉也是采用磁场感应涡流加热原理,它利用电流通过线圈产生磁场,当磁场内的磁力通过含铁质锅底部时,即会产生无数的小涡流,使锅体本身自行高速发热,然后再加热锅内食品。

5.9.2　电流互感器应用

常用的钳形电流表也是一种电流互感器。它的铁芯做成钳形,用弹簧压紧。测量时将钳压开,放入被测导线。这时该导线就是一次绕组,二次绕组绕在铁芯上并与电流表接通。放开扳手后铁芯闭合,穿过铁芯的被测电路导线就成为电流互感器的一次绕组,其中通过电流便在二次绕组中感应出电流。从而使二次绕组相连接的电流表有指示,测出被测线路的电流。钳形电流表可以随时随地测量线路中的电流,不必像普通电流互感器那样必须固定在一处或者在测量时要断开电路。它是由一个电流表接成闭合回路的二次绕组和一个铁芯构成,其铁芯可开、可合,如图 5.9.3 所示。

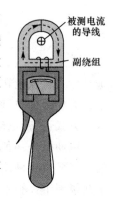

被测电流的导线

副绕组

图 5.9.3　钳形电流表

第6章 电动机

在现代化工业生产过程中,常常需要借助各式各样的生产机械来实现生产工艺过程。拖动生产机械运转主要可以采用气动、液压传动和电力拖动三种方式。其中电力拖动由于具有控制简单,调节性能好,损耗小,且能实现自动控制等优点,大多数生产机械都采用这一方式运行,电动机因此得到了广泛应用。

电动机是一种可以旋转的电动机械,它利用通电导体在磁场中受力的原理,通过转动的方式输出机械能。电动机种类繁多,适用范围各不相同,能提供的功率范围也很大,从毫瓦级到千瓦级不等。本章首先介绍电动机的一般特点和分类,接着以三相异步电动机为主要讨论对象,介绍其基本结构、工作原理、机械特性以及使用。最后介绍几种常用电动机,并给出生活中电动机的应用实例。

6.1 电动机概述

电动机是利用电磁感应原理把电能转换成机械能的一种装置。其能量的交换过程在理论上与发电机运行过程相反。

1. 电动机种类

按工作电源分类,电动机分为交流电动机和直流电动机。交流电动机按相数不同分为单相电动机和三相电动机;按运行方式可分为异步电动机和同步电动机。直流电动机按照励磁方式不同可分为他励、并励、串励和复励四种。

按运转速度分类,电动机可分为高速电动机、低速电动机、恒速电动机和调速电动机。

按应用场合分类,电动机可分为控制电动机和动力电动机。控制电动机包括步进电动机、伺服电动机等,主要完成控制信号的转换和传递,在自动控制系统中常作检测、放大、执行和矫正等元件用。动力电动机主要用于电动工具(进行钻孔、抛光、磨光、开槽、切割、扩孔等操作)、家用电器(洗衣机、电风扇、电冰箱、吸尘器、电动剃须刀等)以及其他小型机械设备(如小型机床、小型机械、医疗器械、电子仪器等)。

目前在各种电机中,三相异步电动机的需求量最大,在各种电气传动系统中,有90%左右采用异步电动机驱动。

2. 三相异步电动机特点

三相异步电动机外形如图6.1.1所示,它具有结构简单、使用方便、运行可靠、成本较低等优点。随着交流变频调速技术的发展,三相异步电

图 6.1.1 三相异步电动机

动机调速性能与经济性已经可与直流调速系统相媲美,因而应用也越来越广泛。但因为三相异步电动机功率因数较低,大量使用增加了电网的线路损耗,妨碍了有功功率的输出,最好采用补偿设备来平衡电网的无功功率。

6.2　三相异步电动机的基本结构

三相异步电动机种类很多,但基本结构大致相同,核心由定子、转子两大部分组成,附件包括机座、轴承、端盖、接线盒、风罩等,图 6.2.1 是三相异步电动机的拆分结构图。

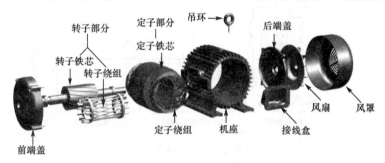

图 6.2.1　三相异步电动机拆分结构图

1. 定子部分

三相异步电动机的定子是电动机的固定部分,由定子铁芯、定子绕组和相关附件组成,如图 6.2.2 所示。

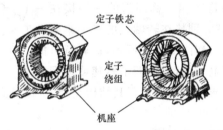

图 6.2.2　三相异步电动机定子结构

定子铁芯是三相异步电动机磁路的一部分,它由 0.35～0.5 mm 厚表面涂有绝缘漆的薄硅钢片叠成,呈圆筒状固定在机座内部。由于硅钢片较薄而且片与片之间相互绝缘,所以减少了由于交变磁场引起的涡流损耗。如图 6.2.3 所示,铁芯的内圆周上冲压有均匀分布的槽,用来嵌放定子绕组。

定子绕组是三相异步电动机的电路部分,由三个彼此独立的绕组组成三相绕组,按对称结构均匀分布在定子铁芯的槽内,每相绕组在空间相差 $120°$。三相绕组的六个接线端分别引出接到机座外侧的接线盒上,绕组首端标为 U_1,V_1,W_1,末端标为 U_2,V_2,W_2。六个出线端在接线盒上的排列如图 6.2.4 所示。根据电动机额定电压与供电电源电压的不同,可以将定子绕组接成星形或三角形。

2. 转子部分

三相异步电动机转动的部分称为转子,由转子铁芯、转子绕组以及轴承等相关附件组成。

(a)定子铁芯   (b)定子冲片

图 6.2.3 定子铁芯及冲片示意图

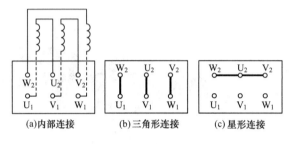

(a)内部连接   (b)三角形连接   (c)星形连接

图 6.2.4 定子绕组的连接

转子铁芯由硅钢片叠成圆柱形,压装在转轴上,与定子铁芯共同形成磁路。转子铁芯外圆周表面冲有均匀分布的凹槽,用以安放转子绕组。

三相异步电动机按转子结构形式的不同,可分为绕线式和鼠笼式两种。

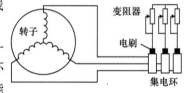

绕线式的转子绕组是将三相对称绕组的一端接在一起(形成星形连接),另一端分别接在转轴上的三个集电环上,通过电刷与外电路相连,如图 6.2.5 所示,这就有可能在转子电路中串接电阻或电动势,以便调节转速或改变电动机的起动性能。绕线式异步电动机由于其结构复杂,价位较高,所以通常用于起动性能

图 6.2.5 绕线式转子

或调速要求高的场合。

鼠笼式转子绕组是在转子铁芯槽内插入铜条,在铁芯端部用两个铜环将铜条焊接起来,形成闭合回路。若把铁芯拿出来,整个转子绕组外形很像一个鼠笼,故称鼠笼式转子,如图 6.2.6(a)所示。或者采用铸铝的方法,用熔化的铝液浇铸形成短路绕组,同时铸上冷却用的风扇叶片,如图 6.2.6(b)所示。铸铝法制造成本较低,多用于中小功率的异步电动机。

虽然绕线式异步电动机与鼠笼式异步电动机的结构不同,但它们的工作原理是相同的。

3. 其他部分

三相异步电动机的附属部件有机座、端盖、接线盒等。机座常由铸铁或铸钢浇铸成型,主要用来固定定子铁芯、端盖及接线盒等部件。中小型异步电动机的机座表面附有散热片,可以使电动机在运行时尽快散热。端盖固定在机座上,主要用来固定轴承,支撑转子,使转子能够在定子中均匀地旋转。接线盒的作用是保护和固定绕组的引出线端子。

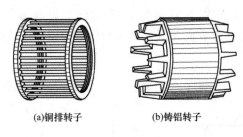

(a)铜排转子　　　　　　　　(b)铸铝转子

图 6.2.6　鼠笼式转子

6.3　三相异步电动机的工作原理

19 世纪科学家发现,通电导体在磁场中会受到安培力的作用,而受力方向可以根据左手定则判定,如图 6.3.1 所示。

若把一个通电的矩形线圈 *abcd* 放入静止磁场,如图 6.3.2 所示,根据左手定则,导线 *ab* 段受到的安培力向上,*cd* 段受到的安培力向下,两力共同作用将使线圈获得一个逆时针方向的扭矩,从而偏离原来的位置。当线圈平面旋转至与磁感线相垂直的位置时,*ab* 段与 *cd* 段导线中的安培力相互平衡,不再产生扭矩,线圈静止下来。如果想让线圈继续转动下去,只有不断改变磁场方向,令线圈始终受到固定方向的扭矩。基于这一理论基础,接下来我们详细讨论一下三相异步电动机的工作原理。

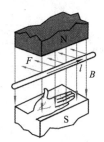　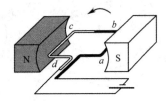

图 6.3.1　左手定则判定磁场中导线受力　　　图 6.3.2　磁场中的导电线圈

6.3.1　旋转磁场

三相异步电动机以转动的方式输出机械能,是定子绕组中产生的旋转磁场与转子绕组中的感应电流相互作用的结果。

1. 旋转磁场的产生

旋转磁场是由三相电流通过三相绕组,或多相电流通过多相绕组产生的。下面就以三相电流为例说明旋转磁场产生的过程。

假设三相异步电动机的定子绕组 U_1U_2、V_1V_2、W_1W_2 中通过如图 6.3.3(a)所示的对称三相电流,即

$$i_{L1} = I_m \sin\omega t$$

$$i_{L2} = I_m \sin(\omega t - 120°)$$

$$i_{L3} = I_m \sin(\omega t + 120°)$$

取定子绕组的首端(U_1、V_1、W_1)到末端(U_2、V_2、W_2)的方向为电流的参考方向,如图

6.3.3(b)所示。电流在正半周时,其值为正,其实际方向与参考方向一致;在负半周时,其值为负,其实际方向与参考方向相反。当每相绕组只由一个线圈构成时,定子绕组的剖面简图如图6.3.3(c)所示。

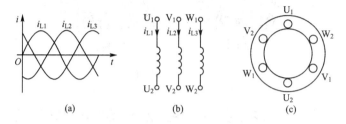

图 6.3.3　三相电流通过三相绕组

当$\omega t=0°$时,$i_{L1}=0$,绕组 U_1U_2 内无电流;$i_{L2}<0$,绕组 V_1V_2 内电流方向与参考方向相反,即由 V_2 流向 V_1;$i_{L3}>0$,绕组 W_1W_2 内电流方向与参考方向一致,即由 W_1 流向 W_2。根据右手螺旋定则,每相电流产生的合成磁场方向如图 6.3.4(a)所示,形成一个两极磁场,磁场轴线方向自上而下,上端为 N 极,下端为 S 极。

当$\omega t=60°$时,$i_{L1}>0$,绕组 U_1U_2 内电流方向与参考方向一致,即由 U_1 流向 U_2;$i_{L2}<0$,绕组 V_1V_2 内电流方向与参考方向相反,即由 V_2 流向 V_1;$i_{L3}=0$,绕组 W_1W_2 内无电流。每相电流产生的合成磁场方向如图 6.3.4(b)所示,仍然是一个两极磁场,磁场轴线方向较 $\omega t=0°$ 时顺时针偏转了 60°。

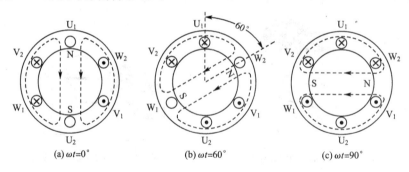

图 6.3.4　两对磁极旋转磁场

同理当$\omega t=90°$时,$i_{L1}>0$,电流由 U_1 流向 U_2;$i_{L2}<0$,电流由 V_2 流向 V_1;$i_{L3}<0$,电流由 W_2 流向 W_1。合成磁场方向如图 6.3.4(c)所示,该两极磁场轴线方向较 $\omega t=0°$ 时偏转了 90°。

继续分析得到其他时刻的合成磁场,可知当定子绕组中通入三相电流后,产生的合成磁场是随电流的交变而在空间不断旋转的,这一合成磁场被称为旋转磁场。

2. 旋转磁场的极对数

当定子每相绕组只有一个线圈时,绕组的始端(U_1、V_1、W_1)之间相差 120°空间角,产生的旋转磁场具有一对磁极。当每相绕组为两个线圈串联组成时,均匀分布后绕组的始端(U_1、V_1、W_1)之间只相差 60°空间角。采用前面的分析方法,设定电流的参考方向为绕组始端(U_1、V_1、W_1)流向末端(U_4、V_4、W_4),可以得到两对磁极的旋转磁场,如图 6.3.5 所示。当电流变化了 120°时,旋转磁场在空间顺时针旋转了 60°,比两极旋转磁场的转速慢了 1/2。可见,旋转磁场的极对数与定子绕组的空间分布有关,同时极对数决定了旋转磁场的转速。

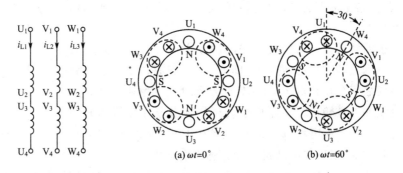

(a) $\omega t=0°$　　　　(b) $\omega t=60°$

图 6.3.5　两对磁极旋转磁场

3. 旋转磁场的转速

旋转磁场的转速称为同步转速,用 n_0 表示。如前所述,当旋转磁场的极对数为 1 时,电流交变一个周期,磁场也在空间中旋转一周。如果电流频率为 f_1,则同步转速 $n_0=60f_1$ r/min;当磁极对数为 2 时,同步转速减半,$n_0=60f_1/2$ r/min;依此类推,当电动机的旋转磁场具有 p 对磁极时,合成旋转磁场的转速为

$$n_0=\frac{60f_1}{p}\ \text{r/min} \tag{6.3.1}$$

我国电网电源频率为工频 50 Hz,表 6.3.1 给出了不同磁极对数 p 下所对应的同步转速 n_0。

表 6.3.1　　　　　**工频下磁极对数与同步转速对照表**

p	1	2	3	4	5	6
n_0	3 000	1 500	1 000	750	600	500

4. 旋转磁场的旋转方向

由图 6.3.4 和图 6.3.5 可知,旋转磁场的旋转方向是 $U_1 \rightarrow V_1 \rightarrow W_1$,这与三相电流的相序 $L_1 \rightarrow L_2 \rightarrow L_3$ 一致,如图 6.3.6(a)所示。如果将定子绕组 V_1 端与电源 L_3 相连,W_1 端与电源 L_2 相连,利用前面的分析方法可以证明,此时旋转磁场的转向变为 $U_1 \rightarrow W_1 \rightarrow V_1$,如图 6.3.6(b)所示。可见磁场的旋转方向与三相电流的相序一致,若改变定子绕组中电流的相序,即任意调换两根电源进线,则旋转磁场反转。

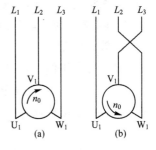

图 6.3.6　旋转磁场的转向

6.3.2　电动机的转动原理

1. 电磁转矩的产生

定子绕组通入三相交流电后会在空间中产生旋转磁场。为了形象地说明问题,现用一对磁铁(N 极和 S 极)来模拟极对数 $p=1$ 情况下的一对旋转磁极。如图 6.3.7 所示,磁铁以转速 n_0 顺时针围绕转子旋转,于是转子绕组在其作用下逆时针方向切割磁力线,产生感应电动势,感应电动势的方向由右手定则确定。由于转子绕组为一闭合电路,所以在感应电动势的作用下将产生感应电流,称为转子电流。转子电流在旋转磁场中会受到电磁力的作用,其方向可由左手定则来判断,如图 6.3.7 中箭头所示。这些电磁力在转子

上形成了顺时针方向的转矩,称为电磁转矩,用 T 表示,单位为
N·m。它驱使转子沿着旋转磁场相同的方向顺时针转动起来,从轴
上输出机械功率。

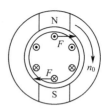

图 6.3.7　三相异步电
动机工作原
理示意图

　　虽然转子的转动方向与旋转磁场的转动方向一致,但转子的转
速 n 永远达不到旋转磁场的转速 n_0,即 $n < n_0$。这是因为,只有当转
子与旋转磁场之间存在相对运动时,转子绕组才会切割磁感线,才会
产生感应电流和电磁转矩。正是由于转子转速总是小于同步转速,
故这种电动机称为异步电动机。又因为异步电动机是以电磁感应原
理为工作基础的,所以异步电动机又称为感应电动机。

　　旋转磁场的同步转速和电动机转子转速之差与旋转磁场的同步转速之比称为转差
率,用 s 表示,即

$$s = \frac{n_0 - n}{n_0} \tag{6.3.2}$$

　　转差率用来描述转子转速与旋转磁场转速的相差程度,它是分析异步电动机工作情
况的重要物理量。异步电动机起动瞬间:$s = 1$;运行中:$0 < s < 1$。常用的异步电动机的
额定转速 n_N 很接近同步转速,所以它的额定转差率 s_N 很小,约为 $0.01 \sim 0.09$。

　　由式(6.3.2),转子转速可表示为

$$n = (1 - s)n_0 \tag{6.3.3}$$

　　因为旋转磁场和转子间的相对转速为 $(n_0 - n)$,所以转子电流频率为

$$f_2 = \frac{p(n_0 - n)}{60} = \frac{n_0 - n}{n_0} \times \frac{pn_0}{60} = sf_1 \tag{6.3.4}$$

2. 电磁转矩的方向

　　转子绕组所受的电磁转矩方向与旋转磁场的转向一致,故转子旋转的方向与旋转磁
场的方向相同。因此,想要转子反转只需改变旋转磁场的方向,即任意调换电源的两根进
线,如图 6.3.6 所示,便可实现电动机反转。

3. 转矩平衡

　　电动机在工作时,施加在转子上的转矩有电磁转矩 T,空载转矩 T_0 和负载转矩 T_L。
其中 $(T - T_0)$ 是转子轴上实际输出的转矩,用 T_2 表示。当 T_2 与 T_L 平衡,即满足式
(6.3.5)时,电动机以某一速度稳定运行。

$$T_2 = T - T_0 = T_L \tag{6.3.5}$$

　　由于空载转矩是由风阻、摩擦等环境因素形成的,数值相对较小,一般可以忽略不计。
此时式(6.3.5)可以近似表示为 $T \approx T_2 = T_L$。电动机带负载运行时,负载转矩有可能会
发生变化。此时原本的转矩平衡被打破,电动机的运行状态会发生相应调整,具体的变化
过程将在下一节三相异步电动机的机械特性中进行介绍。

6.4　三相异步电动机的转矩特性和机械特性

　　三相异步电动机的转矩特性指的是电动机的电磁转矩 T 与转差率 s 之间的关系。机
械特性指的是转子转速 n 与电磁转矩 T 之间的关系。当电动机工作在额定电压和额定

频率下,且转子绕组不另接电阻或电抗时,电动机的转矩特性和机械特性称为固有转矩特性和固有机械特性,简称固有特性,否则称为人为特性。

6.4.1　固有特性

三相异步电动机的固有特性曲线如图 6.4.1 所示,其中 N、S、M 三点分别反映了电动机三种重要的工作状态。

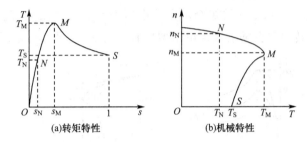

图 6.4.1　三相异步电动机固有特性曲线

1. 额定状态(N 点)

是电动机功率、转速都等于额定值时的状态。忽略风阻和轴承摩擦等影响,额定转矩 T_N、额定转速 n_N 与轴上输出的额定功率 P_N 之间的关系可表示为

$$T_N = \frac{60P_N}{2\pi n_N} \tag{6.4.1}$$

2. 起动状态(S 点)

是电动机刚接通电源,转子尚未转动的工作状态。此时的电磁转矩称为起动转矩 T_S,定子电流称为起动电流 I_S。

通常用起动转矩和额定转矩的比值来说明三相异步电动机的直接起动能力,用 K_S 表示:

$$K_S = \frac{T_S}{T_N} \tag{6.4.2}$$

起动电流与额定电流的比值用 K_C 表示:

$$K_C = \frac{I_S}{I_N} \tag{6.4.3}$$

3. 临界状态(M 点)

是电动机电磁转矩等于最大值时的状态。电动机长期过载运行时,温度会超过允许值,从而降低电动机的使用寿命,但是从发热的角度考虑,短时过载是允许的。通常用最大转矩 T_M 和额定转矩的比值来说明三相异步电动机的短时过载能力,用 K_M 表示:

$$K_M = \frac{T_M}{T_N} \tag{6.4.4}$$

临界转差率 s_M 将特性曲线分为两个不同性质的区域:稳定工作区 OM 和不稳定工作区 MS(图 6.4.1(a))。在 OM 区域内,假设负载转矩逐渐减小,随着负荷减轻,电动机的转速将逐渐增加。从特性曲线可知,n 的增加会带来电动机转矩的相应减小,当转矩减小到 $T = T_L$ 时,电动机会在新的状态下稳定运行。同理,当负载转矩增加时,电动机也会自动调整,降低转速使转矩达到新的平衡。但如果负载转矩超过最大转矩 T_M,电动机将运行在 MS 区域,转速的下降伴随转矩也随之减小,电动机迅速停止运转,这一现象称为堵转。电动机堵转时,旋转磁场与转子的相对运动速度大,因而电流远大于额定电流,电动机将严重过热,甚至烧坏。

6.4.2 人为特性

当定子电压 U_1 和转子绕组电阻 R_2 发生变化时,机械特性会产生相应的变化。如图 6.4.2 所示,当改变 U_1 时,电磁转矩会随定子电压的增加有所增加,但临界转差率不变;当改变 R_2 时,临界转差率会随着绕组电阻增加有所增加,但最大转矩不变。

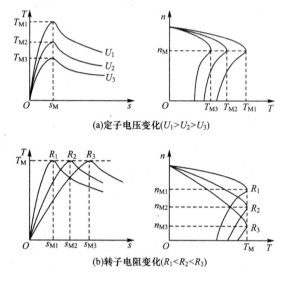

图 6.4.2　人为特性曲线

6.5　三相异步电动机的使用

6.5.1 三相异步电动机的功率传递

三相异步电动机工作时,从电源侧获得的有功功率 P_1 为

$$P_1=3U_{1P}I_{1P}\cos\varphi=\sqrt{3}U_{1L}I_{1L}\cos\varphi \tag{6.5.1}$$

式中 U_{1L} 和 I_{1L} 为定子绕组的线电压和线电流;U_{1P} 和 I_{1P} 为定子绕组的相电压和相电流;$\cos\varphi$ 为三相异步电动机的功率因数。

电动机输出的机械功率 P_2 为

$$P_2=\frac{2\pi n}{60}\cdot T \tag{6.5.2}$$

式中 n 的单位是 r/min(转/分);P_2 的单位是 W(瓦特)。

P_1 与 P_2 之差是电动机的功率损耗 P,它包括铜损 P_{Cu}(电路损耗)、铁损 P_{Fe}(磁路损耗)、机械损耗 P_{Me},即

$$P=P_1-P_2=P_{Cu}+P_{Fe}+P_{Me} \tag{6.5.3}$$

电动机的效率 η 为

$$\eta = \frac{P_2}{P_1} \times 100\% \tag{6.5.4}$$

6.5.2 三相异步电动机的起动

电动机的起动性能好坏对生产影响很大,所以在使用电动机时,要根据实际情况选择恰当的起动方式。三相异步电动机的起动方式有多种,无论哪种起动方式都必须满足以下两个条件:一,起动转矩大于负载转矩;二,起动电流小于最大允许电流。下面介绍三相异步电动机常见的几种起动方式。

1. 直接起动

直接起动又称为全压起动,指电动机定子绕组直接加额定电压进行起动的方式。直接起动时,起动转矩较小,约为额定转矩的 1.6~2.2 倍;起动电流较大,约为额定电流的 5~7 倍。较大的起动电流容易对电网中的其他设备造成影响,而且频繁起动时,发电机会因为过热而减损使用寿命。

一般 30 kW 以下的鼠笼式异步电动机常采用直接起动。

2. 减压起动

减压起动指在起动时降低定子电压,正常运行后恢复到额定电压的一种起动方式。减压起动可以减小起动电流,同时也会减小起动转矩,因此这一方式只适用于轻载或空载起动。常见的减压起动方式有:星形—三角形起动和自耦减压起动。

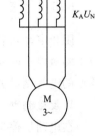

图 6.5.1 自耦减压起动

星形—三角形(Y—△)起动只适用于正常运行时定子绕组呈三角形连接的电动机。起动时先将定子绕组接成星形,待转速接近额定值时再改接成三角形。星形—三角形起动方式下,起动电流与起动转矩只有直接起动时的 1/3。

自耦减压起动对定子绕组的连接方式没有要求。该方式通过自耦变压器来降低起动时的定子电压,原理电路如图 6.5.1 所示。起动电流、起动转矩均与自耦变压器降压比 $K_A(K_A<1)$ 有关,是直接起动时的 K_A^2 倍。

3. 转子串联电阻起动

这种起动方式只适用于绕线式异步电动机。根据人为特性可知,转子绕组在起动时串联合适的电阻,能够减小起动电流,增大起动转矩。因此对起动频繁或要求满载、重载起动的生产机械常用这种方式起动,如起重机、锻压机等。

6.5.3 三相异步电动机的调速

调速是为了满足生产需要,在负载不变的情况下,人为地改变电动机的转速。三相异步电动机的调速方法主要有以下三种:

1. 变频调速

是指通过改变异步电动机的供电频率 f_1 来实现电动机调速的一种方式。目前采用的变频调速装置包含整流电路和逆变电路两大部分,可以将 50 Hz 的工频交流电变换为频率连续可调的交流电,属于无级调速(即转速连续可调)。

变频调速是当前鼠笼式异步电动机的主要调速方式,广泛应用于冰箱、空调、电梯、电焊等场合中。

2. 变极调速

是指通过改变定子绕组内部连接方式来改变旋转磁场极对数,从而实现电动机调速的一种方式。显然变极调速属于有级调速(即转速跳跃式调节),不适于调速要求较高的场合。

变极调速在镗床、磨床、铣床等机床中有较多应用。

3. 转子电路串联电阻调速

是指通过改变转子绕组阻值来改变电动机的机械特性,从而实现电动机调速的一种方式。这种调速方式只适用于绕线式异步电动机,而且串联的电阻会消耗电功率,降低电动机的效率。

转子电路串联电阻调速常用于短时调速或调速范围不太大的场合。

6.5.4 三相异步电动机的制动

阻止电动机转动,使之减速或停车的措施称为制动。三相异步电动机制动的目的是为了缩短停车时间,提高劳动生产率。制动时与转子转动方向相反的转矩称为制动转矩。常见的电气制动方法有以下两种:

1. 反接制动

在电动机停车时调换任意两根电源进线,使旋转磁场反向,形成制动转矩。

反接制动方法简单,制动力强,但制动过程冲击强烈,易损坏传动器件,而且当转子转速接近零时,应及时切断电源,以免电机反转。

部分中型车床和铣床的主轴常采用这种方法制动。

2. 能耗制动

电动机断开三相电源的同时,给定子绕组接入一直流电源,直流电流的大小一般为电动机额定电流的0.5~1倍。直流电流流入定子绕组,会在电动机中产生一方向恒定的磁场,使转子受到一个与转子转动方向相反的力的作用,产生制动转矩。

这种制动方法依靠消耗转子的动能来进行制动,所以称为能耗制动。能耗制动方法能量消耗小,制动准确而平稳,无冲击,但需要直流电流。部分机床采用这种制动方法。

6.6 三相异步电动机的铭牌数据

在三相异步电动机的外壳上都会附有铭牌,如图6.6.1所示。上面注明了这台电动机的主要技术数据,这些数据是选择、安装、使用和修理电动机的重要依据,下面以Y112M-6电动机为例说明铭牌数据的意义。

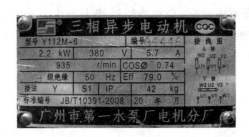

三相异步电动机		
型号Y112M-6	编号××××	
2.2 kW	380 V	5.7 A
935 r/min	$\cos\varphi$ 0.74	
B级绝缘	50 Hz	效率79%
接法Y	工作制	42 kg
标准编号　JB/T10391-2008	2010年3月	
×××电机厂		

图 6.6.1　三相异步电动机铭牌

1. 型号

电动机的型号包括产品代号、结构和磁极数等。例如：

2. 额定功率 P_N（2.2 kW）

三相异步电动机在额定状态下运行时，轴上输出的机械功率，单位 W（瓦特）。

3. 额定电压 U_N（380 V）

三相异步电动机在额定状态下运行时，定子绕组应加的线电压。

4. 额定电流 I_N（5.7 A）

三相异步电动机在额定状态下运行时，定子绕组的线电流。

5. 额定功率因数 $\cos\varphi_N$（0.74）和额定效率 η_N（79%）

二者是三相异步电动机的重要技术经济指标。电动机在额定状态运行时，$\cos\varphi_N$ 和 η_N 比较高，但在空载或轻载运行时，却很低。

6. 额定频率 f_N（50 Hz）

三相异步电动机在额定状态下运行时，定子三相绕组所加电压的频率。

7. 额定转速 n_N（935 r/min）

三相异步电动机在额定状态下运行时转子的转速。电动机的转速略小于同步转速。

8. 绝缘等级

指三相异步电动机所用绝缘材料的耐热等级，它决定了电动机允许的最高工作温度。A 级绝缘为 105℃，E 级绝缘为 120℃，B 级绝缘为 130℃，F 级绝缘为 155℃。

9. 接法（Y）

三相异步电动机定子绕组的连接方法有星形（Y）和三角形（△）两种。定子绕组的连接只能按规定方法连接，不能任意改变接法，否则会损坏电动机。

6.7　其他类型电动机

6.7.1　单相异步电动机

由单相交流电源供电的异步电动机称为单相异步电动机。

单相异步电动机的结构也是由定子和转子两部分组成，其中定子绕组是单相绕组，转子是鼠笼式转子。定子绕组中通入单相交流电流后,会在绕组轴线上产生一个大小和时间呈正弦规律变化的交变磁场,称为脉振磁场。脉振磁场可以分解成两个幅值相等、转速相同、转向相反的旋转磁场,如图 6.7.1 所示。

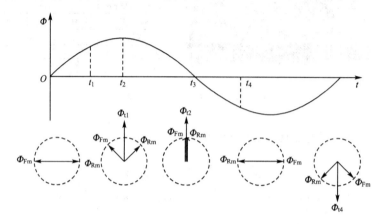

图 6.7.1　脉振磁场

两个旋转磁场会对转子产生一对方向相反的电磁转矩 T_R 和 T_F。当转子静止时,两个旋转磁场与转子之间的相对运动速度相等,即转差率 $s_R = s_F$,由转矩特性可知:$T_R = T_F$。可见,单相异步电动机在静止状态下没有起动转矩,不能自行起动。

假设转子已经沿顺时针方向开始旋转,那么顺时针方向的旋转磁场与转子之间的相对运动速度较小,$s_F < 1$,但 $s_R > 1$,即 $s_R > s_F$,由图 6.7.2(a)可知:$T_R < T_F$,合成转矩将继续驱动电动机沿顺时针方向转动。同理,当转子沿逆时针方向开始旋转时,合成转矩也能驱动电动机继续沿逆时针方向转动,如图 6.7.2(b)所示。

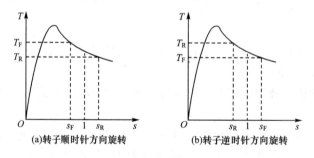

图 6.7.2　单相异步电动机的转矩

综上所述,单相异步电动机只要能解决其起动问题,便可以带负载运行。常见的单相异步电动机起动方法有电容式两相起动和罩极起动。

6.7.2　直流电动机

直流电动机是将直流电能转换成机械能的设备。原理图如图 6.7.3 所示。其中 N 和 S 是主磁极,由直流电流通入绕在铁芯上的励磁绕组产生。直流电动机转动的部分称为电枢,电枢绕组也是嵌放在铁芯槽内,图中只画出了代表电枢绕组的一个线圈。线圈的两端分别与两个彼此绝缘的铜片相连,铜片上各压着一个固定不动的电刷 A 和 B。

工作时,只需在两个电刷之间加上直流电源。此时直流电流从电刷 A 流入,经过电

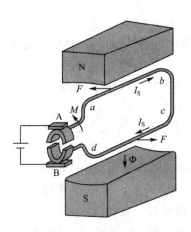

图 6.7.3 直流电动机原理图

枢绕组 $a \rightarrow b \rightarrow c \rightarrow d$,再从电刷 B 流出。电枢绕组上的电流在磁场的作用下将产生电磁力 F。根据左手定则可以判定电磁力将在电枢上形成电磁转矩,使之逆时针方向旋转。当电枢绕组旋转了 $180°$ 时,a 端与电刷 B 接触,d 端与电刷 A 接触,电枢电流方向变为 $d \rightarrow c \rightarrow b \rightarrow a$,电枢仍将受到逆时针方向的电磁转矩作用,驱动转子继续旋转。

直流电动机按照励磁绕组与电枢绕组连接方式的不同,可以分为他励式、并励式、串励式、复励式四种,如图 6.7.4 所示。

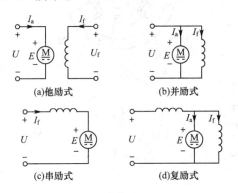

图 6.7.4 直流电动机的励磁方式

6.7.3 控制电动机

1. 伺服电动机

伺服电动机又称为执行电动机,在自动控制系统中用来驱动控制对象,将输入的电压信号变换为输出的转角或转速。伺服电动机有直流和交流两种。

直流伺服电动机的结构与普通的他励直流电动机类似,具有励磁绕组和电枢绕组两套绕组。在有些场合,也可以用永磁体代替励磁绕组。一般通过控制电枢电压来控制电动机的转速。

交流伺服电动机实质上是一个两相异步电动机。两相绕组以轴线互差 $90°$ 角分布在定子上,一相为励磁绕组,施加励磁电压;另一相为控制绕组,施加控制电压。通过改变控制电压的大小或者相位,可以实现对交流伺服电动机的转速控制。

2. 步进电动机

步进电动机又称为脉冲电动机,可以将脉冲电信号变换为转角或转速,通过传送装置带动工作台移动。

从励磁方式来分,步进电动机分为反应式、永磁式和感应式。其中反应式步进电动机应用最为普遍,结构示意图如图 6.7.5 所示。这是一台三相反应式步进电动机,转子上有均匀分布的四个齿。定子有均匀分布的六个磁极,相对的磁极组成一相,磁极上绕有绕组。

假设 U 相首先通电,V、W 两相不通电,定子上产生 U_1-U_2 轴线方向的磁场,磁场吸引转子相应的齿,如图 6.7.5(a)所示。接着 V 相通电,U、W 两相不通电,变化的磁场吸引临近齿,使转子顺时针方向转过一定角度,如图 6.7.5(b)所示;随后 W 相通电,U、V 两相不通电,转子继续随磁场旋转,如图 6.7.5(c)所示。不难理解,当脉冲信号按 $U_1-V_1-W_1-U_1$……顺序依次通电,则转子将沿顺时针方向一步一步地转动。每一步的转角为 30°,此角称为步距角,这种通电方式称为单三相方式。

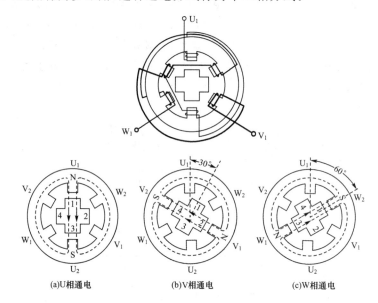

图 6.7.5　步进电动机原理图

步进电动机常用的工作方式有单三相、三相六拍、双三相,不同的工作方式步距角有所不同。

6.8　应用实例

现代社会,人们的衣食住行、生产劳动都离不开电动机。电动机的种类繁多,不同的电动机都是应不同的功能需求而出现的,在各自领域发挥着不可取代的作用。下面分别以单相异步电动机、步进电动机和伺服电动机为例,介绍其在生活、生产中的使用案例。

1. 单相异步电动机应用

单相异步电动机利用单相交流电源供电,其转速随负载变化略有变化的一种小容量交流电动机,在工农业生产、办公场所、家用电器等方面有着广泛的应用。如洗衣机、电冰箱、电钻、小型机床等。下面以电风扇为例,介绍其基本工作原理。

电风扇主要包括扇头、风叶、网罩、连接头和底座等几个部分,如图 6.8.1 所示,其中扇头内部装有单相异步电动机和摇头装置。

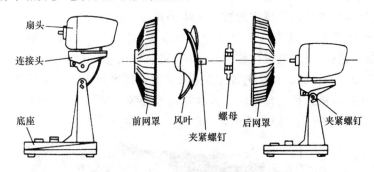

图 6.8.1　电风扇拆分结构图

根据前面的介绍,单相异步电动机是不能产生旋转磁场的。要使电动机能自动旋转起来,可在定子中加上一个起动绕组,并在起动绕组中串接一个合适的电容,使得与主绕组的电流在相位上近似相差 90°,即所谓的分相原理。这样两个在时间上相差 90°的电流通入两个在空间上相差 90°的绕组,将会在空间上产生(两相)旋转磁场,在这个旋转磁场作用下,转子就能自动起动。

要实现对电风扇风速的控制,调速功能是基本要求之一。电风扇的调速方法依其采用的电动机而定。常见的电容式和罩极式的电风扇一般采用电抗法、抽头法或电子法来调速,如图 6.8.2 所示。

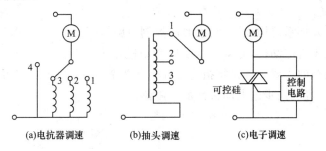

(a)电抗器调速　　　(b)抽头调速　　　(c)电子调速

图 6.8.2　电风扇调速方法

(1)电抗器调速

是把电抗器与电动机串联起来,利用电抗器对交流电流的阻碍,在电路中起到分压作用,即通过改变电动机外加电压来实现调速目的。它的特点是绕线简单,维修方便,速度调节容易;但是速度调节受挡位限制,属于有级调速。

(2)抽头调速

是在电动机的绕组中再接一个"中间绕组",中间绕组上有几个抽头,用换位开关与中间绕组抽头相连,从而获得几挡速度。这种方式使用的制作工艺较复杂,但外部控制很简单,因此也获得了广泛应用。

(3)电子调速

利用可控硅的控制原理制作而成。它的特点是风速的大小调节平滑,不受挡位限制,属于无级调速。

2. 步进电动机和伺服电动机应用

步进电动机具有结构简单、维护方便、可靠性强、精度高等优点,广泛应用在机械、冶金、电力、纺织、化工、医疗以及航空航天、船舶、核工业等国防工业领域。尤其是在自动化生产中,步进电动机被认为是理想的数控机床的执行元件。

数控机床(图 6.8.3)是指可以通过计算机编程,进行自动控制的机床。它按照事先编译的程序指令进行工作,通过位移控制系统,将执行信息传送至驱动设备,以达到对零部件进行工艺加工的目的。机床的加工精度、速度等技术指标主要取决于伺服系统。所谓伺服系统,是指以机床移动部件的位置和速度作为控制量的自动控制系统,又称随动系统,按照控制方式的不同,可以分为开环、闭环和半闭环三种类型。

图 6.8.3 数控机床外观图

(1)开环系统

图 6.8.4 是开环系统构成图,它主要由控制电路、执行元件和工作台三部分组成。常用的执行元件是步进电动机,通常称以步进电动机作为执行元件的开环系统为步进式伺服系统。驱动电路的主要任务是将指令脉冲转化为驱动执行元件所需的信号。开环系统的精度较低,速度也受到步进电动机性能的限制。

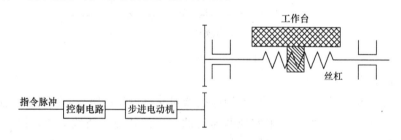

图 6.8.4 开环系统构成图

(2)闭环系统

闭环控制系统是采用检测装置对数控机床工作台位移进行测量,并进行反馈控制的位置伺服系统,如图 6.8.5 所示,其控制精度优于开环系统。常用的执行器为伺服电动机,而检测元件有旋转变压器、感应同步器、光栅、磁栅和编码盘等。通常把安装在丝杠上的检测元件组成的伺服系统称为半闭环系统,如图 6.8.5(a)所示;把安装在工作台上的检测元件组成的伺服系统称为全闭环系统,如图 6.8.5(b)所示。由于丝杠和工作台之间传动误差的存在,半闭环系统的精度要比闭环系统的精度低一些。

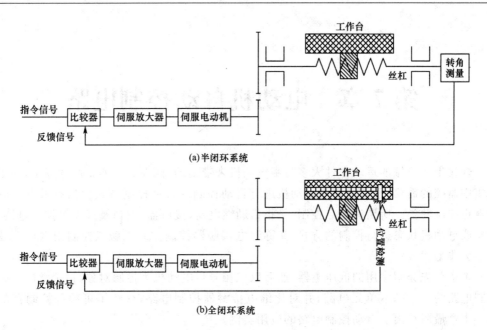

图 6.8.5　闭环控制系统

　　除了上述领域外,在其他方面,其他种类的电动机的应用也是不胜枚举,如演出设备 (电影放映机、旋转舞台等)、运动训练设备(电动跑步机、电动液压篮球架、电动发球机 等)、游乐设备(空中缆车、过山车等)以及电动玩具等。

第7章 电动机自动控制电路

现代生产机械的运动部件大多是由电动机来带动的,而在具体的生产过程中,为了满足集中监控的需要,常常需要对电动机进行自动控制。自动控制方式包括有触点控制和无触点控制两类。所谓有触点控制,是指借助继电器、接触器、按钮及开关等控制电器,对设备或电动机状态进行控制的方式,又称继电接触器控制。而无触点控制则以可编程控制器为典型代表。

本章首先介绍常用的低压电器,然后以三相异步电动机为控制对象,讨论继电接触器控制电路的一些基本单元电路,并对比继电接触器控制电路,介绍了可编程控制器的使用。本章最后给出了自动控制电路的应用实例。

7.1 常用低压电器

对电能的生产、传输、分配和应用起切换、控制、调节、检测及保护等作用的电工器械,称为电器。低压电器通常是指交流额定电压在 1 200 V 以下、直流额定电压在 1 500 V 以下电路中使用的电器。

低压电器按用途可以分为控制电器、保护电器、执行电器三类;按操作方式不同,又可分为自动电器和手动电器。

1. 刀开关

在生产过程中,经常需要电动机连续运行,这就要有刀开关。刀开关又称闸刀开关,是一种手动控制电器,起到接通和切断电源的作用。刀开关一般由闸刀(动触点)、静插座(静触点)、手柄和绝缘底板等组成,如图 7.1.1 所示。推动手柄可使闸刀绕铰链支座转动,当闸刀插入静插座内,电路被接通。

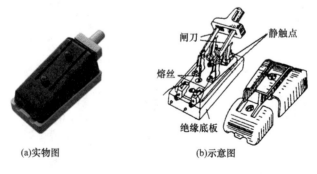

(a)实物图 (b)示意图

图 7.1.1 刀开关

选择刀开关时,应保证其额定绝缘电压和额定工作电压大于或等于电源电压,额定工作电流不小于被控电路中各负载的额定电流总和。安装时,电源进线应接在静触点一侧,负载线接在动触点一侧,以保证断开电源时闸刀不带电。

刀开关按闸刀片数的不同,可分为单刀、双刀和三刀三种。文字符号为 Q,图形符号如图 7.1.2 所示。刀开关一般与熔断器串联使用,以便在短路或过负荷时熔断器熔断而自动切断电路。

(a)单刀开关　　　　(b)双刀开关　　　　(c)三刀开关

图 7.1.2　刀开关图形符号

2. 熔断器

熔断器又称保险丝,在电路中起短路保护作用。熔断器通常由熔丝和外壳两部分组成。熔丝是由电阻率较高的易熔合金制成,如图 7.1.3 所示。

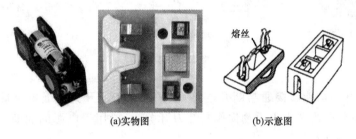

(a)实物图　　　　　　　　(b)示意图

图 7.1.3　熔断器

熔断器是电路不可缺少的一部分,使用时将它串联在被保护的电路中。当电路发生短路或严重过载时,流过熔丝的电流超过一定值,熔丝立即熔断,切断电路,达到保护电路及电气设备的目的。熔断器的文字符号为 FU,图形符号如图 7.1.4 所示。

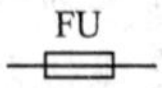

图 7.1.4　熔断器图形符号

3. 断路器

断路器又称空气开关,兼有刀开关和熔断器的作用。断路器的实物图、示意图如图 7.1.5(a)、(b)所示,主触点由手动操作来闭合。当电路发生短路或严重过载时,由于电流过大,电磁铁克服弹簧 2 作用力吸下衔铁,锁钩被向上推开,连杆在弹簧 1 的作用下断开主触点,完成电路保护。

断路器操作简单,动作后无需像熔断器那样更换熔丝,只需在排除故障后,手动操作合上主触点即可。断路器文字符号为 Q,图形符号如图 7.1.5(c)所示。

4. 按钮

按钮是一种用于接通或断开控制电路的手动控制电器,它由按钮帽、复位弹簧、动触点、静触点和外壳等组成,通常做成复合式,即具有常闭触点(又称常闭触点)和常开触点(又称常开触点),如图 7.1.6(a)、(b)所示。按下按钮时,先断开常闭触点,后接通常开触点;松开按钮后,在复位弹簧的作用下,按钮动触点自动复位。

需要注意的是,复合触点的动作是有先后顺序的,当按下按钮帽时,常闭触点先断开,常开触点后闭合;当松开按钮帽时,常开触点先断开,常闭触点后闭合。按钮的文字符号为 SB,各触点的图形符号如图 7.1.6(c)所示。

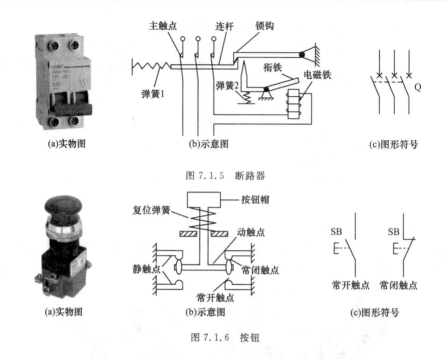

(a)实物图   (b)示意图   (c)图形符号

图 7.1.5 断路器

(a)实物图   (b)示意图   (c)图形符号

图 7.1.6 按钮

按钮与刀开关均能够接通与断开电路,但区别在于刀开关接通电路后,电流通过刀片,若要断开电路则需要人工手动操作断开刀开关,一般用于电源的通断;而按钮一般只用于控制电路的通断。

5. 交流接触器

交流接触器是利用电磁铁吸合原理工作的一种自动控制电器,常用来接通和断开电动机或其他控制电路。如图 7.1.7 所示,交流接触器主要由电磁铁和触点两部分组成。当线圈未通电时,动铁芯处于释放状态;当线圈通电后,静铁芯吸引衔铁,带动绝缘支架上的动触点动作。按状态不同,交流接触器的触点可分为常闭触点和常开触点;按用途不同,又可分为主触点和辅助触点。其中主触点允许通过较大的电流,一般用在主电路中,用于接通和断开供电电路;辅助触点只能通过较小的电流,一般用在控制电路中。交流接触器的文字符号为 KM,图形符号如图 7.1.8 所示。需要指出的是,本章中所有触点的符号描述的均为其释放状态,即线圈未通电状态。

6. 中间继电器

中间继电器的结构与交流接触器基本相同,但是体积较小,触点较多,主要用在控制电路中,用以弥补辅助触点的不足。其线圈等图形符号与交流接触器相同,只是文字符号用 KA 表示。

7. 热继电器

热继电器是对电动机进行过载保护的一种自动控制电器,是利用电流的热效应而动作的,如图 7.1.9 所示。图中热元件是一段电阻不大的电阻丝,接在电动机的主电路中。双金属片由两种具有不同线膨胀系数的金属采用热和压力辗压而成。当主电路中电流超过额定值时热元件因电流过大,发热量增加,使双金属片受热弯曲,推动导板带动动触点,将常闭触点断开,常开触点闭合。使用时,只要将常闭触点串联在控制电路中,与交流接

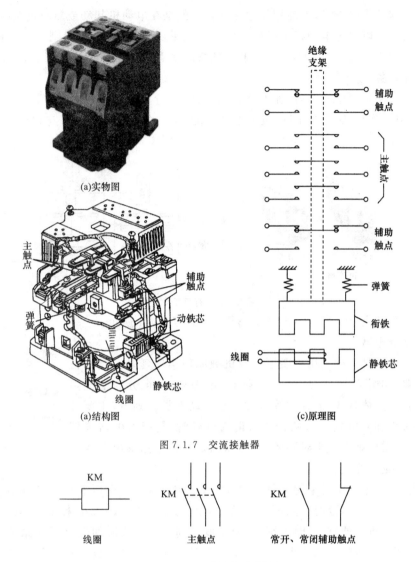

(a)实物图

主触点

辅助触点

弹簧

静铁芯

线圈

动铁芯

(a)结构图

绝缘支架

辅助触点

主触点

辅助触点

弹簧

衔铁

线圈

静铁芯

(c)原理图

图 7.1.7　交流接触器

KM

线圈

KM

主触点

KM

常开、常闭辅助触点

图 7.1.8　交流接触器图形符号

触器的线圈串联。若电动机过载,控制电路断开使交流接触器的线圈断电,从而断开电动机的主电路。

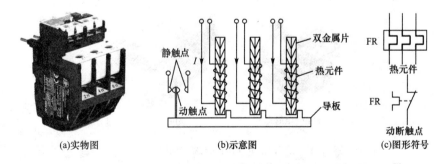

静触点

动触点

(a)实物图

I

(b)示意图

双金属片

热元件

导板

FR

热元件

FR

动断触点

(c)图形符号

图 7.1.9　热继电器

由于热继电器具有热惯性,双金属片受热后需要一段时间才能变形,也就是说热继电器是不能立即动作的,所以不能用作短路保护。但是在电动机起动或短时过载时,热继电器的热惯性却可以避免电动机不必要的停车。如果要热继电器复位,则按下复位按钮即可。热继电器文字符号为 FR,热元件和它的常闭触点的图形符号如图 7.1.9(c)所示。

8. 行程开关

行程开关又称限位开关,用作电路的限位保护、行程控制、自动切换等。行程开关的种类很多,但动作原理基本相同,通过机械撞击完成各触点的动作,与按钮类似,如图7.1.10所示。

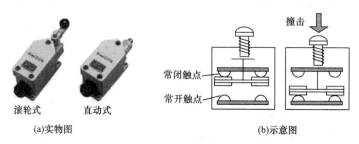

(a)实物图　　　　　　　　　(b)示意图

图 7.1.10　行程开关

行程开关的文字符号为 SQ,其图形符号如图 7.1.11 所示。

9. 时间继电器

时间继电器是一种利用电磁原理或机械原理实现延时控制的自动开关装置,如图 7.1.12 所示。根据动作原理划分,可分为空气阻尼式、电动式、晶体管式、混合式等多种。根据动作类型划分,主要分为通电延时型和断电延时型两种。所谓通电延时,是指继电器线圈通电后,触点需要延迟一定时间才动作;断电延时则是指继电器线圈断电后,触点延迟释放。

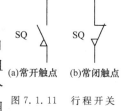

(a)常开触点　(b)常闭触点

图 7.1.11　行程开关图形符号

早期在交流电路中常采用空气阻尼式时间继电器,它利用压缩空气经过小孔的阻尼作用来获得动作延时,延时时间可以通过调节空气室进气孔的大小来改变。这种时间继电器结构简单,价格便宜,延时范围大,但精度不高。电动式时间继电器的原理与钟表类似,它由内部电动机带动减速齿轮转动获得延时。这种继电器延时精度高,延时范围宽,但结构复杂,价格昂贵。晶体管式时间继电器又称为电子式时间继电器,其工作原理是利用电容电压不能突变这一特性,通过改变电容充放电时间常数改变延时长短。电子式时间继电器精度高,体积小,目前应用广泛。

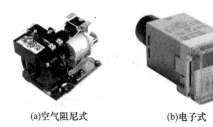

(a)空气阻尼式　　　　　　(b)电子式

图 7.1.12　时间继电器实物图

时间继电器的文字符号为 KT,图形符号如图 7.1.13 所示。

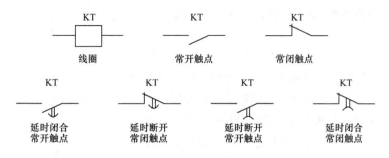

图 7.1.13　时间继电器图形符号

7.2　三相异步电动机的控制

从本节开始,将陆续介绍几种常用的继电接触器控制电路,包括三相异步电动机的起停控制、正反转控制、行程与时间控制等。在实际应用中,可根据不同的控制要求加以选择,也可以本节介绍的电路为基本单元,加以改造实现。

7.2.1　直接起动控制电路

直接起动即起动时把电动机直接接入电网,加上额定电压,这一过程依靠手动操作刀开关或断路器实现,电路如图 7.2.1 所示,电路具有短路保护的作用。但是电动机的容量越大,开关的体积也越大,操作就越费力气,而且不能频繁操作或远距离控制。为了解决这一问题,可以利用控制电器将手动控制电路改造成自动控制电路。

1. 点动控制

控制电路如图 7.2.2 所示。合上断路器 Q,三相电源对控制电路供电,但电动机还不能起动。按下按钮 SB 时,接触器 KM 线圈通电,常开主触点闭合,使电动机通电,起动运转。当松开按钮 SB,接触器 KM 线圈断电,常开主触点恢复到释放状态,电动机因断电而停转。电动机的起停过程受按钮 SB 控制,按下按钮,电动机运转,松开按钮,电动机停转,这种控制方式称为电动控制。

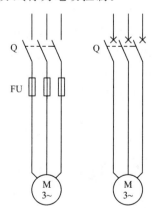

图 7.2.1　手动起停控制电路

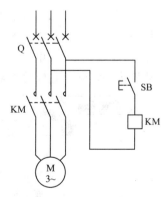

图 7.2.2　点动起停控制电路

2. 连续控制

在生产过程中,经常需要电动机连续运行,这就要求在点动控制电路的基础上增加辅

助触点,当按钮松开后,电动机仍能继续运转。电路如图 7.2.3 所示,电路的具体操作过程如下:

(1)起动过程

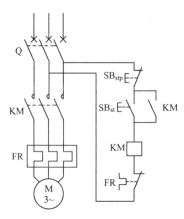

按下起动按钮 SB_{st},接触器 KM 线圈通电,与 SB_{st} 并联的 KM 的辅助常开触点闭合,以保证松开按钮 SB_{st} 后 KM 线圈持续通电,串联在主电路中的 KM 主触点保持闭合,电动机连续运转,从而实现连续运转控制。其中交流接触器 KM 的辅助常开触点在该电路中对 KM 线圈起到了保持通电的作用,这一作用称为自锁。

(2)停止过程

按下停止按钮 SB_{stp},交流接触器 KM 线圈断电,与 SB_{st} 并联的 KM 的辅助常开触点断开,这使得松开按钮 SB_{stp} 后 KM 线圈仍保持失电状态,串联在主电路中的 KM 主触点持续断开,电动机停转。

图 7.2.3　连续起停控制电路

(3)保护作用

图 7.2.3 所示电路可以实现短路保护、过载保护和失压保护。其中,断路器 Q 起短路保护作用,一旦电路发生短路故障,电动机会立即停转。这一功能也可以由刀开关 Q 配合熔断器 FU 实现。

热继电器 FR 起过载保护作用。当电动机过载时,热继电器的热元件发热,使其常闭触点断开,交流接触器 KM 线圈断电,串联在主电路中的 KM 主触点断开,电动机停转。同时 KM 辅助触点断开,解除自锁。故障排除后若要重新起动,需按下 FR 的复位按钮,使 FR 的常闭触点复位(闭合)即可。

交流接触器 KM 起失压(或欠压)保护作用。当电源暂时断电或电压严重下降时,交流接触器 KM 线圈的电磁吸力不足,部件自行释放,使主、辅助触点自行复位,切断电源,同时解除自锁,电动机停转。

3. 顺序联锁控制

在某些生产过程中,一台电动机很难满足生产要求,这时就需要借助多台电动机的配合来达到生产目的。例如,图 7.2.4 所示的皮带传送系统由两台电动机分别驱动 1#、2# 传送带,为防止货物堆积导致驱动电动机过载,应该让 1# 号电动机先起动,2# 号电动机后起动;系统停止时,应该让 2# 号电动机先停车,1# 号电动机后停车。这种为保证工作安全,令各台电动机按一定顺序起停的控制方式称为顺序联锁控制。

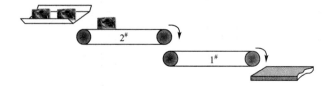

图 7.2.4　皮带传送系统

实现上述控制目的的控制电路如图 7.2.5 所示,具体操作过程如下:

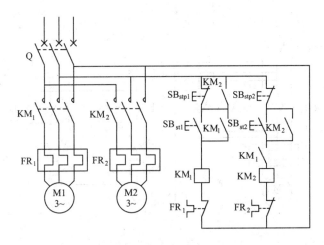

图 7.2.5　顺序联锁控制电路

(1)起动联锁

起动时接触器 KM_2 所在支路上的辅助常开触点 KM_1 牵制了线圈 KM_2 的通电。只有当接触器 KM_1 线圈通电,接触器 KM_2 支路上的常开触点 KM_1 闭合,KM_2 线圈才具备通电条件。即 $1^\#$ 号电动机运转后 $2^\#$ 号电动机才能运转。

(2)停止联锁

停止时与按钮 SB_{stp1} 并联的辅助常开触点 KM_2 牵制了 KM_1 线圈的断电。当 KM_2 线圈通电时,常开触点 KM_2 闭合,即便按下停止按钮 SB_{stp1},线圈 KM_1 仍然具备通电路径。当按下按钮 SB_{stp2},KM_2 线圈断电后,常开触点 KM_2 释放,此时 SB_{stp1} 才具备断开支路的能力。即 $2^\#$ 号电动机停车后 $1^\#$ 号电动机才能停车。

7.2.2　正反转控制电路

在生产上往往需要生产机械能向正反两个方向运动。例如,升降机的提升与下降,机床工作台的前进与后退等,这就要求对电动机进行正反转控制。

根据三相异步电动机的工作原理可知,要想改变电动机的转向,只要将电动机接到电源当中的三根导线的任意两根位置对调,就可以实现。因此,需要通过两套交流接触器分别实现电动机与电源的连接,也即两个方向的起停控制。值得注意的是,电动机的两套主触点不能同时闭合,否则会造成电源短路,所以需要在控制电路中增加互锁环节,电路如图 7.2.6 所示。

电路的具体操作过程如下:

(1)正向起动过程

在电动机停止的状态下按下起动按钮 SB_{stF},接触器 KM_F 线圈通电,串联在主电路中的 KM_F 主触点闭合;与 SB_{stF} 并联的 KM_F 的辅助常开触点闭合,以保证 KM_F 线圈持续通电,电动机连续正向运转;同时与接触器 KM_R 线圈串联的常闭触点 KM_F 断开。因此电动机正向运行时,反向起动按钮 SB_{stR} 失效。这种通过一个接触器辅助触点限制另一个接触器线圈通电的方式,称为互锁。

(2)停止过程

按下停止按钮 SB_{stp},接触器 KM_F 线圈断电,主电路中的 KM_F 主触点断开,电动机停

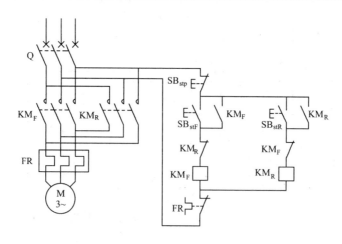

图 7.2.6　正反转控制电路

转,同时,与 SB_{stF} 并联的 KM_F 辅助触点断开,自锁环节被破坏,KM_F 线圈在停止按钮 SB_{stp} 恢复为释放状态后不能继续通电。

（3）反向起动过程

在电动机停止的状态下按下起动按钮 SB_{stR},接触器 KM_R 线圈通电,串联在主电路中的 KM_R 主触点闭合;与 SB_{stR} 并联的 KM_R 的辅助常开触点闭合,以保证 KM_R 线圈持续通电,电动机连续反向运转;同时与接触器 KM_F 线圈串联的常闭触点 KM_R 断开。互锁确保了两套接触器主触点不能同时闭合。

可见,上述电路在具体操作时,无论电动机由正转改为反转,或由反转改为正转,都必须先按停止按钮 SB_{stp},使互锁触点闭合才能进行。

7.2.3　行程控制电路

当生产机械的运动部件到达预定的位置时压下行程开关的触杆,将常闭触点断开,交流接触器线圈断电,电动机因此断电而停止运行。电路如图 7.2.7 所示,在长动控制电路的基础上增加了限位开关的常闭触点 SQ,使之与交流接触器 KM 线圈串联,直接控制交流接触器主触点的通断。

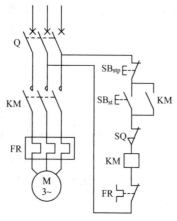

图 7.2.7　行程控制电路

7.2.4　时间控制电路

流水线上的传送带在传送部件的时候需要作适当停留,为工人进行操作预留时间。这就要求传送带的驱动电动机能在适当位置停车,停留一定时间后自动运行。电路如图7.2.8 所示,在行程控制电路基础上增加了时间继电器 KT。

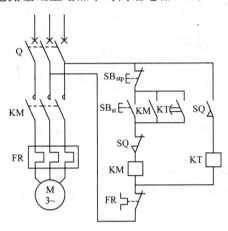

图 7.2.8　时间控制电路

手动起动电动机后,电动机带动皮带传动。当行至限位点,行程开关 SQ 的常闭触点断开,交流接触器 KM 主触点因为线圈断电而断开,电动机停车;同时 SQ 的常开触点闭合,时间继电器 KT 线圈通电并计时,当预设时间到,延时闭合常开触点 KT 闭合,交流接触器 KM 线圈再次通电,并在自锁的影响下持续通电,电动机继续运转。

7.3　可编程控制器

可编程控制器是以微处理器为核心的、高度集成化的通用工业自动控制装置,简称 PLC(Programmable Logic Controller)。与传统的继电器控制系统相比,可编程控制系统具有以下特点:

(1)灵活性好。当生产环节变更后,只需修改 PLC 程序而不必改变 PLC 的硬件设备。

(2)抗干扰能力强。平均无故障时间大大超过 IEC 规定的 10 万小时。

(3)编程方法简单、容易掌握。

(4)设计容易、安装快捷、维护方便。

(5)体积小、重量轻、功耗低。

7.3.1　可编程控制器工作原理

可编程控制器是一种以中央处理器为核心的专用计算机系统,辅以存储器、输入/输出接口和电源等部分组成,如图 7.3.1 所示。

中央处理单元(CPU)由大规模或超大规模集成电路微处理器构成。其功能是:读入现场状态、控制信息存储、解读和执行用户程序、输出运算结果、执行系统自诊断程序以及

电工及电子技术

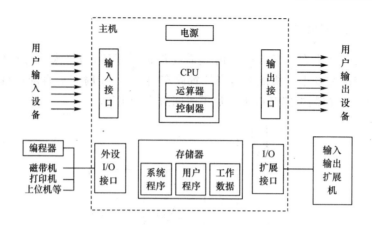

图 7.3.1　可编程控制器硬件结构示意图

与外部设备通信。

　　存储器包括系统存储器、用户存储器和工作数据存储器三部分。系统存储器为只读存储器,存放的系统程序能够完成设计者规定的各项工作,用户不能直接更改;用户存储器为可读写存储器,用来存放用户针对具体控制任务编写的应用程序;工作数据存储器用以存储工作数据。

　　输入/输出接口简称 I/O 接口,是 PLC 接收和发送各类信号接口的总称。输入/输出的端子数称为 I/O 点数,它是 PLC 选型中的一项重要技术指标。

　　电源为 PLC 各部分提供正常工作电压和电流。

　　为了满足工业逻辑控制的要求,同时结合计算机控制的特点,可编程控制器的工作方式采用不断循环的顺序扫描工作方式。每次扫描所用的时间称为扫描周期或者工作周期。CPU 从第一条指令执行开始,按顺序逐条执行程序直至程序结束,然后返回第一条指令开始新的一轮扫描。为了便于理解,下面以图 7.3.2 的三相异步电动机连续起停控制电路为例进行说明。

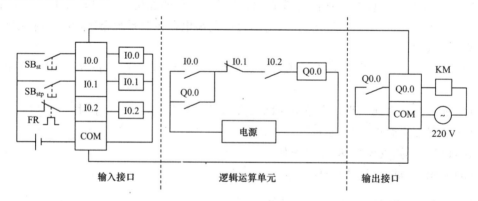

图 7.3.2　PLC 控制等效电路图

　　图 7.3.2 是 PLC 实现电机连续起停控制的等效电路。该电路的操作命令和控制信息来自于输入端外接的停止按钮 SB_{stp}、起动按钮 SB_{st} 和热继电器 FR 的常闭触点,它们通过输入接线端子分别和 PLC 内部的输入继电器 I0.0~I0.2 的线圈相连,COM 端子为公共端,与 PLC 内部提供的 24 V 直流电源相连。该电路的被控对象为输出端外接的接触

器 KM 的线圈,它通过输出接线端子与 PLC 内部的输出继电器 Q0.0 的一副常开触点相连,COM 端子为公共端,与外部交流电源相连。电路的操作和动作过程如下:

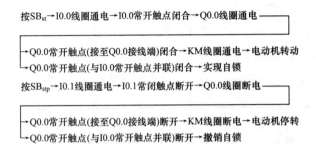

当电动机过载而使热继电器的常闭触点断开时,PLC 的输入继电器 I0.2 的线圈断电,它的常开触点断开,使得输出继电器 Q0.0 断开,接触器 KM 的线圈断电,它的主触点断开,电动机停转,从而实现过载保护。

7.3.2　可编程控制器的编程语言

梯形图和指令表是可编程控制器最基本的编程语言。本节以西门子公司的S7-200系列的可编程控制器为例,说明梯形图和指令表的编制。

1. 梯形图

梯形图是一种图形化的编程语言,它是在继电器－控制器控制电路的基础上演变来的。梯形图由一条竖线和与之分别相连的多个阶层构成,整个图形呈阶梯形。绘制梯形图时,首先要根据控制要求确定需要的 I/O 点数,并分配编号。仍然以电动机连续起停控制电路为例,根据电路的控制要求,输入端接收的命令是由两个按钮的常开触点和热继电器的常闭触点输入的,所以 PLC 的输入变量为三个,分配为 I0.0～I0.2。输出端的被控对象为接触器的线圈,分配为 Q0.0。所以,其外部接线图及 I/O 分配表如图 7.3.3所示。

根据表 7.3.1 所示的继电器控制元件与梯形图编程元件的符号对照关系,电动机连续起停控制电路对应的梯形图如图7.3.4所示。其中输出元素,例如输出继电器线圈必须画在最右侧,每个编程元素(触点和线圈)都对应有一个编号。继电器的内部触点数量一般可以无限引用,既可动合,也可动断。

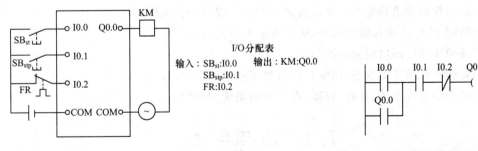

图 7.3.3　外部接线图及 I/O 分配表　　　　　　图 7.3.4　电动机连续起停控制电路梯形图

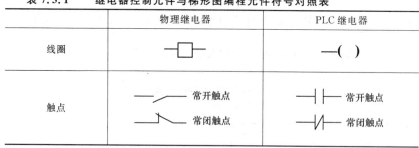

表 7.3.1   继电器控制元件与梯形图编程元件符号对照表

	物理继电器	PLC 继电器
线圈	—▢—	—( )—
触点	— 常开触点 — 常闭触点	常开触点 常闭触点

2. 指令表

梯形图和指令表之间可以互相转换。不同厂家的 PLC 语句表使用不同的指令助记符。其中西门子公司的 PLC 基本指令的助记符见表 7.3.2。

表 7.3.2   西门子公司 PLC 基本指令表

指令种类	助记符号	内　容
触点指令	LD	常开触点与左侧竖线相连或处于支路的起始位置
	LDI	常闭触点与左侧竖线相连或处于支路的起始位置
	A	常开触点与前面部分串联
	AN	常闭触点与前面部分串联
	O	常开触点与前面部分并联
	ON	常闭触点与前面部分并联
电路块指令	OLD	串联电路块与前面部分并联
	ALD	串联电路块与前面部分串联
特殊指令	=	将运算结果驱动某继电器
	END	结束

参照表 7.3.2,图 7.3.4 所示的梯形图可以表述如下:

LD   I0.0

O   Q0.0

A   I0.1

AN   I0.2

=   Q0.0

END

PLC 的编程步骤如下:

(1)根据控制要求确定各控制设备之间的关系以及动作顺序;

(2)确定 PLC 的输入输出信号,从而确定 I/O 点数;

(3)按动作顺序画出相应的梯形图;

(4)将梯形图译成指令表,用编程器将程序送入程序存储区;

(5)对程序进行编译、检查、修改,直至达到系统控制要求。

7.4   应用实例

高炉加料小车要求自动往返于地面与高炉进料口之间,示意图如图 7.4.1 所示,装卸时料车要有一定的延时停留时间。这就要求对单台电动机进行延时停留的自动往返控制。

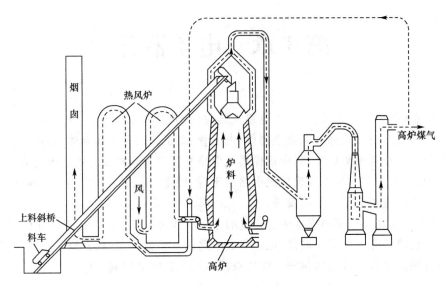

图7.4.1　高炉运料示意图

在高炉上料斜桥的两端装有行程开关 SQ_F、SQ_R。行程开关的常闭触点分别串联在电动机正反转控制支路上,具体控制电路如图7.4.2所示。当按下起动按钮 SB_{stF},电动机正转线圈 KM_F 通电,小车向上行驶。到达高炉顶端时,小车触碰行程开关 SQ_R,线圈 KM_F 所在支路因常闭触点 SQ_R 断开,电动机停车。同时常开触点 SQ_R 闭合,时间继电器 KT_R 通电开始计时,料车开始往高炉投料。当计时到达设定时间,KT_R 延时常开触点闭合,电动机反转线圈 KM_R 通电,小车下行。同理,当料车行至上料斜桥底部触碰行程开关 SQ_F,小车停车,同时时间继电器 KT_F 开始计时,料车装料。当计时完成,料车返回,如此往复,直至按下停车按钮 SB_{stp}。

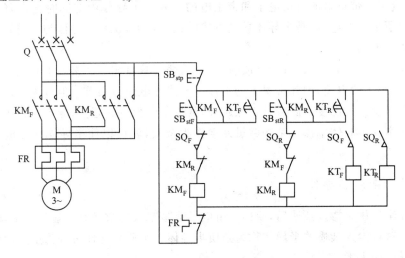

图7.4.2　运料小车电动机控制电路

第8章 电子器件

电子技术是研究电子器件、电子电路及其应用的科学,因此,学习电子技术必须了解电子器件。目前,电子器件已从真空器件(电子管、离子管)、分立半导体器件(半导体二极管、晶体管等)、小规模集成电路、中规模集成电路发展到大规模和超大规模集成电路。集成电路特别是大规模和超大规模集成电路的出现,使电子设备在微型化等方面前进了一大步,进一步促进了电子技术的发展。

本章在简要复习一下物理学中已学过的半导体基础知识后,先介绍半导体二极管和晶体管,它们既是分立半导体器件,也是集成电路的基础器件,然后介绍显示器件、集成电路,最后介绍晶体管的应用实例——应用双极型晶体管驱动中间继电器。

8.1 半导体基础知识

自然界的物质按导电能力的不同,可分为导体、半导体和绝缘体三类。半导体的导电能力介于导体和绝缘体之间,在常态下更接近于绝缘体,但在掺杂、受热或光照后,其导电能力明显增强,接近于导体。用于制造电子器件的半导体材料有锗、硅和砷化镓等。

8.1.1 本征半导体

纯净的具有晶体结构的半导体称为本征半导体。半导体中存在着两种运载电流的粒子(称为载流子):带负电的自由电子和带正电的空穴。半导体内部同时存在着自由电子和空穴移动所形成的电流,是半导体导电方式的最大特点,也是半导体与金属导体在导电机理上本质的差别。

在本征半导体中,两种载流子是成对出现的,两者数量相等。常温下载流子的数量很少,只能形成很小的电流,因此常温下的本征半导体导电能力很差。但载流子浓度对温度或光照变化敏感——温度越高或是光照越强,载流子的数量就越多,导电能力越强。

如果在本征半导体中掺入某些微量元素作为杂质,就可以使半导体的导电能力有显著的提高。

8.1.2 杂质半导体

在本征半导体中掺入杂质后,使得自由电子或是空穴的数量有明显的增加,两者数量不再相等。这种掺入杂质的半导体称为杂质半导体。杂质半导体可分为空穴型半导体和电子型半导体两大类。

如果所掺杂质带来了很多空穴,使得空穴的总数远大于自由电子,则空穴成为多数载流子,自由电子成为少数载流子,这种半导体主要靠空穴导电,称为空穴型半导体,简称 P

型半导体。

如果所掺杂质带来了很多自由电子,使得自由电子的总数远大于空穴,则自由电子成为多数载流子,空穴成为少数载流子,这种半导体主要靠自由电子导电,称为电子型半导体,简称 N 型半导体。

杂质半导体中多数载流子的数量主要取决于掺杂的浓度,而少数载流子的数量则与温度有密切关系。温度越高,少数载流子越多。

单个的 P 型或 N 型半导体与本征半导体相比,只不过导电能力增强,仅能用来制造电阻元件,半导体集成电路中的电阻就是这样做成的。但是由它们所形成的 PN 结却是制造各种半导体器件的基础。

8.1.3 PN 结

1. PN 结的形成

在一块半导体硅片或锗片上用掺杂工艺,使其一边形成 P 型半导体,另一边形成 N 型半导体,如图 8.1.1 所示。由于 P 区内空穴多,N 区内自由电子多,这样自由电子和空穴都要从浓度高的区域向浓度低的区域扩散,这种多数载流子因浓度上的差异而形成的运动称为扩散运动。在扩散中,电子与空穴复合,因此在交界面上,靠 N 区一侧就留下不可移动的正电荷离子,而靠 P 区一侧就留下不可移动的负电荷离子,从而形成空间电荷区,称其为 PN 结。在 PN 结内部产生一个从 N 区指向 P 区的内电场。随着扩散运动的进行,内电场不断增强。内电场的加强又反过来阻碍扩散运

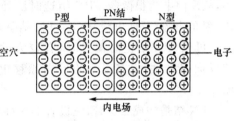

图 8.1.1 PN 结的形成

动,同时,那些作杂乱无章运动的少数载流子在进入 PN 结内时,在内电场的作用下,必然会越过交界面向对方区域运动。这种少数载流子在内电场作用下的运动称为漂移运动。在无外加电压的情况下,最终扩散运动和漂移运动达到平衡,PN 结的宽度保持一定而处于稳定状态。

2. PN 结的特性

PN 结的特性主要是单向导电性。如果在 PN 结两端加上不同极性的电压,PN 结便会呈现出不同的导电性能。PN 结上外加电压的方式通常称为偏置方式,所加电压称为偏置电压。

(1)PN 结外加正向电压

即 PN 结正向偏置,是指将外部电源的正极接 P 端,负极接 N 端(图 8.1.2(a))。这时,由于外加电压在 PN 结上所形成的外电场与内电场方向相反,破坏了原来的平衡,使扩散运动强于漂移运动,外电场驱使 P 区的空穴和 N 区的自由电子分别由两侧进入空间电荷区,从而抵消了部分空间电荷的作用,使空间电荷区变窄,内电场被削弱,有利于扩散运动不断地进行。这样,多数载流子的扩散运动大为增强,从而形成较大的扩散电流。由于外部电源不断地向半导体提供电荷,使该电流得以维持。这时 PN 结所处的状态称为正向导通,简称导通。导通时,通过 PN 结的电流(正向电流)大,而 PN 结呈现的电阻(正向电阻)小。

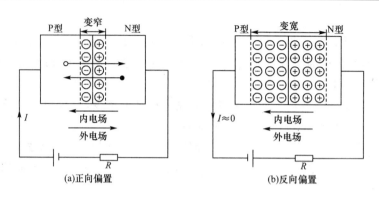

图 8.1.2　PN结的单向导电性

（2）PN 结外加反向电压

即 PN 结反向偏置，是指将外部电源的正极接 N 端，负极接 P 端（图 8.1.2(b)）。这时，由于外电场与内电场方向相同，同时也破坏了原来的平衡，使得 PN 结变宽，扩散运动几乎难以进行，漂移运动却被加强，从而形成反向的漂移电流。由于少数载流子的浓度很小，故反向电流很微弱。PN 结这时所处的状态称为反向截止，简称截止。截止时，通过 PN 结的电流（反向电流）小，而 PN 结呈现的电阻（反向电阻）大。

可见，PN 结正向偏置时，有较大的正向扩散电流可以顺利通过，PN 结导通；PN 结反向偏置时，仅有很小的反向漂移电流通过，PN 结截止。这就是 PN 结的单向导电性。

PN 结是构成二极管、三极管等多种半导体器件的基础。

8.2　半导体器件

8.2.1　普通二极管

1.基本结构

用外壳将一个 PN 结封装起来，从 P 区和 N 区各引出一个电极，就构成了一个二极管。如图 8.2.1 所示，P 区一侧引出的电极称为阳极，N 区一侧引出的电极称为阴极，图 8.2.1 中还给出了半导体二极管的图形和文字符号。半导体二极管是一种非线性半导体器件。它具有单向导电特性，可用于整流、稳压、检波、限幅等场合。

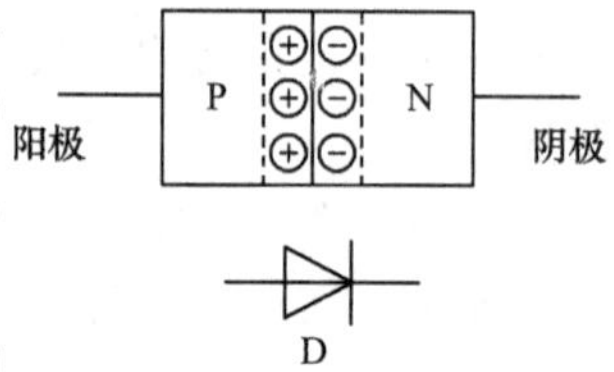

二极管的类型很多。按材料可分为硅二极管、锗二极管和砷化镓二极管等；按用途可分为整流、稳压、开关、发光、光敏、变容、阻尼二极管等；按封装方式可分为塑料封和金属封二极管等；按功率分可分为大功率、中功率和小功率二极管等。此外，按结构又可分为点接触型和面接触型两种。点接触型二极管的 PN 结面积小，因而不允许通过较大的电流，可用于高频电路或小电流整流电路；面接触型二极管由于 PN 结面积大，可以通过较大的电流，可用于低频电路或大电流整流电路。

图 8.2.1　半导体二极管

2. 伏安特性

（1）实际特性

二极管两端电压与通过二极管电流之间的关系曲线称为二极管的伏安特性，硅二极管和锗二极管的伏安特性如图 8.2.2 所示，它们可以分为正向特性和反向特性两部分。

①正向特性：在正向电压很小时，由于外电场不足以克服内电场对多数载流子扩散运动的阻力，正向电流几乎为零，二极管不导通（曲线 OA 段）。在特性曲线上对应的这部分区域称为"死区"。死区电压的大小与材料的类型有关，一般硅二极管为 0.5 V 左右，锗二极管为 0.2 V 左右。当正向电压大于死区电压时，外电场削弱了内电场对扩散运动的阻力，正向电流增大，二极管导通。这时，正向电压稍有增大，电流会迅速增加，电压与电流的关系呈现指数关系。图中曲线显示，管子正向导通后其管压降很小，硅二极管约为 0.7 V，锗二极管约为 0.3 V。

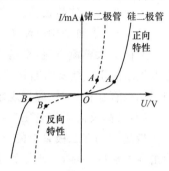

图 8.2.2　半导体二极管的伏安特性

②反向特性：当二极管加反向电压时，外电场增强了内电场对扩散运动的阻力，扩散运动很难进行，但少数载流子在这两个电场的作用下很容易通过 PN 结，形成很小的反向电流。由于少数载流子的数目很少，即使增加反向电压，反向电流仍基本保持不变，故称此电流为反向饱和电流。所以，如果给二极管加反向电压，二极管将处于截止状态，这时相当于开关断开。当外加反向电压过高，超过特性曲线上 B 点对应的电压时，反向电流会突然急剧增加，这是因为外电场太强，将 PN 结内的束缚电子拉出形成自由电子和空穴，同时又使电子运动速度增加，高速运动的电子与原子碰撞产生更多的自由电子和空穴，并引起连锁反应，终因少数载流子的大量增加而导致反向电流的剧增，这种现象称为反向击穿。B 点对应的电压称为反向击穿电压。普通二极管被击穿后，PN 结的温度过高，会失去单向导电性，而且不可能再恢复其原有性能，将造成永久性损坏。

（2）近似特性和理想特性

在实际的工程应用中，常常将二极管伏安特性在正常工作范围内部分近似化或理想化。当电源电压与二极管导通时的正向电压降相差不大时，正向电压降不可忽略，可近似认为伏安特性如图 8.2.3(a) 所示。二极管的电压小于其导通时的正向电压降时，二极管截止，电流等于零；二极管导通后，正向电压降恒等于 U_D（硅二极管取 0.7 V，锗二极管取 0.3 V）。

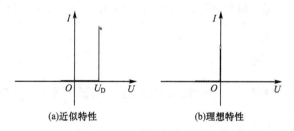

(a)近似特性　　　　　　　　(b)理想特性

图 8.2.3　二极管的近似特性和理想特性

当电源电压远大于二极管导通时的正向电压降时，则可将二极管看成是理想二极管，其伏安特性如图 8.2.3(b) 所示。只要加正向电压,二极管就导通,且正向电压降和正向电阻均等于零,二极管相当于短路;只要加反向电压,二极管就截止,反向电流等于零,反向电阻等于无穷大,二极管相当于开路。

3. 主要参数

二极管的参数是正确选择和使用二极管的依据。主要参数有:

(1)额定正向平均电流 I_F

又称最大整流电流,是指二极管长期运行时,允许通过管子的最大正向平均电流。因为电流通过 PN 结要引起管子发热,电流太大,发热量超过限度,就会使 PN 结烧坏。大功率二极管在使用时,应按规定加装规定尺寸的散热片。

(2)最高反向工作电压 U_R

指允许加在二极管上的反向电压的最大值。一般手册上给出的最高反向工作电压约为击穿电压的一半,以确保管子安全运行。

(3)最大反向电流 I_{Rm}

指二极管加上最大反向工作电压时的反向电流。所选用的管子反向电流愈小,则其单向导电性愈好。当温度升高时,反向电流会显著增加,使用时应特别注意。

此外,二极管参数还有最高工作频率、正向压降、结电容等。

【例 8.2.1】 在如图 8.2.4(a) 所示的电路中,已知输入电压为交流信号,$u_I = 3\sin\omega t$ V,D 为硅二极管。试画出输出电压 u_O 的波形。

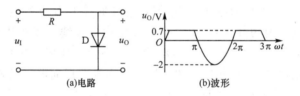

图 8.2.4　例题 8.2.1 的图

解　观察电路可知,u_O 的值取决于硅二极管 D 的状态:若 D 导通,则 $u_O = U_D = 0.7$ V;若 D 截止,则电阻 R 上没有电流通过,$u_O = u_I$。

进一步分析 D 导通和截止的条件。在该电路中,在 u_I 正半周,D 正向偏置。根据二极管的近似特性,仅当 $u_I > U_D$ 时,D 才会导通,否则 D 截止。综上分析可知:

$u_I > U_D$ 时,D 导通,$u_O = U_D = 0.7$ V;$u_I < U_D$ 时,D 截止,$u_O = u_I$。据此画出输出电压 u_O 的波形如图 8.2.4(b) 所示。

思考:如果 D 为理想二极管,输出电压 u_O 的波形与图 8.2.4(b) 相比有何不同?请读者自行分析。

8.2.2　稳压二极管

稳压二极管是一种特殊的二极管,又称齐纳二极管。图 8.2.5(a) 为稳压二极管的符号。

稳压二极管的伏安特性与普通二极管相似(图 8.2.5(b)),但反向击穿电压小,而且稳压二极管应工作在反向击穿区。由于采取了特殊的设计和工艺,只要反向电流在一定范围内,PN 结的温度不会超过允许值,不会造成永久性击穿。

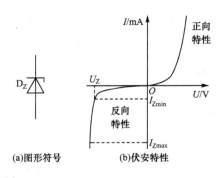

图 8.2.5 稳压二极管的图形符号和伏安特性

由于稳压二极管在反向击穿区的伏安特性十分陡峭,电流在较大范围内变化时,稳压二极管两端的电压变化很小,让稳压二极管工作在伏安特性的这一部分,就能起稳压和限幅的作用。这时稳压二极管两端的电压 U_Z 称为稳定电压。由伏安特性可知,稳压二极管的稳压范围是 $I_{Zmin} \sim I_{Zmax}$。如果电流小于最小稳定电流 I_{Zmin},则电压不能稳定;如果电流大于最大稳定电流 I_{Zmax},稳压二极管将会过热损坏。因此,使用时要根据负载和电源电压的情况设计好外部电路,以保证稳压二极管工作在这一范围内。

【例 8.2.2】 在如图 8.2.6 所示的电路中,稳压二极管的稳定电压 $U_Z=3$ V,正向电压可以忽略不计。试求当输入电压 U_i 分别为 6 V,1 V 和 -3 V 时的输出电压 U_o。

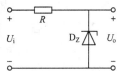

图 8.2.6 例 8.2.2 的电路

解 (1)$U_i=6$ V 时

由于 $U_i=6$ V$>U_Z=3$ V,D_Z 工作在反向击穿区,起稳压作用,故 $U_o=U_Z=3$ V。

(2)$U_i=1$ V 时

由于 $U_i=1$ V$<U_Z=3$ V,D_Z 没有工作在反向击穿区,它相当于反向截止的二极管,电路中的电流等于零,故 $U_o=U_i=1$ V。

(3)$U_i=-3$ V 时

由于 D_Z 工作在正向导通状态,故 $U_o=0$ V。

8.2.3 双极型晶体管

1. 基本结构

由两种极性的载流子(自由电子和空穴)在其内部作扩散、复合和漂移运动的半导体三极管称为双极型晶体管,简记为 BJT。它是在一块半导体上制成两个 PN 结,再引出三个电极而构成的。

按 PN 结组合方式的不同,晶体管可分为 NPN 和 PNP 型两种。它们的结构示意图和图形符号如图 8.2.7 所示。每种晶体管都有三个导电区域:发射区、集电区和基区。发射区的作用是发射载流子,掺杂的浓度较高;集电区的作用是收集载流子,掺杂的浓度较低,尺寸较大;基区位于中间,起控制载流子的作用,掺杂浓度很低,而且很薄。位于发射区和基区之间的 PN 结称为发射结,位于集电区和基区之间的 PN 结称为集电结。从对应的三个区引出的电极分别称为发射极 E,集电极 C 和基极 B。

三极管的种类也很多,按管芯所用的半导体材料不同,分为硅管和锗管;按三极管内

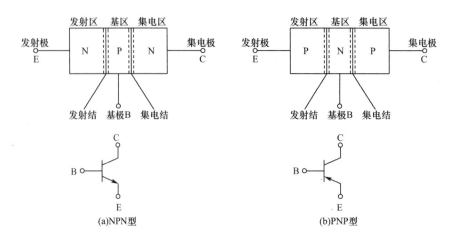

图 8.2.7　晶体管的结构示意图和图形符号

部结构分为 NPN 型和 PNP 型两类。我国生产的硅管多为 NPN 型,锗管多为 PNP 型。此外,按使用功率,分为大功率管($Pc>1$ W)、中功率管(Pc 在 $0.5\sim1$ W)和小功率管($Pc<0.5$ W);按工作频率,分为高频管($f\geqslant3$ MHz)和低频管($f<3$ MHz);按封装形式不同,分为金属壳封装管和塑料封装管、陶瓷环氧封装管等。

2. 工作状态

　　二极管有正向导通和反向截止两种工作状态,二极管工作在什么状态取决于 PN 结的偏置方式。同样,晶体管工作于什么状态,也取决于两个 PN 结的偏置方式。由于晶体管有两个 PN 结、有三个电极,故需要两个外加电压,因而有一个极必然是公用的。按公用极的不同,晶体管电路可分为共发射极、共基极和共集电极三种接法。无论采用哪种接法,无论是哪一种类型的晶体管,其工作原理是相同的。现在以 NPN 型晶体管为主,以共发射极接法为例说明晶体管的工作状态。

　　晶体管的工作状态有放大、饱和及截止三种,下面分别讨论。

　　晶体管处于放大状态的条件是发射结正向偏置,集电结反向偏置,电路如图 8.2.8 所示。若是 PNP 管,只需要将两个电源的正、负极颠倒过来即可。

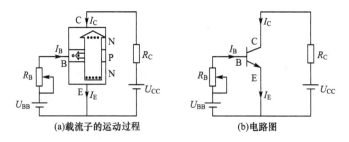

图 8.2.8　晶体管中载流子的运动过程和电路图

　　由于发射结正向偏置,发射区的多数载流子(自由电子)便会源源不断地越过发射结向基区扩散,并由电源不断补充电子,形成发射极电流 I_E。虽然与此同时,基区的多数载流子也会向发射区扩散,但因基区掺杂浓度很小,由它形成的电流可忽略不计。

　　发射区的自由电子到达基区后,一部分与基区中的多数载流子(空穴)相遇而复合。靠基极电源 U_{BB} 从基区抽走电子来补充空穴,从而形成了基极电流 I_B。

由于基区很薄,掺杂的浓度又很小,由发射区过来的自由电子只有极少部分被空穴复合,而大部分扩散到集电结附近。在基区中自由电子在性质上属于少数载流子,集电结加的是反向电压,因此这些自由电子都将越过集电结向集电区漂移,被集电区收集流入集电极电源 U_{CC},从而形成集电极电流 I_C。

可见,在上述条件下,晶体管内载流子的运动过程是:发射区发射载流子形成 I_E,其中少数部分在基区被复合而形成 I_B,大部分被集电区收集而形成 I_C。三者的关系是

$$I_E = I_B + I_C \tag{8.2.1}$$

三者的大小取决于 U_{BE} 的大小,U_{BE} 增加,发射区发射的载流子增多,I_E、I_B 和 I_C 都相应增加。

I_B、I_C 和 I_E 中各占多少比例呢?如图8.2.9(a)所示,当基极开路时,$I_B = 0$,这时的集电极电流用 I_{CEO} 表示,称为穿透电流。由于晶体管的两个 PN 结是反向串联的,如图8.2.9(b)所示,显然在常温下 I_{CEO} 很小,通常可忽略不计。但是温度对它的影响较大,温度增加,I_{CEO} 会明显增加,因而它的存在是一种不稳定的因素。在基极与电源 U_{BB} 接通时,如图 8.2.8(b)所示,基极电流由零增加到 I_B,集电极电流由 I_{CEO} 增加到 I_C,两者的数量之比,即

$$\bar{\beta} = \frac{I_C - I_{CEO}}{I_B} \approx \frac{I_C}{I_B} \tag{8.2.2}$$

称 $\bar{\beta}$ 为晶体管的直流(或静态)电流放大系数。当改变 R_B 使得发射结电压变化了 ΔU_{BE} 时,各极电流将会随之变化,在保持 U_{CE} 不变的情况下,集电极电流的变化量与基极电流的变化量之比,即

$$\beta = \frac{\partial I_C}{\partial I_B}\bigg|_{U_{CE}=常数} \approx \frac{\Delta I_C}{\Delta I_B} \tag{8.2.3}$$

称 β 为晶体管的交流(或动态)电流放大系数。$\bar{\beta}$ 和 β 一般不等,且不为常数,但工作在放大状态时,两者数值相近,可近似认为两者相等且为一常数,故今后一律用 β。

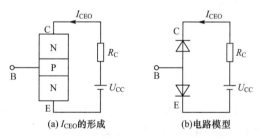

(a) I_{CEO} 的形成　　　　　　　　(b)电路模型

图 8.2.9　穿透电流

温度增加时,由发射区扩散至基区的载流子,在基区内的扩散速度加快,使基区复合的载流子减少,导致 β 增大。

通常将图 8.2.8(b)所示电路中左边的回路作为输入回路或控制回路,右边的回路作为输出回路或工作回路。U_{BB} 只要向输入回路提供较小的电流,便可使 U_{CC} 向输出回路提供较大的电流,I_B 的微小变化可得到 I_C 的较大变化,且 ΔI_C 和 ΔI_B 的比值基本上保持为定值。这种现象称为晶体管的电流放大作用。此时晶体管的工作状态称为放大状态。晶体管处于放大状态的特征是:

(1) I_B 的微小变化可得到 I_C 的较大变化。

(2)$I_C = \beta I_B$,I_C 是由 β 和 I_B 决定的。

(3)$0 < U_{CE} < U_{CC}$,$U_{CE} = U_{CC} - R_C I_C$。

(4)晶体管相当于通路。

2. 饱和状态

晶体管处于饱和状态的条件是发射结正向偏置,集电结也正向偏置。电路仍如图 8.2.8(b)所示。若减小 R_B,使 U_{BE} 增加,则开始时,因工作在放大状态,I_B 增加,I_C 也增加,U_{CE} 减小。当 U_{CE} 减小到接近为零时,$I_C \approx \dfrac{U_{CC}}{R_C}$ 已达到了所示电路可能的最大数值,再增加 I_B,I_C 已不可能再增加,即已经饱和,故晶体管这时的状态称为饱和状态。这时集电结已正向偏置。实际上只要 $U_{CE} < U_{BE}$,集电结都处于正向偏置,晶体管已进入饱和状态。由于饱和时,$U_{CC} \gg U_{CE}$,故可认为 $U_{CE} \approx 0$,$I_C \approx \dfrac{U_{CC}}{R_C}$。从输出回路看,集电极 C 和发射极 E 之间相当于短路,晶体管可以看作是一个开关处于闭合状态。晶体管处于饱和状态的特征是:

(1)I_B 增加时,I_C 基本不变。

(2)$I_C \approx \dfrac{U_{CC}}{R_C}$,$I_C$ 是由 U_{CC} 和 R_C 决定的。

(3)$U_{CE} \approx 0$。

(4)晶体管相当于短路。

3. 截止状态

晶体管处于截止状态的条件是发射结反向偏置,集电结也反向偏置。

电路仍如图 8.2.8(b)所示,但将 U_{BB} 的极性颠倒过来。由于两个 PN 结都是反向偏置,$I_B = 0$,$I_C = 0$,故晶体管这时的工作状态称为截止状态。从输出回路看,由于 $I_C = 0$,因此集电极 C 和发射极 E 之间相当于开路,晶体管可以看作是一个开关处于断开状态。晶体管处于截止状态的特征是:

(1)基极电流 $I_B = 0$。

(2)集电极电流 $I_C = 0$。

(3)$U_{CE} = U_{CC}$。

(4)晶体管相当于开路。

电子电路大体上可分为模拟电路和数字电路两类。在模拟电路中,晶体管主要工作在放大状态,起放大作用;在数字电路中,晶体管交替工作于截止和饱和两种状态,起开关作用。

【例 8.2.3】 在如图 8.2.10 所示的电路中,晶体管的 $\beta = 50$,$U_{CC} = 6$ V,$U_{BB} = 1$ V,$R_{B1} = 200$ kΩ,$R_{B2} = 20$ kΩ,$R_C = 1.5$ kΩ,求开关 S 合向 a、b、c 时的 I_B、I_C 和 U_{CE},并指出晶体管所处的工作状态。计算时 U_{BE} 可忽略不计。

解 观察电路可知,当开关 S 合向 a 或 b 时,晶体管发射极 E 是整个电路中电位最低点,因此发射结不可能反偏,故此时晶体管不可能处于截止状态,应处于放大状态或饱和状态。可通过 I_B、I_C 等参数的计算结果进一步判断究竟是工作于放大状态还是饱和状态。

开关合向 a 时

$$I_B = \frac{U_{CC} - U_{BE}}{R_{B1}} = \frac{6-0}{200} = 0.03 \text{ mA}$$

$$I_C = \beta I_B = 50 \times 0.03 = 1.5 \text{ mA}$$

$$U_{CE} = U_{CC} - I_C R_C = 6 - 1.5 \times 1.5 = 3.75 \text{ V}$$

晶体管处于放大状态。

开关合向 b 时

$$I_B = \frac{U_{CC} - U_{BE}}{R_{B2}} = \frac{6-0}{20} = 0.3 \text{ mA}$$

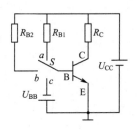

图 8.2.10　例 8.2.3 的电路

该电路中集电极电流的最大值 I_{Cm} 为

$$I_{Cm} = \frac{U_{CC}}{R_C} = \frac{6}{1.5} = 4 \text{ mA}$$

假设晶体管处于放大状态,则有

$$I_C = \beta I_B = 50 \times 0.3 = 15 \text{ mA} > I_{Cm}$$

显然上述假设不成立,所以晶体管一定处于饱和状态。此时

$$I_C \approx I_{Cm} = 4 \text{ mA}$$

根据晶体管饱和状态的特征可知

$$U_{CE} \approx 0$$

或者

$$U_{CE} = U_{CC} - I_C R_C = 6 - 4 \times 1.5 = 0 \text{ V}$$

开关合向 c 时,晶体管基极 B 是整个电路中电位最低点,此时发射结和集电结均反偏,晶体管处于截止状态。根据截止状态的特征可知

$$I_B = 0$$
$$I_C = 0$$
$$U_{CE} = U_{CC} = 6 \text{ V}$$

3. 特性曲线

晶体管的性能可以通过各极间的电流和电压的关系来反映。表示这种关系的曲线称为晶体管的特性曲线,它们可以由实验求得。常用的晶体管的特性曲线有以下两种:

(1)输入特性

当 $U_{CE} =$ 常数时,I_B 与 U_{BE} 之间的关系曲线 $I_B = f(U_{BE})$ 称为晶体管的输入特性。实验测得在不同温度下晶体管的输入特性如图 8.2.11(a)所示。从图中可以看到:

①这是 $U_{CE} \geqslant 1$ V 时的输入特性,晶体管处于放大状态。由于各极电流主要受 U_{BE} 控制,U_{CE} 的变化对 I_B 的影响不大,故 $U_{CE} \geqslant 1$ V 以后的输入特性基本上是重合的,也就是说这条输入特性基本上可以代表整个放大状态时的情况。

②输入特性的形状与二极管的伏安特性相似,也有一段死区,U_{BE} 超过死区电压后晶体管才完全进入放大状态。这时特性很陡,在正常工作范围内,U_{BE} 几乎不变,硅管约为 0.7 V,锗管约为 0.3 V。

③温度增加时,由于热激发形成的载流子增多,在同样的 U_{BE} 下,I_B 增加。若想保持 I_B 不变,可减小 U_{BE}。

(2)输出特性

当 $I_B =$ 常数时,I_C 和 U_{CE} 之间的关系曲线 $I_C = f(U_{CE})$ 称为晶体管的输出特性。实验

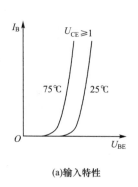

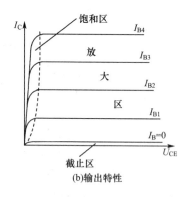

(a)输入特性   (b)输出特性

图 8.2.11　特性曲线

测得晶体管的输出特性如图 8.2.11(b)所示。从图中可以看到:

①对应于晶体管的三种工作状态,输出特性上也分为三个区。其中特性曲线之间间距比较均匀的平直区域为放大区。工作在这个区域内的晶体管处于放大状态。I_B 变化很小,而 I_C 变化很大。

②$I_B = 0$ 时的 I_C 就是穿透电流 I_{CEO},$I_B = 0$ 的曲线以下的区域为截止区。温度增加时,I_{CEO} 增加,整个特性曲线向上平移。

③特性曲线迅速上升和弯曲部分之间的区域为饱和区。这时 U_{CE} 很小。

4. 主要参数

(1)电流放大系数 $\bar{\beta}$ 和 β

$\bar{\beta}$ 和 β 的定义已在前面介绍过了。在手册中 $\bar{\beta}$ 常用 h_{FE} 表示,β 常用 h_{fe} 表示。手册中给出的数值都是在一定的测试条件下得到的。由于制造工艺和原材料的分散性,即使同一型号的晶体管,其电流放大系数也有很大的差别。常用的小功率晶体管,β 值约为 $20\sim150$,而且还与 I_C 大小有关。I_C 很小或者很大时,β 值将明显下降。β 值太小,电流放大作用差;β 值太大,对温度的稳定性又太差,也不一定合适,通常以 100 左右为宜。

(2)穿透电流 I_{CEO}

I_{CEO} 的定义也已经在前面介绍过了。该值大的晶体管,温度的稳定性差。

(3)集电极最大允许电流 I_{CM}

当集电极电流 I_C 超过一定值时,晶体管的参数开始变化,特别是电流放大系数 β 将下降。当 β 值下降到正常值的 $\frac{2}{3}$ 时,所对应的集电极电流称为集电极最大允许电流。

(4)集电极最大允许耗散功率 P_{CM}

晶体管集电结上允许的最大功率损耗称为集电极最大允许耗散功率。晶体管集电极耗散功率

$$P_C = U_{CE} I_C \tag{8.2.4}$$

P_C 超过 P_{CM},集电结的温度过高,有烧坏晶体管的危险。根据式(8.2.4),取 $P_C = P_{CM}$,在输出特性上画出一条曲线,称为功耗曲线,如图 8.2.12 所示。曲线右上方的区域称为过损耗区;左下方的区域为安全工作区。P_{CM} 还与环境温度有关,降低环境温度和加装散热器可提高 P_{CM} 值。

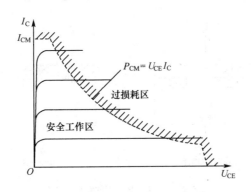

图 8.2.12 功耗曲线

(5)反向击穿电压 $U_{(BR)CEO}$

基极开路时,集电极与发射极之间的最大允许电压称为反向击穿电压。实际值超过此值将会导致晶体管的击穿而损坏。温度升高时 $B_{(BR)CEO}$ 值会降低。

8.2.4 场效晶体管

场效晶体管 FET 是一种新型的半导体三极管。它与双极型晶体管的主要区别是场效晶体管只靠一种极性的载流子(自由电子或空穴)导电,所以有时又称为单极型晶体管。在场效晶体管中,导电的途径称为沟道。场效晶体管的基本工作原理是通过外加电场对沟道的厚度和形状进行控制,以改变沟道的电阻,从而改变电流的大小,场效晶体管也因此而得名。

按结构的不同,场效晶体管可分为结型和绝缘栅型两大类,由于后者的性能更优越,并且制造工艺简单,便于集成化,无论是在分立元件还是在集成电路中,其应用范围远胜于前者,所以这里只介绍后者。

1. 基本结构

场效晶体管是用一种掺杂浓度较低的 P 型硅片(图 8.2.13(a))或者 N 型硅片(图 8.2.13(b))作衬底,在 P 型硅衬底上制成两个掺杂浓度很高的 N 区(用 N^+ 表示),或者在 N 衬底上制成两个掺杂浓度很高的 P 区(用 P^+ 表示)。分别从这两个 N^+ 区或者 P^+ 区引出两个电极,一个称为源极 S,一个称为漏极 D。然后在衬底表面生成一层二氧化硅的绝缘薄层,并在源极和漏极之间的表面上覆盖一层金属铝片,引出栅极 G。由于栅极与其他电极是绝缘的,所以称为绝缘栅场效晶体管。又因为上述结构特点称为金属-氧化物-半导体场效晶体管,简称为 MOS 场效晶体管(MOSFET)。图 8.2.13 中 B 为衬底引线,通常将它与源极或地相连,以减轻 S 与 B 之间可能出现的电压对管子性能产生不良的影响,分立元件产品有的在出厂时已将 B 与 S 连接好,因而这类产品只有 3 个管脚;有的产品只将 B 引出,有待使用时用户自己连接,因而这类产品有 4 个管脚。

按导电沟道类型的不同,MOS 场效晶体管可分为 N 型沟道 MOS 管和 P 型沟道 MOS 管两种,分别简称为 NMOS 管和 PMOS 管。以后的分析会说明图 8.2.13(a)(P 型硅衬底)为 NMOS 管,图 8.2.13(b)(N 型硅衬底)为 PMOS 管。NMOS 管的导电沟道是电子型的,PMOS 管的导电沟道是空穴型的。

按导电沟道形成方式的不同,MOS 场效晶体管又分为增强型和耗尽型两种,分别简

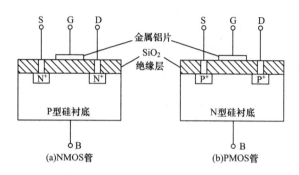

图 8.2.13　场效晶体管的结构示意图

称为 E 型和 D 型。E 型中的二氧化硅薄层中不掺或略掺带电荷的杂质,D 型中的二氧化硅薄层中掺有大量带正电荷(NMOS 管)或负电荷(PMOS 管)的杂质。

可见,MOS 场效晶体管共有四种,它们的图形符号见表 8.2.1。

表 8.2.1　　　　　　　　场效晶体管的图形符号、电压极性和特性曲线

类　型	符　号	电压极性			转移特性	漏极特性
		U_{GS}	U_{DS}	$U_{GS(th)}$ 或 $U_{GS(off)}$	$I_D = f(U_{GS})$	$I_D = f(U_{DS})$
E 型 NMOS		正	正	正		
E 型 PMOS		负	负	负		
D 型 NMOS		可正 可负	正	负		
D 型 PMOS		可正 可负	负	正		

2. 工作原理

无论是 E 型还是 D 型,它们的 NMOS 管和 PMOS 管的工作原理都是相同的,只是工作电压的极性相反而已,因此在讨论工作原理时,都以 NMOS 管为例。

(1)增强型 NMOS 管

如果在漏极和源极之间加上电压 U_{DS},由图 8.2.13(a)可知,由于 N^+ 漏区和 N^+ 源区

与 P 型硅衬底之间形成两个 PN 结,无论 U_{DS} 极性如何,两个 PN 结中总有一个因反向偏置而处于截止状态,漏极电流 I_D 几乎为零。

　　如果在栅极和源极之间加上正向电压 U_{GS},如图 8.2.14 所示,由于栅极铝片与 P 型硅衬底之间为二氧化硅绝缘体,它们构成一个电容器,U_{GS} 产生一个垂直于衬底表面的电场,把 P 型硅衬底中的电子吸引到表面层。当 U_{GS} 小于某一数值 $U_{GS(th)}$ 时,吸引到表面层中的电子很少,而且立即被空穴复合,只形成不能导电的离子,称为耗尽层;当 U_{GS} 大于这一数值时,吸引到表面层的电子,除填满空穴外,多余的电子在原为 P 型半导体的衬底表面形成一个自由电子占多数的 N 型层,故称为反型层。反型层沟通了漏区和源区,成为它们之间的导电沟道。使场效晶体管刚开始形成导电沟道的这个临界电压 $U_{GS(th)}$ 称为开启电压。

　　如果 $U_{GS}>U_{GS(th)}$,$U_{DS}>0$,如图 8.2.15 所示,就能产生漏极电流 I_D。U_{GS} 越大,导电沟道越厚,沟道电阻越小,I_D 越大。由于这种 MOS 管必须依靠外加电压来形成导电沟道,故称为增强型。加上 U_{DS} 后,导电沟道会变成如图 8.2.15 所示那样厚薄不均匀,这是因为 U_{DS} 使得栅极与沟道不同位置间的电位差变得不同,靠近源极一端的电位差最大为 U_{GS};靠近漏极一端的电位差最小为 $U_{GD}=U_{GS}-U_{DS}$,因而反型层呈楔形不均匀分布。

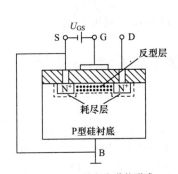

图 8.2.14　导电沟道的形成

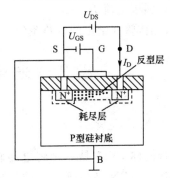

图 8.2.15　E 型 NMOS 管导通状态

　　可见,改变栅极电压 U_{GS},就能改变导电沟道的厚薄和形状,从而实现对漏极电流 I_D 的控制作用。

　　(2)耗尽型 NMOS 管

　　耗尽型 NMOS 管的二氧化硅绝缘薄层中掺入大量的带正电荷的杂质。当 $U_{GS}=0$,即不加栅源电压时,这些正电荷所产生的内电场也能在衬底表面形成自建的反型层导电沟道。若 $U_{GS}>0$,则外电场与内电场方向一致,使导电沟道变厚;若 $U_{GS}<0$,则外电场与内电场方向相反,使导电沟道变薄。当 U_{GS} 的负值达到某一数值 $U_{GS(off)}$ 时,导电沟道消失。这一临界电压 $U_{GS(off)}$ 称为夹断电压。可见,这种 MOS 管通过外加 U_{GS} 既可使导电沟道变厚,也可使其变薄,直至耗尽为止,故名耗尽型。只要 $U_{GS}>U_{GS(off)}$,$U_{DS}>0$,都会产生 I_D。改变 U_{GS},便可改变导电沟道的厚薄和形状,实现对漏极电流 I_D 的控制。

　　(3)特性曲线

　　①转移特性

　　在 U_{DS} 一定时,漏极电流 I_D 与栅极电压 U_{GS} 之间的关系 $I_D=f(U_{GS})$ 称为场效晶体管的转移特性,四种场效晶体管的转移特性见表 8.2.1。转移特性可由实验求得,也可由下述的漏极特性求得。

②漏极特性

在 U_{GS} 一定时,漏极电流 I_D 与漏极电压 U_{DS} 之间的关系 $I_D = f(U_{DS})$ 称为场效晶体管的漏极特性。实验测得四种场效晶体管的漏极特性见表 8.2.1。

通过转移特性和漏极特性可以更清楚地了解这四种场效晶体管的特点。

(4)主要参数

①开启电压 $U_{GS(th)}$ 和夹断电压 $U_{GS(off)}$

$U_{GS(th)}$ 和 $U_{GS(off)}$ 的定义已在前面介绍过了。前者适用于增强型场效晶体管,后者适用于耗尽型场效晶体管。

②跨导 g_m

跨导是用来描述 U_{GS} 对 I_D 的控制能力的,其定义为

$$g_m = \frac{\partial I_D}{\partial U_{GS}} \bigg|_{U_{DS}=常数} \approx \frac{\Delta I_D}{\Delta U_{GS}} \tag{8.2.5}$$

式中,g_m 的单位是西门子(S)。

③漏源击穿电压 $U_{(BR)DS}$

$U_{(BR)DS}$ 是漏极与源极之间的反向击穿电压。

④最大允许漏极电流 I_{DM}

I_{DM} 是场效晶体管在给定的散热条件下所允许的最大漏极电流。

8.3　光电显示器件

8.3.1　发光二极管

发光二极管简称 LED,是一种将电能转换成光能的特殊二极管。和普通二极管相似,LED 也是由一个 PN 结构成,PN 结封装在透明管壳内,且同样具有单向导电的特性。LED 之所以能发光,是由于它在结构、材料等方面与普通二极管有所不同。正向电流通过发光二极管时,它会发出光来,光的颜色视发光二极管的制造材料而定,有红、黄、绿等颜色,外形有圆形、方形和矩形等(图 8.3.1(a))。如图 8.3.1(b)所示,发光二极管工作于正向偏置状态,其中 R 为限流电阻。正向工作电压一般为 1.5～3 V,正向电流为几毫安到十几毫安。它具有很强的抗振动和抗冲击能力,体积小、可靠性高、耗电省、寿命长,因此发光二极管有着非常广泛的应用,通常在各类电子设备中用于信号指示和传递。

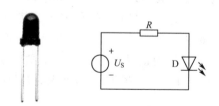

(a)圆形发光二极管实物图　　(b)发光二极管电路

图 8.3.1　发光二极管

8.3.2　光敏二极管

光电二极管或称光敏二极管,是一种将光信号转换成电信号的特殊二极管。基本结构与普通二极管相似,管壳上装有玻璃窗口以便接收光照。如图 8.3.2 所示,光电二极管工作于反向偏置状态。无光照时,反向电流很小,称为暗电流;有光照时,电流会急剧增加,称为光电流。光照越强,电流越大。

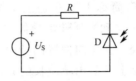

图 8.3.2　光电二极管电路

8.3.3　光敏晶体管

光电三极管或称光敏三极管,也是一种能将光信号转换成电信号的半导体器件。一般光电三极管只引出两个管脚(E、C 极),基极 B 不引出,管壳上也开有方便光线射入的窗口。

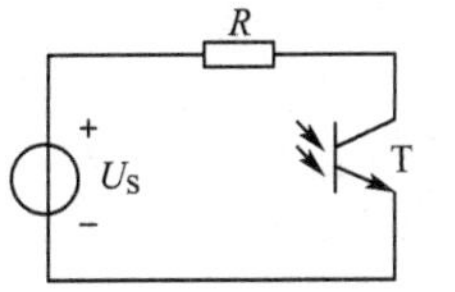

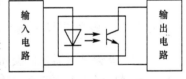

图 8.3.3　NPN 型光电三极管电路

与普通三极管一样,光电三极管也有两个 PN 结,且有 PNP 型和 NPN 型之分。使用时,必须使发射结正偏、集电结反偏,以保证管子正向工作。图 8.3.3 为 NPN 型光电三极管电路。当无光照时,流过管子的电流非常小;当有光照时,电流迅速增大。因为三极管有电流放大作用,所以在相同的光照下,光电三极管的光电流比光电二极管约大 β 倍。通常 β 值为 100～1 000,可见光电三极管比光电二极管的灵敏度高很多。

8.3.4　光电耦合器

光电耦合器是发光器件和受光器件的组合体。使用时将电信号送入光电耦合器输入侧的发光器件,发光器件将电信号转换成光信号,由输出侧的受光器件接收并再转换成电信号。由于信号传输是通过光耦合的,输出与输入之间没有直接电气联系,两电路之间不会相互影响,可以实现两电路之间的电气隔离,所以也称其为光电隔离器。

光电耦合器的发光器件和受光器件封装在同一不透明的管壳内,由透明的绝缘材料隔开。发光器件常用发光二极管,受光器件则根据输出电路的不同要求有光敏二极管、光敏三极管、光敏集成电路等。图 8.3.4 是一种三极管输出型的光电耦合器。

图 8.3.4　光电耦合器

光电耦合器具有如下特点:

(1)光电耦合器的发光器件与受光器件互不接触,绝缘电阻很高,可达 10^{10} Ω 以上,并能承受 2 000 V 以上的高压,因此经常用来隔离强电和弱点系统。

(2)光电耦合器的发光二极管是电流驱动器,输入电阻很小,而干扰源一般内阻较大,且能量很小,很难使发光二极管误动作,所以光电耦合器有极强的抗干扰能力。

（3）光电耦合器具有较高的信号传递速度，响应时间一般为微秒，高速型光电耦合器的响应时间可以小于 100 ns。

光电耦合器的用途很广，如作为信号隔离转换、脉冲系统的电平匹配、微机控制系统的输入/输出回路等。

8.3.5　半导体激光器

半导体激光器即激光二极管，简称 LD，它是以半导体材料作为工作介质的。如图 8.3.5 所示，其结构通常由 P 层、N 层和光活性半导体层构成。其端面经过抛光后具有部分反射功能，因而形成一光谐振腔。在正向偏置的情况下，PN 结发射出光来并与光谐振腔相互作用，从而进一步激励从结上发射出单波长的光，这种光的物理性质与材料有关。

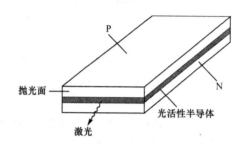

图 8.3.5　激光二极管的结构图

目前较成熟的 LD 是砷化镓激光器，发射 840 nm 的激光。另有掺铝的砷化镓、硫化镉、硫化锌等激光器。激励方式有光泵浦、电激励等。这种激光器体积小、质量轻、寿命长、结构简单而坚固，主要应用于小功率光电设备中，如光盘驱动器和激光打印机的打印头等。

8.4　电子显示器件

8.4.1　发光二极管显示器

发光二极管显示器是由发光二极管作为显示字段、点或是像素的显示器件，最常见的有数码管、符号管、米字管及点阵式显示屏（简称矩阵管）等。如图 8.4.1(a) 所示为 LED 点阵式显示屏，它的每个像素都是一个圆点型 LED；如图 8.4.1(b) 所示为 LED 数码管，它是由 7 个条状发光二极管（用来显示字段）和 1 个圆点型发光二极管（主要用来显示小数点）组成的，其中用 $a\sim g$ 表示对应的 7 个字段，用 dp 表示小数点，如图 8.4.2 所示。这种 LED 显示器也可称为 7 段数码显示器（或 8 段数码显示器）。LED 显示器的发光二极管根据其连接的方法有共阴极和共阳极两种结构。前者如图 8.4.3(a) 所示，7 个发光二极管阴极一起接地，阳极加高电平时发光；后者如图 8.4.3(b) 所示，7 个发光二极管阳极一起接正电源，阴极加低电平时发光。通过控制 7 个段的发光二极管的亮暗的不同组合,可以显示多种数字、字母以及其他符号。

　　LED 显示器有着非常广泛的应用——LED 点阵式显示屏大量应用于公众场合(如医院、机场、车站等)的广告信息播放,而 LED 数码管则经常在电子产品中用作显示输出器件。

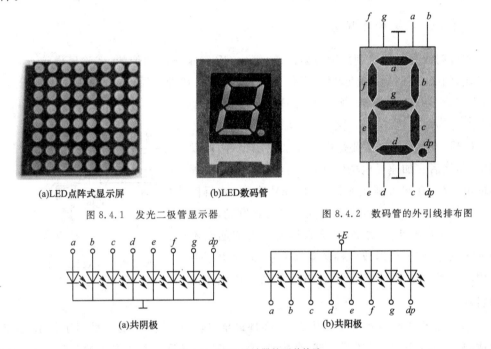

(a)LED点阵式显示屏	(b)LED数码管	

图 8.4.1　发光二极管显示器　　　　　　　　图 8.4.2　数码管的外引线排布图

(a)共阴极　　　　　　　　　　　　(b)共阳极

图 8.4.3　LED 显示器的两种接法

8.4.2　液晶显示器

　　液晶显示器简称 LCD,它是基于液晶光电效应的显示器件。包括段显示方式的字符段显示器件;矩阵显示方式的字符、图形、图像显示器件;矩阵显示方式的大屏幕、液晶投影电视的液晶屏等。液晶显示器的工作原理是利用液晶的物理特性,在通电时导通,使液晶排列变得有秩序,使光线容易通过;不通电时,排列则变得混乱,阻止光线通过。

　　液晶显示器具有体积小、重量轻、省电、辐射低、易于携带等优点。目前大量应用于电脑显示器、电视、DVD、数码相机、手机等电器中。

8.4.3　等离子显示器

　　等离子显示器简称 PDP,它是一种利用气体放电的显示装置,这种屏幕采用了等离子管作为发光元件,大量的等离子管排列在一起构成屏幕。每个等离子对应的每个小室内都充有氖氙气体。在等离子管电极间加上高压后,封在两层玻璃之间的等离子管小室中的气体会产生紫外光,从而激励平板显示器上的红绿蓝三基色荧光粉发出可见光。每个离子管作为一个像素,由这些像素的明暗和颜色变化组合,产生各种灰度和色彩的图像。等离子体技术同其他显示方式相比存在明显的差别,在结构和组成方面领先一步,因此等离子显示器逐渐被人们认同为最理想的大屏幕显示技术。

等离子彩电是用等离子显示技术制造的高科技彩电,与传统的 CRT 彩电、LCD 液晶彩电相比,优点突出:PDP 彩电的图像真正清晰逼真,在室外及普通居室光线下均可视,可提供在任何环境下的大屏视角,并且屏幕非常轻薄,厚度仅有几厘米,便于安装,是彩电中真正的高端产品。因此,PDP 在数字电视时代有较大的发展空间和广阔的应用前景。

8.4.4　阴极射线显示器

阴极射线显示器是利用阴极射线管(简称 CRT)来显示图像的,俗称显像管。它主要由灯丝、阴极、控制栅、加速电极、聚焦系统、偏转系统和荧光层组成,如图 8.4.4 所示,其中,由灯丝、阴极、控制栅、加速电极、聚焦系统组成的部分又称为电子枪。

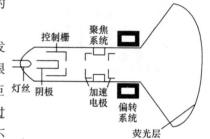

图 8.4.4　阴极射线管的组成

CRT 的显像原理主要是由灯丝加热阴极,阴极发射电子,然后在加速极电场的作用下,经聚焦极聚成很细的电子束,在阳极高压作用下(25 kV 高压)获得巨大的能量,以极高的速度去轰击荧光层使其发光,通过电压来调节电子束的功率,就会在屏幕上形成明暗不同的光点,这些光点形成各种图案和文字,同时电子束在偏转磁场的作用下,作上下左右的移动来达到扫描的目的。

CRT 已有 100 多年的发展历史,是实现最早、应用最为广泛的一种显示技术,具有技术成熟、图像色彩丰富、还原性好、全彩色、高清晰度、较低成本和丰富的几何失真调整能力等优点,主要应用于电视、电脑显示器、工业监视器、投影仪等终端显示设备。但是,与LCD 和 PDP 相比,CRT 的劣势在于体积大(受限于荧幕尺寸与电子枪之间的距离),易于产生辐射,长时间使用对眼睛有危害。因此,目前在很多场合(如电脑、高品质电视显示器等)已被 LCD 和 PDP 所取代。

8.5　集成电路

8.5.1　集成电路简介

集成电路(简称 IC)是 20 世纪 60 年代初期发展起来的一种新型电子器件,它采用半导体制造工艺,把二极管、晶体管、场效晶体管及电阻、电容等元器件以及它们的连线都做在同一块硅片上,然后封闭在外壳里,是一种将"管"和"路"紧密结合的器件,这样具有特定功能的电子电路称为集成电路。这个电路是一个不可分割的固体块,所以又称固体器件。其优点是体积小、重量轻、性能好、功耗低、可靠性高。同时成本低,便于大规模生产。它不仅在工、民用电子设备如收录机、电视机、计算机等方面得到广泛的应用,同时在军事、通信、遥控等方面也得到广泛的应用。

按照集成度(每块半导体晶片上所包含的元器件数)的大小,可将 IC 分为小规模集成电路(SSI)、中规模集成电路(MSI)、大规模集成电路(LSI)、超大规模集成电路(VLSI)、特大规模集成电路(ULSI)和巨大规模集成电路(GLSI)。

(1)1962 年制造出包含 12 个晶体管的小规模集成电路 SSI,小规模集成电路一般指元器件数不超过 100 个;

(2)1966 年发展到集成度为 100~1 000 个晶体管的中规模集成电路 MSI;

(3)1967~1973 年,研制出 1 000 个至 10 万个晶体管的大规模集成电路 LSI;

(4)1977 年研制出在 30 平方毫米的硅晶片上集成 15 万个晶体管的超大规模集成电路 VLSI,这是电子技术的重大突破,从此真正迈入了微电子时代;

(5)1993 年随着集成了 1 000 万个晶体管的 16 M FLASH 和 256 M DRAM 的研制成功,进入了特大规模集成电路 ULSI 时代;

(6)1994 年由于集成 1 亿个元件的 1 G DRAM 的研制成功,进入巨大规模集成电路 GLSI时代。

集成电路在制造工艺方面具有以下特点:

(1)集成电路中,所有元器件处于同一晶片上,由同一工艺做成,易做到电气特性对称,温度特性一致。

(2)集成电路中,高阻值的电阻制作成本高,占用面积大。必需的高阻值电阻可以外接。

(3)集成电路中,不易制作大电容。电容通常在 200 pF 以下,且很不稳定,若需大电容时可以外接。

(4)集成电路中,难以制造电感。

(5)集成电路中,制作三极管比制作二极管容易,所以集成电路中的二极管都是用三极管基极与集电极短接后的发射结代替的。

按照电气功能分类,一般可以把集成电路分成模拟集成电路和数字集成电路两大类,这是一种传统的分类方法,近年来由于技术的进步,新的集成电路层出不穷,已经有越来越多的品种难以简单地照此归类了。

8.5.2　模拟集成电路

现实世界提供的信号许多都是模拟信号,如语音信号、传感器输出信号、雷达回波等等。模拟电路主要用来产生、放大和处理在时间和数值上都连续的模拟信号,它又分为线性模拟电路和非线性模拟电路,由模拟电路构成的集成电路叫做模拟集成电路。

1. 线性模拟集成电路

线性模拟集成电路的输出信号和输入信号具有线性关系。电路中晶体管多是工作在特性曲线的放大区,例如各种类型的放大器、通用运算放大器和高速高压高阻以及低功耗、低漂移、低噪声等各类特殊运算放大器、宽频带放大器、功率放大器等,均为线性模拟集成电路。

2. 非线性模拟集成电路

非线性模拟集成电路是指电路的输出信号与输入信号之间的关系是非线性的。非线性模拟集成电路大多是特殊集成电路,其输入、输出信号通常是模拟—数字、交流—直流、高频—低频、正—负极性信号的混合,很难用某种模式统一起来。例如用于通信设备的混频器、检波器、鉴频器,用于工业检测控制的模拟—数字转换器、数字—模拟转换器、交流—直流变换器、集成采样保持电路、稳压电路以及一些家用电器中的专用集成电路等,都是非线性模拟集成电路。

8.5.3 数字集成电路

数字集成电路用来产生、放大和处理各种数字信号(指在时间上和数值上离散取值的信号,如 VCD、DVD 重放的音频信号和视频信号,计算机中运行的信号等)。其内部主要是由各种逻辑门和触发器组成的逻辑电路。一般情况下,它所要求的晶体管工作在开关状态,而不像在模拟电路中晶体管工作在信号放大状态。因此,在数字电路中所用到的晶体管的要求主要是速度快、抗干扰能力强。数字集成电路的主要逻辑部件有寄存器、译码器、编码器、计数器、存储器等。电路的形式简单,重复单元多,制造容易,是目前超大规模集成电路的主流。

8.6 应用实例

中间继电器是在自动控制电路中起控制与隔离作用的执行部件,广泛应用于远控、远测、通信、自动控制、机电一体化及电力电子设备中。可以利用双极型晶体管驱动中间继电器,控制其线圈的通电或断电,从而控制其触点动作,如图 8.6.1 所示。

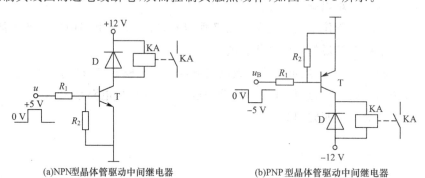

(a)NPN型晶体管驱动中间继电器 (b)PNP型晶体管驱动中间继电器

图 8.6.1 晶体管驱动中间继电器电路

1. 工作原理

双极型晶体管驱动中间继电器的工作原理如下:

(1)NPN 型晶体管驱动时(如图 8.6.1(a)所示)

当基极输入电压为+5 V 时,晶体管 T 饱和导通,继电器 KA 线圈通电,常开触点吸合;当基极输入电压为 0 V 时,晶体管 T 截止,继电器 KA 线圈断电,常开触点断开。

(2)PNP 型晶体管驱动时(如图 8.6.1(b)所示)

当基极输入电压为 0 V 时,晶体管 T 截止,继电器 KA 线圈断电,常开触点断开;当基极输入电压为−5 V 时,晶体管 T 饱和导通,继电器 KA 线圈通电,常开触点吸合。

2. 电路中各元件的作用

由上述工作原理可知,晶体管 T 工作于饱和或截止状态,可视为控制开关。

电阻 R_1 主要起限流作用,降低晶体管 T 的功耗。R_1 的阻值可以根据加在 R_1 上的电压、晶体管的 β 等参数来决定;

电阻 R_2 用于保证晶体管 T 可靠截止。

二极管 D 起反向续流作用。继电器的绕组是一个感性元件,总是阻碍电流的变化,断电时,电流瞬间降到 0,它会产生一个很大的反向电动势,如果没有 D,这个电动势很可能超过晶体管 T 的反向击穿电压而将 T 烧坏。接上 D 后,反向电动势通过二极管 D 和线圈构成的回路做功而消耗掉,从而保护了电路中其他元件的安全。

第9章 分立元件放大电路

放大电路就是将微弱的电信号(电压、电流、功率)放大到所需要的量级。随着电子技术的发展,集成放大电路占了主导地位,分立元件放大电路在实际应用中虽已不多见,但分立元件组成的基本放大电路是所有模拟集成放大电路的基本单元。对初学者来说,从分立元件组成的放大电路入手,掌握一些放大电路的基本原理、概念等是非常必要的。

本章将分别介绍双极型晶体管放大电路和场效晶体管放大电路,在此基础上,介绍多级放大电路、差分放大电路及功率放大电路的工作原理,最后介绍分立元件放大电路的应用实例——助听器。

9.1 双极型晶体管放大电路

在生产和科学实验中,往往要求用微弱的信号去控制较大功率的负载。例如,在电动单元组合仪表中,首先将温度、压力、流量等非电量通过传感器变换为微弱的电信号,经过放大以后(使用的放大器的放大倍数从几百倍到几万倍),从显示仪表上读出非电量的大小,或者用来推动执行元件以实现自动调节。再比如在常见的收音机和电视机中,也是将天线接收到的微弱信号放大到足以推动扬声器和显示屏的程度。可见放大电路的应用十分广泛,是电子设备中最普遍的一种基本单元。本节所要介绍的放大电路都是利用双极型晶体管的放大作用实现信号的放大,此类电路称为双极型晶体管放大电路。

9.1.1 放大电路工作原理

由于正弦信号是一种基本信号,在对放大电路进行性能分析和测试时,常以它作为输入信号。因此,这里也以输入信号为正弦信号,并以双极型晶体管共射极接法的电路为例来说明放大电路的工作原理。

如图 9.1.1 所示,为了将待放大信号输送进来,由基极 B 引出一根输入线与地之间构成一对输入端,输入端接信号源或前级放大电路。为了将已放大的信号输送出去,由集电极 C 引出一根输出线与地之间构成一对输出端,输出端接负载或下级放大电路。该电路以三极管的发射极作为输入、输出回路的公共端,故称为共发射极放大电路。容易理解,双极型晶体管放大电路还有共集电极放大电路(信号的输入回路和输出回路都以集电极为公共端)和共基极放大电路(信号的输入回路和输出回路都以基极为公共端)两种类型。图 9.1.1 的电路采用了两个电源,使用不便,可将 R_B 接到 U_{BB} 正极的一端改接到 U_{CC} 的正极上。这样可省去 U_{BB},电路改为如图 9.1.2 所示。

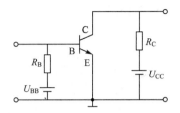

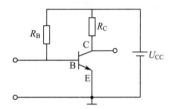

图 9.1.1　两个电源的放大电路　　　　　图 9.1.2　一个电源的放大电路

在输入信号为正弦信号的情况下,如图 9.1.3 所示,通常在输入端与信号源之间,输出端与负载之间分别接有电容 C_1 和 C_2,它们的作用是传递交流信号,隔离直流,也就是既要保证交流信号能顺利地输送(又称耦合)进来或输送出去,又要使放大电路中的直流电源与信号源或负载隔离,以免影响它们的工作,电容 C_1 和 C_2 称为输入和输出耦合电容或隔直电容。由于耦合作用要求 C_1 和 C_2 的容抗值很小,即电容值很大,一般为几微法至几百微法,因而需采用有极性的电解电容器。习惯上图中电源 U_{CC} 省去不画,只标出它对地的电位值和极性。上述电路采用的是 NPN 管,如果改用 PNP 管,只需将电源 U_{CC} 和电解电容 C_1 和 C_2 的极性颠倒一下即可。

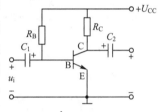

图 9.1.3　共射极放大电路

输入端未加输入信号 u_i 时,放大电路的工作状态称为静态。这时电源 U_{CC} 经基极电阻 R_B 给发射结加上了正向偏置电压,经集电极电阻 R_C 给集电结加上了反向偏置电压,晶体管处于放大状态,于是发射极发射载流子形成静态基极电流 I_B、集电极电流 I_C 和发射极电流 I_E。静态时的基极电流又称偏置电流,简称偏流。基极电阻 R_B 的作用是获得合适的偏流以保证晶体管工作在放大状态,因此又称偏置电阻。I_C 通过 R_C 时产生直流电压降 $I_C R_C$,U_{CC} 减去 $I_C R_C$ 便是 U_{CE}。由于电容的隔直作用,输入端和输出端都不会有直流电压和电流。

输入端加上输入信号 u_i 时,放大电路的工作状态称为动态。此时,晶体管的极间电压和电流都是直流分量和交流分量的叠加。交流输入信号 u_i 通过 C_1 传送到晶体管的发射结两端,使发射极电压 u_{BE} 以静态值 U_{BE} 为基准上下波动,但方向不变,即 u_{BE} 始终大于零,发射结保持正向偏置,晶体管始终处于放大状态。这时的发射结电压 u_{BE} 包含两个分量,一个是 U_{CC} 产生的静态直流分量 U_{BE},另一个是由 u_i 引起的交流分量 u_{be},即 $u_{BE}=U_{BE}+u_{be}$。忽略 C_1 上产生的交流电压降,则 $u_{be}=u_i$。

如图 9.1.4(a)所示,根据晶体管的输入特性,与发射结的交流分量 u_{be} 相应,基极电流也会产生一个交流分量 i_b,使基极电流 i_B 以静态值 I_B 为基准上下波动。由于晶体管的电流放大作用,在集电极也相应地引起一个放大了 β 倍的交变的集电极电流 i_c,叠加在静态电流 I_C 上。当 $i_C(=i_c+I_C)$ 流过集电极电阻 R_C 时,产生电压 $i_C R_C$。由于 $u_{CE}=U_{CC}-i_C R_C$,使得 u_{CE} 中的交流分量 u_{ce} 与 i_c 反相(图 9.1.4(b)),亦即 u_{ce} 与 u_i 反相。u_{CE} 将以静态值 U_{CE} 为基准上下波动。i_C 增加时,u_{CE} 下降;i_C 减小时,u_{CE} 增加。它的直流分量 U_{CE} 被 C_2 隔离,而交流分量通过 C_2 输出,使得输出端产生了交流输出电压 u_o,忽略 C_2 上的交流电压降,$u_o=u_{ce}=-i_c R_C$。只要 R_C 足够大,就可以使 u_o 比 u_i 大。集电极电阻 R_C 又称集电极负载电阻,它的作用就是将集电极电流的变化转换成电压的变化,以实现电压放大。而且只要晶体管在输入信号的整个周期内都处于放大状态,u_o 与 u_i 的波形应该是相同的，只不过相位相反。电路中各电压、电流的波形图如图 9.1.5 所示。

(a)输入回路的波形分析

(b)输出回路的波形分析

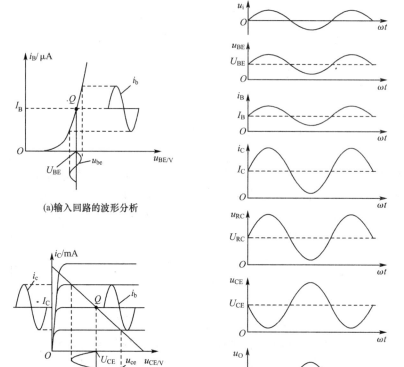

图 9.1.4　共射极放大电路工作原理分析

图 9.1.5　基本放大电路的电压、电流波形图

由于输入回路的电流为 i_B，输出回路电流为 i_C，所以在这种电路中，输出电流大于输入电流，输出信号的功率也大于输入信号的功率。请注意，根据能量守恒原理，能量只能转换，不能凭空产生，当然也不可能放大，所增加的能量是直流电源 U_{CC} 提供的。晶体管起电流放大作用，故称放大元件。通过它控制直流电源使输出的电流随输入信号的变化而变化。

通过以上的分析可以看到，放大电路需具备以下两点：一是要设置偏置电阻或偏置电路；以产生合适的偏流 I_B，建立合适的静态工作点（详见下节），保证输出信号与输入信号的波形相同；二是能将输入信号耦合到晶体管发射结两端，并通过集电极负载电阻将晶体管的电流放大作用转换成电压放大，将放大后的信号输送出去。

9.1.2　放大电路的静态工作点

静态时，在晶体管的输入特性和输出特性上所对应的工作点称为静态工作点，如图 9.1.4 中的 Q 点，对应的物理量有 I_B、U_{BE}、I_C 和 U_{CE}。静态工作点既与所选用的晶体管的特性曲线有关，也与放大电路的结构有关。

在放大电路中，必须通过选取合适的元件参数设置合适的静态工作点。因为静态工作点设置得是否合适影响到动态时的放大质量，关系到输出和输入信号的波形是否相同。

　　当偏流 I_B 太小,使得 I_B 小于基极电流交流分量 i_b 的幅值时,如图 9.1.6(a)所示。在输入信号 u_i 的负半周中,i_B 将有一段时间为零,晶体管处于截止状态。因而 i_C 和 u_{CE} 的波形也发生了如图所示的变化。经 C_2 后得到的输出电压 u_o 的波形在后半周发生了畸变,输出电压与输入电压波形不同的现象称为失真。由于这一失真是因为晶体管有一段时间进入截止状态引起的,故称为截止失真。

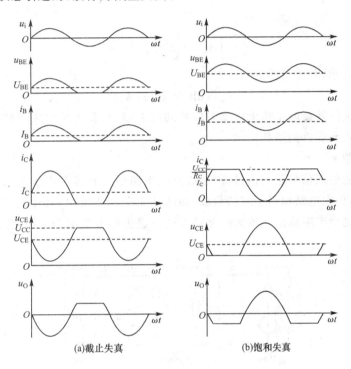

图 9.1.6　非线性失真

　　当偏流 I_B 太大,使得 $i_C \approx \dfrac{U_{CC}}{R_C}$,$u_{CE} \approx 0$ 时,如图 9.1.6(b)所示。在输入信号 u_i 的正半周中,晶体管有一段时间处于饱和状态,使得 u_{CE} 的波形也发生了相应的变化,输出电压 u_o 的波形在前半周发生了畸变。由于这一失真是因为晶体管有一段时间进入饱和状态引起的,故称为饱和失真。

　　可见,I_B 太小,Q 点太低,会引起输出电压的负半周出现截止失真;I_B 太大,Q 点太高,会引起输出电压的正半周出现饱和失真。截止失真和饱和失真都是由晶体管特性的非线性引起的,统称为非线性失真。为了不引起非线性失真,静态工作点的设置应保证动态时在输入信号的整个周期内晶体管都处于放大状态。

9.1.3　放大电路的主要性能指标

　　一个放大电路必须具有优良的性能指标才能较好地完成放大任务。放大电路的性能常用如下指标来衡量。

1. 电压放大倍数(或增益)A_u

　　电压放大倍数是衡量放大电路对输入信号放大能力的主要指标。它定义为输出电压变化量与输入电压变化量之比,用 A_u 表示,即

$$A_u = \frac{\Delta U_o}{\Delta U_i} \qquad\qquad (9.1.1)$$

在输入信号为正弦交流信号时,也可以用输出电压与输入电压的相量之比,即

$$A_u = \frac{\dot{U}_o}{\dot{U}_i} \qquad\qquad (9.1.2)$$

其绝对值为

$$|A_u| = \frac{U_o}{U_i} = \frac{U_{om}}{U_{im}} \qquad\qquad (9.1.3)$$

若用电压增益表示,其分贝值为

$$|A_u|(dB) = 20\lg|A_u| \qquad\qquad (9.1.4)$$

放大器放大倍数反映了放大电路对信号的放大能力,其大小取决于放大电路的结构和组成电路的各元器件的参数。

2. 输入电阻 r_i

放大电路的输入信号是由信号源(前级放大电路也可看成是本级的信号源)提供的,对信号源来说,放大电路相当于它的负载,如图 9.1.7 左边所示,其作用可用一个电阻 r_i 来等效代替。这个电阻就是从放大电路输入端看进去的等效动态电阻,称为放大电路的输入电阻。

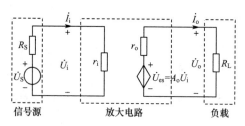

图 9.1.7　输入电阻和输出电阻

输入电阻 r_i 在数值上应等于输入电压的变化量与输入电流的变化量之比,即

$$r_i = \frac{\Delta U_i}{\Delta I_i} \qquad\qquad (9.1.5)$$

当输入信号为正弦交流信号时

$$r_i = \frac{\dot{U}_i}{\dot{I}_i} \qquad\qquad (9.1.6)$$

输入电阻反映了放大电路与信号源之间的配合问题。由图 9.1.7 可知,放大电路的输入电压 U_i 和输入电流 I_i 与信号源的电压 U_s、信号源内阻 R_s 和输入电阻 r_i 的关系为

$$\left.\begin{array}{l} U_i = \dfrac{r_i}{R_s + r_i} U_s \\[2mm] I_i = \dfrac{1}{R_s + r_i} U_s \end{array}\right\} \qquad\qquad (9.1.7)$$

在 U_s 和 R_s 一定时,r_i 大,则 U_i 大,可增加放大电路的输出电压 $U_o(=|A_u|U_i)$ 大;r_i 大,则 I_i 小,可减轻信号源的负担。因此,一般都希望 r_i 能大些,最好能远大于信号源的内阻 R_s。

3. 输出电阻 r_o

放大电路的输出信号要送给负载(后级放大电路也可看成是本级的负载),对负载来说,放大电路相当于它的电源,如图 9.1.7 右边所示,其作用可用一个恒压源 $\dot{U}_{es}$ 和该电压源的内阻 r_o 的串联来代替。这个内阻 r_o 也是一个动态电阻,称为放大电路的输出电阻。等效电源中恒压源的电压 $\dot{U}_{es}$ 即放大电路的空载输出电压(负载开路时输出端的电压) $\dot{U}_{OC}$,它应等于放大电路的空载电压放大倍数 A_o 与输入电压 $\dot{U}_i$ 的乘积,即

$$\dot{U}_{es} = \dot{U}_{OC} = A_o \dot{U}_i \tag{9.1.8}$$

由于 $\dot{U}_{es}$ 并非固定值,而是受输入电压 $\dot{U}_i$ 的控制,故称之为电压控制电压源,简称受控电压源,在电路图中用菱形符号表示。

输出电阻反映了放大电路与负载之间的配合问题。由图 9.1.7 可知,放大电路有载和空载时的电压和电压放大倍数间的关系分别为

$$U_{OL} = \frac{R_L}{R_L + r_o} U_{OC} \tag{9.1.9}$$

$$|A_u| = \frac{R_L}{R_L + r_o} |A_o| \tag{9.1.10}$$

可见,放大电路的输出端接负载后,其输出电压和电压放大倍数都比空载时有所下降。r_o 小则下降得少,这说明放大电路带负载的能力强;反之,r_o 大则下降得多,这说明放大电路带负载的能力差。因此,一般都希望 r_o 能小一些,最好能远小于负载电阻 R_L。

4. 放大电路的频率特性

频率特性反映了不同频率时放大电路的放大效果。

由于在放大电路中一般都有电容元件(如图 9.1.3 中的耦合电容 C_1 和 C_2),晶体管的 PN 结又有结电容存在,它们的容抗随频率而变化,频率很低时,电容的容抗大,其分压作用不可忽略;频率很高时,电容的容抗小,其分流作用不可忽略,同时晶体管的电流放大系数 β 等参数也与频率有关,频率很高时,β 将下降。因此,同一放大电路对不同频率的输入信号不仅电压放大倍数不完全相同,而且输出电压的相位也会发生变化。电压放大倍数 $|A_u|$ 与信号频率 f 的关系称为放大电路的幅频特性;输出电压和输入电压的相位差 φ 与信号频率 f 的关系称为相频特性,两者总称为频率特性。

实验求得交流放大电路的频率特性如图 9.1.8 所示。从图中可以看出,在中间频率(中频段)时,$|A_u|$ 最大,且与 f 几乎无关,用 $|A_m|$ 表示,这时输出电压与输入电压的相位差 φ 是 180°。当频率很低(低频段)和频率很高(高频段)时,$|A_u|$ 都将下降,而且 φ 也偏离了 180°。通常把 $|A_u|$ 下降到 $\frac{|A_m|}{\sqrt{2}} = 0.707|A_m|$ 时所对应的频率 f_1 称为下限频率,对应的频率 f_2 称为上限频率。两者之间的频率范围 $f_1 \sim f_2$ 称为放大电路的通频带,它是表示放大电路频率特性的一个重要指标。

由于放大电路的输入信号通常不是单一频率的正弦波,而是包括各种不同频率的正弦分量,输入信号所包含的正弦分量的频率范围称为输入信号的频带。放大电路必须对输入信号的各个不同频率的正弦分量都具有相同的放大能力,否则也会引起波形失真。这种因电压放大倍数随频率变化而引起的失真称为频率失真。要想不引起频率失真,输

入信号的频带应在放大电路的通频带内。

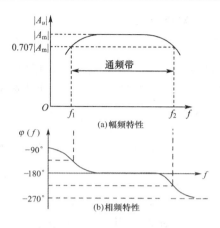

图 9.1.8　放大电路的频率特性

【**例 9.1.1**】　某放大电路的输入电阻 $r_i =$ 28 kΩ，输出电阻 $r_o = 1$ kΩ，空载电压放大倍数 $|A_o| = 300$。试问：(1)输入端接到 $U_S = 9$ mV，$R_S = 2$ kΩ 的信号源上，空载时的输出电压应等于多少？(2)输出端带上 $R_L = 9$ kΩ 的负载电阻时，输出电压应等于多少？这时的电压放大倍数 $|A_u|$ 是多少？

解　(1) $U_i = \dfrac{r_i}{R_S + r_i} U_S = \dfrac{28 \times 10^3}{(2 + 28) \times 10^3} \times 9$

$\qquad\qquad = 8.4$ mV

$\qquad U_{OC} = |A_o| U_i = 300 \times 8.4 \times 10^{-3}$

$\qquad\qquad = 2.52$ V

(2) $U_{OL} = \dfrac{R_L}{R_L + r_o} U_{OC} = \dfrac{9 \times 10^3}{(9 + 1) \times 10^3} \times 2.52 = 2.268$ V

$\qquad |A_u| = \dfrac{R_L}{R_L + r_o} |A_o| = \dfrac{9 \times 10^3}{(9 + 1) \times 10^3} \times 300 = 270$

或者

$\qquad |A_u| = \dfrac{U_{OL}}{U_i} = \dfrac{2.268}{8.4 \times 10^{-3}} = 270$

9.2　场效晶体管放大电路

　　和双极型晶体管放大电路类似，场效晶体管放大电路也有共源、共漏和共栅三种基本组态的电路，其中以共源放大电路应用较多，以它为例来说明场效晶体管放大电路的工作原理。

9.2.1　增强型 MOS 管共源放大电路

　　图 9.2.1 是增强型 NMOS 管的共源放大电路，它与双极型晶体管的共射放大电路相似，源极 S 相当于发射极 E，漏极 D 相当于集电极 C，栅极 G 相当于基极 B。场效晶体管放大电路也必须建立合适的静态工作点，与双极型晶体管放大电路不同的是：双极型晶体管是电流放大元件，合适的静态工作点主要依靠调节偏流 I_B 来实现，而场效晶体管是电压控制元件，合适的静态工作点主要依靠给栅、源极间提供合适的 U_{GS} 来实现。这个静态栅、源极间的电压称为栅源偏置电压，简称栅偏压。图中 R_{G1} 和 R_{G2} 为偏置电阻。静态时，通过它们的分压给栅极 G 建立合适的对地电压 U_G，从而建立合适的栅偏压 U_{GS}，所以这种电路称为分压偏置共源放大电路。由于栅极与源极之间有一层二氧化硅绝缘层，所以场效晶体管的

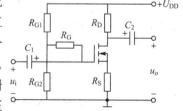

图 9.2.1　分压偏置共源放大电路

输入电阻 $r_{GS} \to \infty$，$I_G = 0$，R_G 上没有电压降，它只是为提高放大电路的输入电阻而设置的。因而

$$U_G = \frac{R_{G2}}{R_{G1} + R_{G2}} U_{DD}$$

增强型（E 型）NMOS 管只有在 $U_{GS} > U_{GS(th)}$（开启电压）时，才能建立起反型层导电沟道。这时在 U_{DD} 的作用下，才会形成电流 $I_D = I_S$，因而

$$U_{GS} = U_G - R_S I_S$$
$$U_D = U_{DD} - R_D I_D$$

U_G 值必须在保证有信号输入时，NMOS 管处于 $U_{GS} > U_{GS(th)}$ 的状态，而且工作在漏极特性的平直部分。静态时各级电压和电流都是直流，波形如图 9.2.2 中的虚线所示。

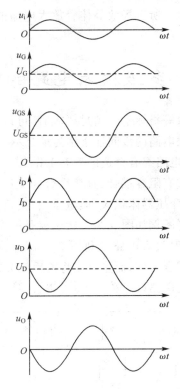

图 9.2.2　电压和电流的波形

　　动态时，输入电压 u_i 通过 C_1 耦合到栅、地之间，$u_G = U_G + u_i$，u_G 的变化引起 u_{GS} 的变化，由于工作在漏极特性的平直部分，i_D 与 u_{GS} 的交流分量之间基本上成正比关系，波形相同，如图 9.2.2 所示。i_D 增加时，$R_D i_D$ 增加，$u_D (= U_{DD} - R_D i_D)$ 减小；i_D 减小时，$R_D i_D$ 减小，$u_D (= U_{DD} - R_D i_D)$ 增加，它的直流分量被 C_2 隔离，交流分量通过 C_2 输出，在输出端得到一个被放大的交流电压 u_o，它的相位与 u_i 相反。

　　上述电路采用的是 NMOS 管，如果改用 PMOS 管，只需将电源 $+U_{DD}$ 改为 $-U_{DD}$ 即可。

9.2.2　耗尽型 MOS 管共源放大电路

　　耗尽型 NMOS 管共源放大电路既可采用图 9.2.1 所示的分压偏置共源放大电路，也可采用图 9.2.3 所示的自给偏置共源放大电路。

耗尽型场效晶体管有自建的反型层导电沟道,而且
NMOS 管的夹断电压 $U_{\mathrm{GS(off)}}$ 为负值,U_{GS} 在大于、等于和小
于零时,只要 $U_{\mathrm{GS}} > U_{\mathrm{GS(off)}}$,导电沟道都不会消失。由于 I_{G}
$=0$,R_{G} 上没有电压降,R_{G} 的作用只是沟通栅极与地,为
栅、源极间提供直流通路,因此,这一电路虽未设置偏置电
阻,但是,只要接通 U_{DD},便有 I_{S} 通过 R_{S},便有 $U_{\mathrm{GS}} = -$
$I_{\mathrm{S}} R_{\mathrm{S}}$。可见,它是利用自身电路中的电流和电压来提供所
需要的栅偏压的,故称自给偏置共源放大电路。

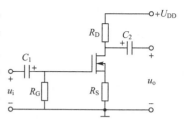

图 9.2.3　自给偏置共源放大电路

动态时的工作情况与图 9.2.1 所示的电路相同,波形仍如图 9.2.2 所示。

上述电路采用的是 NMOS 管,若改用 PMOS 管,只需将电源 $+U_{\mathrm{DD}}$ 改为 $-U_{\mathrm{DD}}$ 即可。

由于场效晶体管的 $r_{\mathrm{GS}} \to \infty$,所以场效晶体管放大电路的输入电阻也很大,在模拟集
成电路中常用作输入级。

9.3　多级放大电路的概念

一级放大电路的放大倍数等指标不能满足要求时,可以将若干个基本放大电路级联
起来组成多级放大电路。放大电路的级间连接称为耦合,对耦合方式的基本要求是:信号
的损失要尽可能小,各级放大电路都有合适的静态工作点。

放大电路的级间耦合方式有阻容耦合、直接耦合和变压器耦合三种。变压器耦合使
用变压器作为耦合元件,由于变压器体积大,质量重,目前已很少采用。阻容耦合或称电
容耦合,使用电容作为耦合元件,例如图 9.3.1 所示就是一个两级阻容耦合放大电路,前
级为共源放大电路,后级为共射放大电路。利用 C_2 和 R_{B} 将前后两级连接起来,故名阻
容耦合。直接耦合不需另加耦合元件,而是直接将前后两级连接起来,例如图 9.3.2 所示
就是一个直接耦合的两级放大电路(R_{D} 和 R_{B} 也可以合并)。

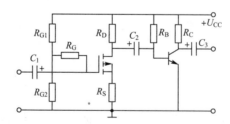

图 9.3.1　阻容耦合多级放大电路

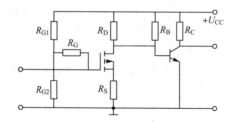

图 9.3.2　直接耦合多级放大电路

不难理解,不论是阻容耦合还是直接耦合,都有以下结论:

(1)多级放大电路的电压放大倍数 A_u 等于各级电压放大倍数 A_{u1},A_{u2}…的乘积,当为两级放大电路时

$$A_u = A_{u1} \cdot A_{u2} \tag{9.3.1}$$

(2)多级放大电路的输入电阻 r_i,一般就是第一级的输入电阻 r_{i1},即

$$r_i = r_{i1} \tag{9.3.2}$$

(3)多级放大电路的输出电阻 r_o,一般就是末级的输出电阻 $r_{o末}$,即

$$r_o = r_{o末} \tag{9.3.3}$$

由于耦合电容的隔直作用,阻容耦合只能用于放大交流信号,而且在集成电路中要制造大容量值的电容很困难,因此,在集成电路中一般都采用直接耦合方式。但是,直接耦合的结果又带来了零点漂移问题。

在直接耦合放大电路中,当输入端无输入信号时,输出端的电压会偏离初始值而作上下漂动,这种现象称为零点漂移。零点漂移是由于温度的变化、电源电压的不稳定等原因引起的,这与 9.1.2 节中讨论的静态工作点的不稳定的原因是相同的。例如,当温度增加时,I_{C1} 增加,U_{CE1} 下降,前级电压的这一变化直接传递到后一级而被放大,使得输出电压远远偏离了初始值而出现了严重的零点漂移现象,放大电路将因无法区分漂移电压和信号电压而失去工作的能力。因此,必须采取适当的措施加以限制,使得漂移电压远小于信号电压。利用下节所要介绍的差分放大电路是解决这一问题普遍采用的有效措施。

9.4　差分放大电路

9.4.1　抑制零点漂移原理

差分放大电路又称差动放大电路,它是模拟集成电路中应用最广泛的基本电路,几乎所有模拟集成电路中的多级放大电路都采用它作为输入级。它不仅可以与后级放大电路直接耦合,而且能够很好地抑制零点漂移。

差分放大电路既可以用双极型晶体管组成,也可以用场效晶体管组成。图 9.4.1 所示电路就是用双极型晶体管组成的差分放大电路的基本电路。其结构特点是:①电路对称,即要求左右两边的元件特性及参数尽量一致;②双端输入,可以分别在两个输入端与地之间接输入信号 u_{i1},u_{i2};③双电源,即除了集电极电源 U_{CC} 外,还有一个发射极电源 U_{EE},一般取 $|U_{CC}| = |U_{EE}|$。

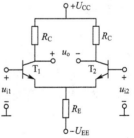

图 9.4.1　基本差分放大电路

差分放大电路的两个输入信号 u_{i1} 与 u_{i2} 间存在三种可能:①u_{i1} 与 u_{i2} 大小相等,方向相同,称为共模输入;②u_{i1} 与 u_{i2} 大小相等,方向相反,称为差模输入;③u_{i1} 与 u_{i2} 既非共模,又非差模时,称为比较输入。比较输入时,可将输入信号分解为一对共模信号 u_{ic} 和一对差模信号 $\pm u_{id}$。

$$u_{ic} = \frac{u_{i1} + u_{i2}}{2} \tag{9.4.1}$$

$$u_{id} = \pm\frac{u_{i1} - u_{i2}}{2} \tag{9.4.2}$$

对于共模信号而言,它们通过 U_{EE} 和 R_E 加到左右两晶体管的发射结上,由于电路对称,因而两管的集电极对地电压 $u_{c1} = u_{c2}$,因此输出电压

$$u_o = u_{c1} - u_{c2} = 0$$

即差分放大电路对共模信号无放大作用,共模电压放大倍数 $A_c = 0$。

由温度变化等原因在两边电路中引起的漂移量是大小相等、极性相同的,相当于在输入端加上一对共模信号。由上述分析可知,左右两单管放大电路因零点漂移引起的输出端电压的变化量虽然存在,但大小相等,整个电路的输出漂移电压等于 0。因此,差分放大电路依靠电路的对称性可以抑制零点漂移。当然,电路要做到完全对称实属不易,因而完全靠电路对称来抑制零点漂移,其抑制作用有限。为进一步提高电路对零点漂移的抑制作用,可以在尽可能提高电路的对称性的基础上,通过减少两单管放大电路本身的零点漂移来抑制整个电路的零点漂移。发射极公共电阻 R_E 正好能起到这一作用,它抑制零点漂移的原理如下:

对于差模输入信号而言,$u_{i1} = -u_{i2}$,它们通过 U_{EE} 和 R_E 加到左右两晶体管的发射结上,由于电路对称,因而两管的集电极对地电压 $u_{c1} = -u_{c2}$,因此输出电压

$$u_o = u_{c1} - u_{c2} = 2u_{c1}$$

即差分放大电路对差模信号有放大作用,差模电压放大倍数 $A_d \neq 0$。

9.4.2　主要特点

差动放大电路对共模信号有很强的抑制作用,理想情况下的共模放大倍数 $A_c = \dfrac{u_{oc}}{u_{ic}} = 0$;对差模信号有很强的放大作用,差模放大倍数 $A_d = \dfrac{u_{od}}{u_{id}}$ 较大。差动放大电路实际上是将两个输入端信号的差放大后输出到负载上,即差动放大电路的输出 $u_o = A_u(u_{i1} - u_{i2})$。按图 9.4.1 中所示 u_o 的正方向,输出 u_o 与输入 u_{i1} 反相位,称 u_{i1} 对应的输入端为反相输入端;输出 u_o 与输入 u_{i2} 同相位,称 u_{i2} 对应的输入端为同相输入端。

对差分放大电路而言,差模信号是有用信号,通常要求对它有较大的放大倍数;而共模信号是由于温度变化或干扰产生的无用信号,需要对它进行抑制。共模抑制比

$$K_{CMRR} = \frac{A_d}{A_c} \tag{9.4.3}$$

全面地反映了直流放大电路放大差模信号和抑制共模信号的能力,是一个很重要的指标。在理想情况下,差分放大电路 $K_{CMRR} \to \infty$。

9.5　应用实例

助听器是一种供听力障碍人士使用的、补偿听力损失的小型扩音设备,其种类有盒

式、耳背式、定制式等。其中盒式助听器的体积与香烟盒相当,挂在胸前或置于衣袋内,主机经一根导线连接耳机插入外耳道内使用。因体积较大,可装置多种功能调节开关,提供较好的声学性能,并易制成大功率型。

可以用分立元件放大电路制作盒式助听器,电路如图 9.5.1 所示。其中 BM 为高灵敏度驻极体话筒(实物图片见图 9.5.2),它是一种音频传感器,当话筒内部的驻极体膜片遇到声波振动时,将会产生随声波变化而变化的交变电压,即能将接收到声波信号转换为电信号。这种驻极体话筒除了用于助听器外,还广泛用于盒式录音机、无线话筒及声控等电路中。图 9.5.1 电路实质上是一个由晶体三极管 $T_1 \sim T_3$ 构成的多级音频放大电路——T_1 与外围阻容元件组成了典型的共射级放大电路,担任前置音频电压放大;T_2、T_3 组成了两级直接耦合式放大电路,其中:T_3 接成共集电极(又称射极输出器)形式,它的输出阻抗较低,以便与 8 Ω 耳塞机相匹配。

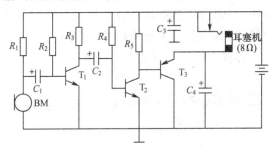

图 9.5.1　助听器原理图

图 9.5.2　驻极体话筒

驻极体话筒 BM 接收到声波信号后,输出相应的微弱电信号。该信号经电容器 C_1 耦合到 T_1 的基极,通过第一级共射级放大电路进行放大,经由 T_1 集电极输出,再经 C_2 耦合到 T_2 进行第二级放大,以直接耦合方式再通过第三级放大电路放大,经由 T_3 发射极输出,并通过插孔送至耳塞机放音。

电路中,C_4 为旁路电容器,其主要作用是旁路掉输出信号中形成噪音的各种谐波成分,以改善耳塞机的音质。C_3 为滤波电容器,主要用来减小电池的交流内阻,可有效防止电池快报废时电路产生的自激振荡,并使耳塞机发出的声音更加清晰响亮。耳机插孔的内、外两簧片为常开状态,插入耳机插头后,内、外两簧片能够可靠接通,拔出耳机插头后又能够可靠分开,以便兼作电源开关使用。

第10章　集成运算放大器

集成运算放大器是模拟集成电路的最主要的代表器件,一直在模拟集成电路中居主导地位。由于这种放大器早期是在模拟计算机中实现某些数字运算,故名运算放大器。现在,它的应用已远远超出了模拟计算机的范围,在信号处理、信号测量、波形转换、自动控制等领域都得到了十分广泛的应用。

本章首先介绍集成运算放大器的基本组成和特性,然后简单介绍放大电路中的反馈的概念,再讨论集成运算放大器的应用,包括线性应用(基本运算电路)和非线性应用(电压比较器和正弦波振荡器),最后介绍集成运算放大器的选型及应用实例。

10.1　集成运算放大器概述

10.1.1　集成运算放大器的组成

集成运算放大器简称集成运放(OPA),是一种电压放大倍数很大的直接耦合的多级放大电路。如图 10.1.1 所示,通常由输入级、中间级和输出级三个基本部分组成。

图 10.1.1　集成运算放大器的组成

输入级一般采用双端输入的差分放大电路,这样可以有效地减小零点漂移、抑制干扰信号。其差模输入电阻 r_i 很大,可达 $10^5 \sim 10^6$ Ω,最低也有几十千欧。

中间级用来完成电压放大,一般采用共射放大电路。由于采用多级放大,使得集成运算放大器的电压放大倍数可高达 $10^4 \sim 10^6$ 倍。

输出级一般采用互补对称放大电路或共集电放大电路。输出电阻很小,一般只有几十欧至几百欧,因而带负载能力强,能输出足够大的电压和电流。

总之,集成运算放大器是一种电压放大倍数高,输入电阻大,输出电阻小,零点漂移小,抗干扰能力强,可靠性高,体积小,耗电少的通用电子器件。自 1965 年问世以来,发展十分迅速,除通用型外,还出现了许多专用型的集成运算放大器。通用型的适用范围很广,其特性指标可以满足一般要求。专用型是在通用型的基础上,通过特殊的设计和制作,使得某些特性指标更为突出。

国家标准规定的运算放大器的图形符号如图 10.1.2 所示。图中 ▷ 表示放大器,A_o 表示电压放大倍数,右侧"＋"端为输出端,信号由此端与地之间输出。

左侧"－"端为反相输入端,当信号由此端与地之间输入时,输出信号与输入信号相位相反。信号的这种输入方式称为反相输入。

左侧"＋"端为同相输入端,当信号由此端与地之间输入时,输出信号与输入信号相位相同。信号的这种输入方式称为同相输入。

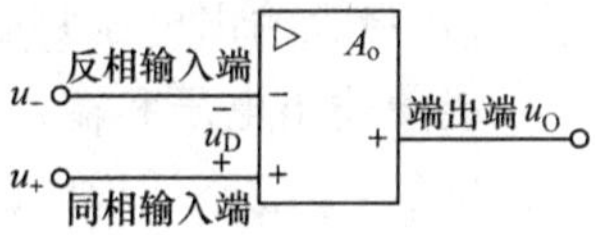

如果将两个输入信号分别从上述两端与地之间输入,则信号的这种输入方式称为差分输入。

图 10.1.2　运算放大器的图形符号

反相输入、同相输入和差分输入是运算放大器最基本的信号输入方式。

集成运算放大器除上述三个输入和输出接线端(管脚)以外,还有电源和其他用途的接线端。产品型号不同,管脚编号也不同,使用时可查阅有关手册。例如 μA741 型集成运算放大器的外部接线图和管脚编号如图 10.1.3(a)所示。它的外形有圆壳式(图 10.1.3(b))和双列直插式(图 10.1.3(c))两种。

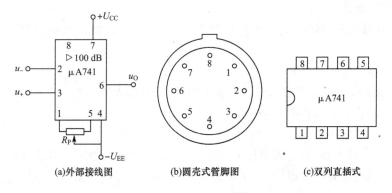

(a)外部接线图　　　　　(b)圆壳式管脚图　　　　　(c)双列直插式

图 10.1.3　μA741 的外部接线和管脚图

10.1.2　集成运算放大器电压传输特性及主要参数

1. 电压传输特性

集成运算放大器的输出电压 u_O 与输入电压 u_D 之间的关系 $u_O = f(u_D)$ 称为集成运算放大器的电压传输特性。如图 10.1.4 所示,它包括线性区和饱和区两部分。在线性区内,u_O 和 u_D 成正比关系,即

$$u_O = A_o u_D = A_o(u_+ - u_-) \qquad (10.1.1)$$

线性区的斜率取决于 A_o 的大小。由于受电源电压的限制,u_O 不可能随 u_D 的增加而无限增加,因此,当 u_O 增加到一定值后,便进入了正、负饱和区。正饱和区 $u_O = +U_{OM} \approx +U_{CC}$,负饱和区 $u_O = -U_{OM} \approx -U_{EE}$。

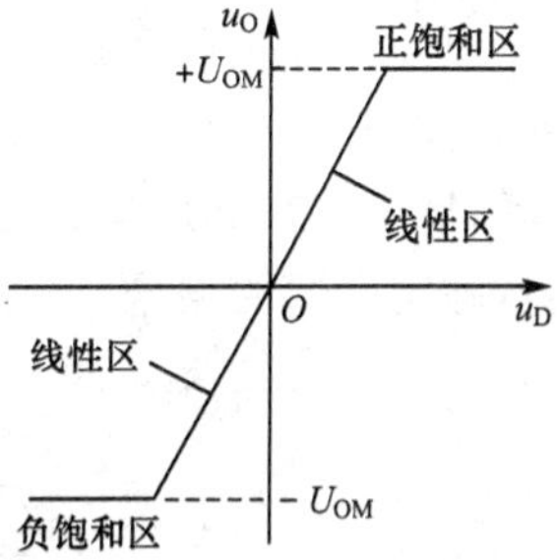

集成运算放大器在应用时,工作于线性区的称为线性应用,工作于饱和区的称为非线性应用。由于集成运算放大器的 A_o 非常大,线性区很陡,即使输入电压很小,由于外部干扰等原因,不引入深度的负反馈很难在线性区稳定工作。

图 10.1.4　电压传输特性

2. 主要参数

运算放大器的性能可用一些参数来表示。为了合理地选用和正确地使用运算放大器,必须了解各主要参数的意义。

（1）最大输出电压 U_{OPP}

能使输出电压和输入电压保持不失真关系的最大输出电压，称为运算放大器的最大输出电压，一般略低于电源电压。例如，F007 集成运算放大器的电源电压为 ±15 V，U_{OPP} 一般为 ±13 V 左右。

（2）开环电压放大倍数 $A_\circ$

在没有外接反馈电路时所测出的差模电压放大倍数，称为开环电压放大倍数。$A_\circ$ 越高，所构成的运算电路越稳定，运算精度也越高。$A_\circ$ 一般为 $10^4 \sim 10^7$，即 80～140 dB。

（3）差模输入电阻 r_{id} 与输出电阻 $r_\circ$

运算放大器的差模输入电阻 r_{id} 很高，一般为 $10^5 \sim 10^{11}$ Ω；输出电阻 $r_\circ$ 很低，通常为几十到几百欧。

（4）共模抑制比 K_{CMRR}

因为运算放大器的输入级采用差分放大电路，所以有很高的共模抑制比，一般为 71～130 dB。

（5）共模输入电压范围 U_{iCM}

U_{iCM} 是指运算放大器所能承受的共模输入电压的最大值。超出此值，将会造成共模抑制比下降，甚至造成器件损坏。

（6）输入失调电压 U_{io}

理想的运算放大器，当输入电压 $u_{\text{i1}} = u_{\text{i2}} = 0$（即把两输入端同时接地）时，输出电压 $u_\circ = 0$。但在实际的运算放大器中，由于制造中元件的不对称性等原因，当输入电压为零时，$u_\circ \neq 0$。反过来说，如果要 $u_\circ = 0$，必须在输入端加一个很小的补偿电压，它就是输入失调电压 U_{io}。U_{io} 一般为几毫伏，显然它越小越好。

（7）输入失调电流 I_{io}

输入失调电流是指输入信号为零时，两个输入端静态基极电流之差，即 $I_{\text{io}} = |I_{\text{B1}} - I_{\text{B2}}|$。$I_{\text{io}}$ 一般为零点零几到零点几微安级，其值越小越好。

以上介绍了运算放大器的几个主要参数的意义，此外还有差模输入电压范围、温度漂移、静态功耗等，在此就不一一介绍了。

总之，集成运算放大器具有开环电压放大倍数高、输入电阻高、输出电阻低、漂移小、可靠性高、体积小等主要特点，所以它已成为一种通用器件，广泛而灵活地应用于各个技术领域中。在选用集成运算放大器时，就像选用其他电路元件一样，要根据它们的参数说明，确定合适的型号。

10.2　理想运算放大器

前面已经提到，集成运算放大器的开环电压放大倍数非常高，输入电阻非常大，输出电阻非常小，这些技术指标已接近理想的程度。因此，在分析集成运算放大器电路时，为了简化分析，可以将实际的运算放大器看成是理想的运算放大器。

10.2.1　理想运算放大器的条件

理想运算放大器的主要条件是：

（1）开环电压放大倍数 A_o 接近于无穷大，即

$$A_o = \frac{u_O}{u_D} \to \infty \qquad (10.2.1)$$

（2）开环输入电阻 r_i 接近于无穷大，即

$$r_i \to \infty \qquad (10.2.2)$$

（3）开环输出电阻 r_o 接近于零，即

$$r_o \to 0 \qquad (10.2.3)$$

（4）共模抑制比 K_{CMRR} 接近于无穷大，即

$$K_{CMRR} \to \infty \qquad (10.2.4)$$

理想运算放大器的图形符号与图 10.1.2 相似，只需将图中的 A_o 改为 ∞。

10.2.2　理想运算放大器的特性

理想运算放大器的电压传输特性如图 10.2.1 所示，由于 $A_o \to \infty$，线性区几乎与纵轴重合。由电压传输特性可以看到理想运算放大器工作在饱和区和工作在线性区时的特点。

1. 工作在饱和区时的特点

理想运算放大器不加反馈时，稍有 u_D 即进入饱和区，故

$$u_+ > u_- \text{时}, u_O = +U_{OM} \approx +U_{CC}$$
$$u_+ < u_- \text{时}, u_O = -U_{OM} \approx -U_{EE}$$

2. 工作在线性区时的特点

理想运算放大器在引入深度负反馈后（图 10.2.2，反馈的相关内容参见下节），由于 u_O 是个有限值，又因为 $r_i \to \infty$，$r_o \to 0$，故可得到以下结论：

（1）$u_D = \dfrac{u_O}{A_o} = 0$，即 $u_+ = u_-$，两个输入端之间相当于短路，但又未真正短路，故称为虚短路。

（2）$i_D = \dfrac{u_D}{r_i} = 0$，即两个输入端之间相当于断路，但又未真正断路，故称为虚断路。

（3）$U_{OL} = \dfrac{R_L}{R_L + r_o} U_{OC} = U_{OC}$，即有载和空载时的输出电压相等，输出电压不受负载大小的影响。

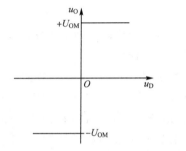

图 10.2.1　理想运算放大器的电压传输特性

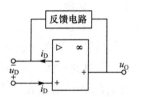

图 10.2.2　引入负反馈后的理想运算放大器电路

以上三点可以简记为"虚短、虚断、带负载能力强"。它们是分析理想运算放大器在线性区工作的基本依据，运用这三点结论会使分析计算工作大为简化。

10.3　反馈的基本概念

如 10.2 节所述,集成运算放大器需引入负反馈才能工作在线性区。因此,在讨论集成运算放大器的应用之前,先要介绍一下反馈的基本概念及其作用。事实上,在第 9 章讨论的放大电路中已经多处涉及反馈的问题,只是没有指出而已。现在通过集成运算放大器,把反馈问题在这里集中论述一下。

将放大电路输出回路中的输出信号(电压或电流)通过某一电路或元件,部分或全部地送回到输入回路中去的措施称为反馈,示意图如图 10.3.1 所示。实现这一反馈的电路和元件称为反馈电路和反馈元件。

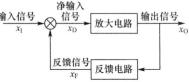

图 10.3.1　反馈示意图

无反馈时,放大电路的电压放大倍数称为开环电压放大倍数,即

$$A_o = \frac{x_O}{x_D} \tag{10.3.1}$$

有反馈时,放大电路的电压放大倍数称为闭环电压放大倍数,即

$$A_f = \frac{x_O}{x_I} \tag{10.3.2}$$

反馈信号和输入信号之比称为反馈系数,即

$$F = \frac{x_F}{x_I} \tag{10.3.3}$$

反馈又分为以下几种。

1. 正反馈和负反馈

如果反馈信号与输入信号作用相同,使净输入信号(有效输入信号)增加,这种反馈称为正反馈。

如果反馈信号与输入信号作用相反,使净输入信号(有效输入信号)减少,这种反馈称为负反馈。

2. 串联反馈和并联反馈

如果反馈信号与输入信号以串联的形式作用于净输入端,这种反馈称为串联反馈。

如果反馈信号与输入信号以并联的形式作用于净输入端,这种反馈称为并联反馈。

3. 电流反馈和电压反馈

如果反馈信号取自输出电压,与输出电压成比例,这种反馈称为电压反馈。

如果反馈信号取自输出电流,与输出电流成比例,这种反馈称为电流反馈。

虽然引入负反馈会使放大电路的电压放大倍数下降,但却能从其他方面改善放大电路的性能,包括提高放大倍数的稳定性、加宽通频带、改善非线性失真、稳定输出电压或电流等。因此,在放大电路中经常利用负反馈来改善电路的工作性能,在振荡电路中(详见 10.6 节)则采用正反馈。运算放大器在作线性应用时普遍采用负反馈,在作非线性应用时加正反馈或不加反馈。

10.4　基本运算电路

集成运算放大器在外接深度负反馈电路后工作于线性区,可以进行信号的比例、加减、微分和积分等运算,这是它线性应用的一部分。通过这一部分的分析可以看到,理想运算放大器外接负反馈电路后,其输出电压与输入电压之间的关系只与外接电路的参数有关,而与集成运算放大器本身的参数无关。

10.4.1　比例运算电路

1. 反相比例运算电路

电路如图 10.4.1 所示。输入信号 u_1 经电阻 R_1 引到反相输入端,同相输入端经电阻 R_2 接地,反馈电阻 R_F 引入电压并联并反馈。由于理想运算放大器的两个输入端虚断路,因此 R_2 中电流 $i_D=0$,故 $u_+=0$;由于理想运算放大器的两个输入端之间虚短路,因此 $u_-=u_+=0$。“—”端虽然未直接接地但其电位却为零,这种情况称为“虚地”。根据电路结构,有以下关系式成立:

$$u_O = -R_F i_F$$
$$u_I = R_1 i_1$$
$$i_1 = i_F$$

不难推导出 u_O 与 u_1 的关系为

$$u_O = -\frac{R_F}{R_1} u_I \qquad\qquad (10.4.1)$$

可见,输出电压与输入电压成正比,式中的负号表示输出信号与输入信号反相。可见该电路可以实现输入信号的反相比例运算。另外,比值仅与外接电阻 R_F 和 R_1 的阻值有关,与运算放大器本身的参数无关。

反相比例运算电路也就是反相放大电路,该电路的闭环电压放大倍数为

$$A_f = \frac{u_O}{u_1} = -\frac{R_F}{R_1} \qquad\qquad (10.4.2)$$

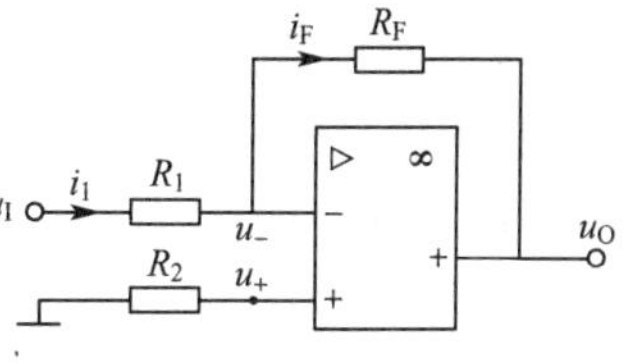

图 10.4.1　反相比例运算电路

当 $R_1 = R_F$ 时,$u_O = -u_1$,该电路称为反相器。

图 10.4.1 中的电阻 R_2 称为平衡电阻,其作用是保持运算放大器输入级电路的对称性。因为运算放大器的输入级为差分放大电路,它要求两边电路的参数对称以保持电路的静态平衡。为此,静态时运算放大器“—”端和“+”端的对地等效电阻应该相等。由于静态时,$u_I=0$,$u_O=0$,R_1 和 R_F 相当于一端接地,故运算放大器的“—”端对地电阻为 R_1 和 R_F 的并联等效电阻,“+”端的对地电阻为 R_2,故

$$R_2 = R_1 /\!/ R_F \qquad\qquad (10.4.3)$$

2. 同相比例运算电路

电路如图 10.4.2 所示。输入信号 u_1 经电阻 R_2 接至同相输入端,反相输入端经电阻 R_1 接地,反馈电阻 R_F 接在输出端与反相输入端之间,引入电压串联负反馈。根据电路结构,有

$$u_- = R_1 i_1$$

$$u_O = R_F i_F + R_1 i_1$$

由于理想运算放大器的两个输入端虚断路,有

$$i_1 = i_F$$

$$u_1 = u_+$$

则 u_O 可以表示为

$$u_O = (R_F + R_1) i_1$$

由于理想运算放大器的两个输入端之间虚短路,有

$$u_1 = u_+ = u_- = R_1 i_1$$

即 i_1 可以表示为

$$i_1 = \frac{u_1}{R_1} = \frac{u_+}{R_1}$$

因此可推导出 u_O 与 u_1 的关系为

$$u_O = \left(1 + \frac{R_F}{R_1}\right) u_1 \qquad (10.4.4)$$

可见,u_O 与 u_1 之间也是成正比的,即该电路可实现输入信号的同相比例运算。上式也可以记为

$$u_O = \left(1 + \frac{R_F}{R_1}\right) u_+ \qquad (10.4.5)$$

同相比例运算电路也就是同相放大电路,该电路的闭环电压放大倍数为

$$A_f = 1 + \frac{R_F}{R_1} \qquad (10.4.6)$$

平衡电阻 R_2 仍应符合式(10.4.3)。

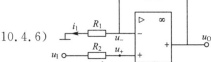

图 10.4.2 同相比例运算电路

当 $R_F \to 0$,$R_1 \to \infty$,$R_2 \to 0$ 时,电路如图 10.4.3 所示。由式(10.4.4)可知,这时 $u_O = u_1$,该电路称为电压跟随器。

【**例 10.4.1**】 在如图 10.4.4 所示的电路中,已知 $u_1 = 1.2$ V,$R_1 = 2$ kΩ,$R_2 = 1$ kΩ,$R_3 = 5$ kΩ,$R_F = 18$ kΩ,求 u_O 的值。

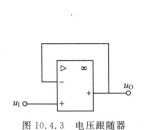

图 10.4.3 电压跟随器   图 10.4.4 例 10.4.1 的电路图

解 根据虚断路的结论,可知同相输入端的输入电流 $i_D = 0$。因此 R_2 与 R_3 串联,输入信号 u_1 被 R_2 和 R_3 分压后,只有 R_3 上的电压 u_+ 是输送到运算放大器中去的。可以推导出

$$u_+ = \frac{R_3}{R_2 + R_3} u_1$$

根据式(10.4.5)可推导出 u_O 与 u_I 的关系为

$$u_O = \left(1+\frac{R_F}{R_1}\right)u_+ = \left(1+\frac{R_F}{R_1}\right)\cdot\frac{R_3}{R_2+R_3}u_1$$

将各参数代入上式,可以求得

$$u_O = 10\ \text{V}$$

10.4.2　加法运算电路

电路如图 10.4.5 所示。由于 $u_+ = u_- = 0$,"−"端为虚地端。由于引入了深度负反馈,运算放大器工作于线性区,因此,该电路可以看作是线性电路,可以使用叠加定理进行分析。

u_{I1} 单独作用时

$$u_{O1} = -\frac{R_F}{R_{11}}u_{I1}$$

u_{I2} 单独作用时

$$u_{O2} = -\frac{R_F}{R_{12}}u_{I2}$$

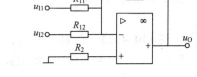

图 10.4.5　加法运算电路

u_{I1} 和 u_{I2} 同时作用时

$$u_O = u_{O1} + u_{O2} = -\frac{R_F}{R_{11}}u_{I1} - \frac{R_F}{R_{12}}u_{I2}$$

只要取 $R_{11} = R_{12} = R_1$,则

$$u_O = -\frac{R_F}{R_1}(u_{I1} + u_{I2}) \tag{10.4.7}$$

即输出电压正比于两输入电压之和。上述结果当然还可以推广到更多输入信号相加。

若 $R_F = R_1$,则

$$u_O = -(u_{I1} + u_{I2}) \tag{10.4.8}$$

即该电路可实现两个输入信号的加法运算。如果需要去掉前面的负号,只需加一级反相器即可。

平衡电阻 R_2 取

$$R_2 = R_{11} /\!/ R_{12} /\!/ R_F \tag{10.4.9}$$

10.4.3　减法运算电路

电路如图 10.4.6 所示。根据叠加定理,u_{I1} 单独作用时

$$u_{O1} = -\frac{R_F}{R_1}u_{I1}$$

u_{I2} 单独作用时,电路可以等效为图 10.4.4,由例 10.4.1 可知,

$$u_{O2} = \left(1+\frac{R_F}{R_1}\right)\cdot\frac{R_3}{R_2+R_3}u_{I2}$$

u_{I1} 和 u_{I2} 同时作用时

$$u_O = u_{O1} + u_{O2} = -\frac{R_F}{R_1}u_{I1} + \left(1+\frac{R_F}{R_1}\right)\cdot\frac{R_3}{R_2+R_3}u_{I2}$$

$$= -\frac{R_{\mathrm{F}}}{R_1}u_{\mathrm{I1}} + \left(1 + \frac{R_{\mathrm{F}}}{R_1}\right)\cdot\frac{R_3/R_2}{1+R_3/R_2}u_{\mathrm{I2}}$$

只要取 $\dfrac{R_3}{R_2}=\dfrac{R_{\mathrm{F}}}{R_1}$，则有

$$u_{\mathrm{O}}=\frac{R_{\mathrm{F}}}{R_1}(u_{\mathrm{I2}}-u_{\mathrm{I1}}) \qquad (10.4.10)$$

即输出电压正比于两输入电压之差。

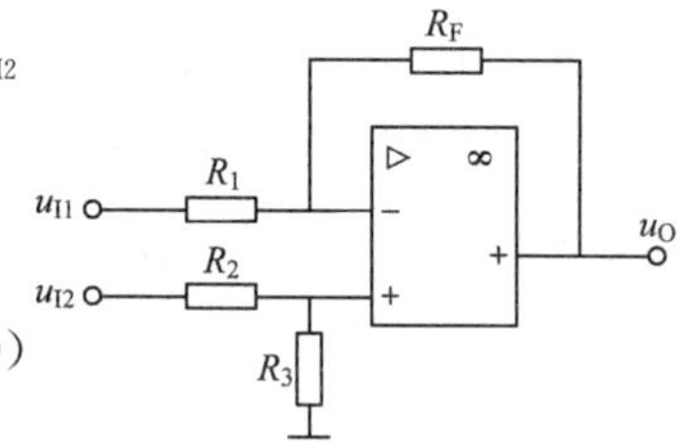

当 $R_1=R_{\mathrm{F}}$ 时

图 10.4.6　减法运算电路

$$u_{\mathrm{O}}=u_{\mathrm{I2}}-u_{\mathrm{I1}} \qquad (10.4.11)$$

即该电路可实现两个输入信号的减法运算。

平衡电阻 R_2 取

$$R_2/\!/R_3=R_1/\!/R_{\mathrm{F}} \qquad (10.4.12)$$

【例 10.4.2】　在如图 10.4.7 所示的电路中，已知 $u_{\mathrm{I1}}=u_{\mathrm{I3}}=1\ \mathrm{V}$，$u_{\mathrm{I2}}=2\ \mathrm{V}$，$R_1=R_{\mathrm{F1}}=5\ \mathrm{k\Omega}$，$R_2=10\ \mathrm{k\Omega}$，$R_{\mathrm{F2}}=20\ \mathrm{k\Omega}$，分别求 u_{O1}、u_{O2} 和 u_{O3} 的值。

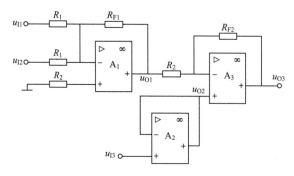

图 10.4.7　例 10.4.2 的电路

解　这是集成运算放大器的级联应用。由于理想运算放大器带负载能力强，在有载和空载时的输出电压相等，因此在分析每级的输出电压时，无需考虑后级电路对当前级的影响。在该电路中，A_1 及其外围元件构成加法运算电路，因此 u_{O1} 与 u_{I1} 和 u_{I2} 之间应满足式(10.4.8)，有

$$u_{\mathrm{O1}}=-(u_{\mathrm{I1}}+u_{\mathrm{I2}})=-(1+2)=-3\ \mathrm{V}$$

A_2 为电压跟随器，有

$$u_{\mathrm{O2}}=u_{\mathrm{I3}}=1\ \mathrm{V}$$

u_{O1} 从 A_3 的反相端输入，实现反相比例运算，因此，对运算放大器 A_3 而言，当 u_{O1} 单独作用时

$$u'_{\mathrm{O3}}=-\frac{R_{\mathrm{F2}}}{R_2}u_{\mathrm{O1}}=-\frac{20}{10}\times(-3)=6\ \mathrm{V}$$

u_{O2} 从 A_3 的同相端输入，实现同相比例运算，因此，对运算放大器 A_3 而言，当 u_{O2} 单独作用时

$$u''_{\mathrm{O3}}=\left(1+\frac{R_{\mathrm{F2}}}{R_2}\right)u_{\mathrm{O2}}=\left(1+\frac{20}{10}\right)\times1=3\ \mathrm{V}$$

u_{O1} 和 u_{O2} 同时作用时

$$u_{\mathrm{O3}}=u'_{\mathrm{O3}}+u''_{\mathrm{O3}}=6+3=9\ \mathrm{V}$$

10.4.4　微分运算电路

电路如图 10.4.8(a)所示。由于 $u_+ = u_- = 0$，"$-$"端为虚地端。因此

$$u_O = -R_F i_F$$

$$u_I = u_C$$

$$i_F = i_1 = C\frac{du_C}{dt} = C\frac{du_I}{dt}$$

所以

$$u_O = -R_F C\frac{du_I}{dt} \qquad\qquad (10.4.13)$$

可见，u_O 正比于 u_I 的微分，即该电路可实现对输入信号的微分运算。当 u_I 为阶跃电压时，如图 10.4.8(b)所示，u_O 为尖脉冲电压。

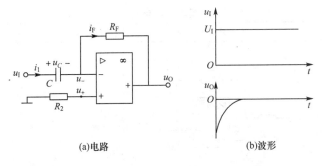

(a)电路　　　　　　　　　　　(b)波形

图 10.4.8　微分运算电路及其阶跃响应波形

平衡电阻 R_2 取

$$R_2 = R_F \qquad\qquad (10.4.14)$$

10.4.5　积分运算电路

电路如图 10.4.9(a)所示，改用电容 C 作为反馈元件。由于电路的"$-$"端为虚地端，因此

$$u_O = -u_C = -\frac{1}{C}\int i_F dt$$

$$u_I = R_1 i_1$$

$$i_F = i_1 = \frac{u_I}{R_1}$$

所以

$$u_O = -\frac{1}{R_1 C}\int u_I dt$$

可见，u_O 正比于 u_I 的积分，即该电路可实现对输入信号的积分运算。当 u_I 为阶跃电压时，如图 10.4.9(b)所示，u_O 随时间线性增加到负饱和值$(-U_{OM})$为止。

平衡电阻 R_2 取

$$R_2 = R_1$$

微分电路、积分电路可以分别和反相比例运算组合起来构成比例－微分调节器(简称

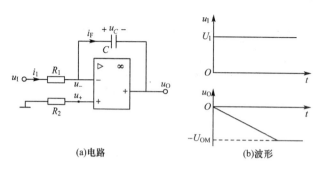

(a)电路   (b)波形

图 10.4.9 积分运算电路及其阶跃响应波形

PD 调节器)、比例-积分调节器(简称 PI 调节器),或者微分、积分和反相比例运算组合起来构成比例-积分-微分调节器(简称 PID 调节器),广泛应用于工业自动控制系统中。

各种基本运算电路以及结论归纳于表 10.4.1。

表 10.4.1   基本运算电路

名 称	电 路	运算关系	平衡电阻
反相比例运算		$u_O = -\dfrac{R_F}{R_1}u_1$	$R_2 = R_1 /\!/ R_F$
反相器		$u_O = -u_1$	$R_2 = R_1 /\!/ R_F$
同相比例运算		$u_O = \left(1 + \dfrac{R_F}{R_1}\right)u_1$	$R_2 = R_1 /\!/ R_F$
电压跟随器		$u_O = u_1$	$R_2 \to 0$

（续表）

名　称	电　路	运算关系	平衡电阻
加法运算		$u_O = -\dfrac{R_F}{R_1}(u_{I1} + u_{I2})$ $(R_{11} = R_{12} = R_1)$	$R_2 = R_{11} /\!/ R_{12} /\!/ R_F$
减法运算		在 $\dfrac{R_3}{R_2} = \dfrac{R_F}{R_1}$ 时 $u_O = \dfrac{R_F}{R_1}(u_{I2} - u_{I1})$	$R_2 /\!/ R_3 = R_1 /\!/ R_F$
微分运算		$u_O = -R_F C \dfrac{\mathrm{d}u_I}{\mathrm{d}t}$	$R_2 = R_F$
积分运算		$u_O = -\dfrac{1}{R_1 C} \displaystyle\int u_I \mathrm{d}t$	$R_2 = R_1$

10.5　单限电压比较器

电压比较器的基本功能是对两个输入电压的大小进行比较,在输出端显示出比较的结果。它是用集成运算放大器不加反馈或加正反馈来实现的,工作于电压传输特性的饱和区,所以属于集成运算放大器的非线性应用。常用作模拟电路和数字电路的接口电路,在测量、通信和波形变换等方面有着广泛的应用。电压比较器可分为单限电压比较器、双限电压比较器、滞回电压比较器等几类,下面主要介绍单限电压比较器。

只要将集成运算放大器的反相输入端和同相输入端中的任何一端加上输入信号电压 u_I，另一端加上固定的参考电压 U_R，就构成了单限电压比较器。这时 u_O 与 u_I 的关系曲线称为电压比较器的电压传输特性。

若取 $u_+ = u_I, u_- = U_R$，如图 10.5.1(a) 所示，则

$$\left.\begin{array}{l} u_I > U_R \text{ 时}, u_O = +U_{OM} \\ u_I < U_R \text{ 时}, u_O = -U_{OM} \end{array}\right\} \tag{10.5.1}$$

电压传输特性如图 10.5.1(b) 所示。

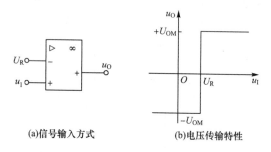

(a)信号输入方式   (b)电压传输特性

图 10.5.1　单限电压比较器 1

若取 $u_+ = U_R, u_- = u_I$，如图 10.5.2(a) 所示，则

$$\left.\begin{array}{l} u_I > U_R \text{ 时}, u_O = -U_{OM} \\ u_I < U_R \text{ 时}, u_O = +U_{OM} \end{array}\right\} \tag{10.5.2}$$

电压传输特性如图 10.5.2(b) 所示。

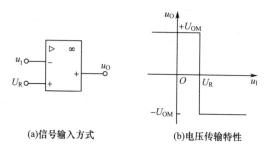

(a)信号输入方式   (b)电压传输特性

图 10.5.2　单限电压比较器 2

如果 $U_R = 0$，这种比较器就称为过零电压比较器。

由此可见，单限电压比较器在输入电压 u_I 经过 U_R 时，输出电压 u_O 将发生跳变。这一电压 U_R 称为比较器的门限电压。由于该比较器的门限电压只有一个，故称为单限电压比较器，简称单限比较器。

【例 10.5.1】　图 10.5.3(a) 所示电路是利用过零电压比较器实现波形整形的原理电路。已知运算放大器的最大输出电压 $U_{OM} = \pm 12$ V，输入信号 u_I 为如图 10.5.3(b) 所示的正弦波，画出输出电压 u_O 的波形。

解　由电路图可知，$u_- = 0$。在 u_I 的正半周，$u_I > 0$，即 $u_+ > u_-$，因此 $u_O = +U_{OM} = 12$ V；在 u_I 的负半周，$u_I < 0$，即 $u_+ < u_-$，因此 $u_O = -U_{OM} = -12$ V。波形如图 10.5.3(c) 所示。可见，该电路将输入的正弦波整形为方波。

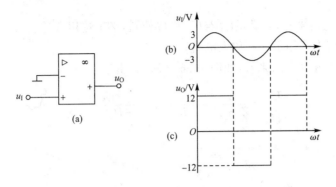

图 10.5.3　例 10.5.1 的电路及波形

10.6　RC 正弦波振荡器

　　正弦波振荡器是用来产生一定频率和幅度的交流信号的。其输出频率范围很广,可以从一赫以下到几百兆赫以上;输出的功率可以从几毫瓦到几十千瓦。输出的交流电能是从电源的直流电能转换而来。正弦波振荡器是无线电通信、广播系统的重要组成部分,也经常应用在测量、遥控和自动控制等领域。

　　正弦波振荡器主要有 LC 正弦波振荡器和 RC 正弦波振荡器两种。低频范围内(几赫至几十千赫)的正弦波通常用 RC 正弦波振荡器产生。实验室里常用的音频信号发生器,它的主要部分就是这种 RC 正弦波振荡器。

　　图 10.6.1 是由集成运算放大器组成的 RC 振荡器电路,集成运算放大器和 R_1、R_F 组成一个同相放大电路(同相比例运算电路),R 和 C 组成的 RC 串并联电路既是正反馈电路,又是选频电路。该电路可简化成图 10.6.2 所示的原理电路。可见,该电路是利用反馈电路的反馈电压作为放大电路的输入电压,从而可以在没有外加输入信号的情况下,将直流电源提供的直流电信号变换成一定频率的正弦交流电信号。像这种在没有外加输入信号的情况下,依靠电路自身的条件而产生一定频率和幅值的交流输出信号的现象称为自励振荡。

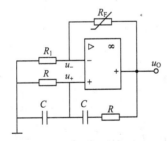

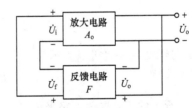

图 10.6.1　RC 正弦波振荡器　　　　　　　图 10.6.2　正弦波振荡器原理电路

　　那么怎样才能建立起自励振荡呢? 这就需要满足以下三个条件:

1. 自励振荡的相位条件

　　反馈电压 $\dot{U}_f$ 的相位必须与放大电路所需要的输入电压 $\dot{U}_i$ 的相位相同,即必须满足正反馈。为此,$\dot{U}_f$ 和 $\dot{U}_i$ 都应与 $\dot{U}_o$ 相位相同。这需要从两个方面来满足:

（1）从放大电路来看，要满足$\dot{U}_i$与$\dot{U}_o$相位相同，必须选用合适的放大电路，因而在图10.6.1所示电路中采用了同相放大电路。

（2）从RC串并联电路来看，如图10.6.3所示，由于

$$\frac{\dot{U}_f}{\dot{U}_o} = \frac{Z_2}{Z_1 + Z_2} = \frac{R /\!/ (-jX_C)}{(R - jX_C) + R /\!/ (-jX_C)}$$

$$= \frac{1}{3 + j\dfrac{R^2 - X_C^2}{RX_C}}$$

所以，欲使$\dot{U}_f$与$\dot{U}_o$同相，分母中的虚部应等于零，即

$$R^2 - X_C^2 = 0$$

$$R = X_C = \frac{1}{\omega_n C} = \frac{1}{2\pi f_n C}$$

$$f = f_n = \frac{1}{2\pi RC} \tag{10.6.1}$$

这时的反馈系数为

$$F = \frac{\dot{U}_f}{\dot{U}_o} = \frac{1}{3} \tag{10.6.2}$$

在特定频率$f_n = \dfrac{1}{2\pi RC}$时，u_O和u_I同相，也就是RC串并联电路具有正反馈和选频作用。u_O和u_I都是正弦波$\dot{U}_o$电压。

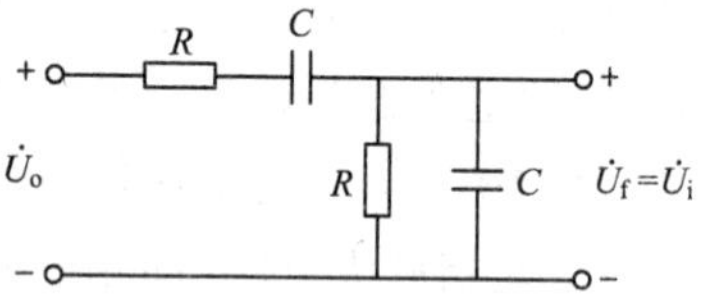

图 10.6.3 RC串并联电路

2. 自励振荡的幅度条件

反馈电压的大小必须与放大电路输入电压的大小相等，即必须有合适的反馈量。用公式表示为

$$U_f = U_i$$

由于

$$|A_o| = \frac{U_o}{U_i}$$

$$|F| = \frac{U_f}{U_o}$$

因此自励振荡的幅度条件也可以表示为

$$|A_o| \, |F| = 1 \tag{10.6.3}$$

对于图10.6.1所示的RC振荡电路来说，如前所述$|F| = \dfrac{1}{3}$，故

$$|A_o| = 3$$

由于同相放大电路的电压放大倍数为

$$|A_o| = 1 + \frac{R_F}{R_1}$$

因此

$$R_F = 2R_1$$

可见,从自励振荡的上述条件来看,正弦波振荡器实质上是一个不需要外加输入信号的正反馈放大电路,其闭环电压放大倍数 $A_f \to \infty$。

3. 自励振荡的起振条件

起振时的 U_f 要大于稳定振荡时的 U_f,用公式表示即

$$|A_o||F| > 1 \tag{10.6.4}$$

现在来解释一下。振荡电路中既然只有直流电源,那么,交流信号是哪里来的呢? 即振荡电路是怎样起振的呢?

当电路与电源接通的瞬间,输入端必然会产生微小的电压变化量,它一般不是正弦量。但可以分解成许多不同频率的正弦分量,其中只有频率符合式(10.6.1)的正弦分量才能满足自励振荡的相位条件,只要满足式(10.6.4),U_f 就会大于原来的 U_i,因而该频率的信号被放大后又被反馈电路送回到输入端,使输入端的信号增加,输出信号便进一步增加,如此反复循环下去,输出电压就会逐渐增大起来。对于一般的放大电路来说,U_i 较小时,晶体管工作在放大状态,$|A_o|$ 基本不变;U_i 较大时,晶体管进入饱和状态,$|A_o|$ 开始减小。当 $|A_o|$ 减小到正好满足自励振荡的幅度条件(即满足式(10.6.3))时,输出电压不再增加,振荡达到了稳定。

对于图 10.6.1 所示的 RC 振荡电路来说,由于 $A_o = 1 + \dfrac{R_F}{R_1}$,故起振时 $|A_o| > 3$,即

$$R_F > 2R_1 \tag{10.6.5}$$

因而要求 R_F 由起振时的大于 $2R_1$ 逐渐减小到稳定振荡时的等于 $2R_1$。所以 R_F 采用了非线性电阻,例如热敏电阻,它是一个半导体电阻,温度增加时电阻值会减小,起振时 $R_F > 2R_1$,稳定振荡时 $R_F = 2R_1$。

归纳起来可知:

$$|A_o||F| > 1 \quad 才能起振$$
$$|A_o||F| = 1 \quad 振荡稳定$$
$$|A_o||F| < 1 \quad 不能振荡$$

改变 R 和 C 即可改变输出电压的频率。

10.7　集成运算放大器在使用中应注意的问题

10.7.1　集成运算放大器的选用

集成运算放大器按其技术指标可分为通用型、高速型、高阻型、高精度型、低功耗型、大功率型;按其内部电路可分为双极型(由晶体管组成)和单极型(由场效晶体管组成);按每一集成块中所含运算放大器的数目可分为单运算放大器、双运算放大器和四运算放大器。在由运算放大器组成的各种系统中,由于应用要求不一样,对运算放大器的性能要求也不一样。

由于通用型运算放大器价格较低,产品价格低廉,产品量大面广,其性能指标能适合于一般性使用,故应优先选用,例如 μA741(单运算放大器)、LM358(双运算放大器)、

LM324(四运算放大器)及以场效晶体管为输入级的 LF356 都属于此种;而特殊型运算放大器的部分性能比通用型要好得多,因此应根据实际应用要求选用集成运算放大器。其主要原则有:

(1)信号源内阻较大时,应选用场效晶体管为输入级的高阻型运算放大器,如 LM351 等;

(2)输入信号中含有较大的共模信号时,应选择共模输入电压范围大和共模抑制比较大的运算放大器,如 μA725、LM308 等;

(3)对精度要求高的电路,应选择高增益、低漂移的运算放大器,如 OP-07 等;

(4)对于要求功耗较低的场合,应选择低功耗型,如 LM312、OP-20 等;

(5)对于频带宽的电路,应选择中宽带型,如 LM353 等;

(6)对于输出功率要求大的场合,应选择大功率型,如 MCEL165 等。大功率型运算放大器在使用时,应根据要求加装散热片,以防运算放大器因过热而损坏;

(7)当一个系统中使用多个运算放大器时,尽可能选用多运算放大器集成电路,例如 LM324、LF347 等都是将四个运算放大器封装在一起的集成电路。

选好运算放大器型号后,再根据管脚图和符号图连接外部电路,包括电源、外接偏置电阻、消振电路及调零电路等。

10.7.2 集成运算放大器的消振与调零

1. 自激振荡的消除

受运算放大器内部晶体管的结电容等的影响,很容易产生自激振荡,使电路工作不稳定。为消除自激振荡,大多数运算放大器(如 μA741 等)的内部已设置了自激振荡的补偿网络,但也有的运算放大器需要引出消振端子,通过外接 RC 消振电路或消振电容,用它来破坏产生自激振荡的条件。是否已消振,可将输入端接地,用示波器观察输出端有无自激振荡。

2. 调零

由于运算放大器的内部参数不可能完全对称,导致当输入为零时,输出往往不等于零。为此,在使用时需要进行调零。

(1)对有外接调零端的集成运算放大器,可通过外接调零元件进行调零。μA741 外接调零元件的调零电路如图 10.7.1 所示。将输入端接地,调节 R_P 使输出为零。

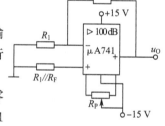

图 10.7.1 μA741 调零电路

(2)当集成运算放大器没有调零端时,可采用外加补偿电压的方法进行调零。它的基本原理是:在集成运算放大器输入端施加一个补偿电压,以抵消失调电压和失调电流的影响,从而使输出为零。

10.7.3 集成运算放大器的保护

集成运算放大器的安全保护有三个方面:电源端保护、输入端保护和输出端保护。

1. 电源端保护

为了防止电源极性接反而造成运算放大器组件的损坏,可以利用二极管的单向导电性原理,在电源连接线中串接二极管,以阻止电流倒流,如图 10.7.2 所示。当电源极性接反时,D_1、D_2 均不导通,相当于将电源开路。

2. 输入端保护

当输入端所加的差模或共模电压过高时会损坏输入级的晶体管。为此,在输入端接入反向并联的二极管,如图 10.7.3 所示,利用二极管的限幅作用对输入信号幅度加以限制,以免输入信号超过额定值损坏集成运算放大器的内部结构。当输入信号的正向电压或负向电压超过二极管导通电压时,D_1 或 D_2 中就会有一个导通,从而限制了输入信号的幅度,起到了保护作用。

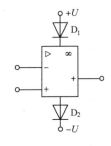

图 10.7.2　电源端保护

3. 输出端保护

为了防止输出电压过大,可利用稳压二极管来保护输出端。如图 10.7.4 所示,将两个稳压二极管反向串联,将输出电压限制在 (U_Z+U_D) 的范围内——U_Z 是稳压二极管的稳定电压,U_D 是它的正向压降。电阻 R_3 起限流保护作用。

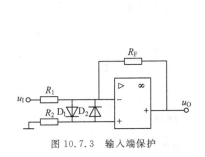

图 10.7.3　输入端保护

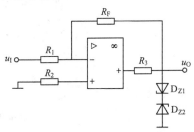

图 10.7.4　输出端保护

10.8　应用实例

模拟式(也称为指针式)电表一般都采用磁电式直流电流表头(图 10.8.1)作为被测电量的指示器。这种表头具有灵敏度高、准确度高、刻度线性以及受外磁场和温度影响小等优点,但其性能还不能达到较为理想的程度。某些测量电路中,要求电压表具有很高的内阻、电流表的内阻尽可能低,或需要测量微小的电压、电流等。将集成运算放大器与磁电式直流电流表头结合,可构成内阻很大的直流电压表和内阻小于 1 Ω 的直流微安表等性能优良的电子测量仪器。

图 10.8.1　直流电流表头

10.8.1　直流电压表

将表头接在运算放大器的输出端,把被测信号 U_X 接入同相端,构成如图 10.8.2 所示的同相输入式直流电压表。图 10.8.2(a)是原理电路,图 10.8.2(b)是扩大量程的实际电路。

下面分析图 10.8.2(b)所示电路的工作原理。在放大器的输出端接有量程为 150 mV 的电压表,它由 200 μA 电流表头和 750 Ω 的电阻(包括表头内阻)串联而成。为

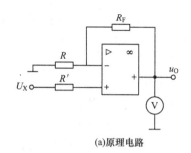

(a)原理电路

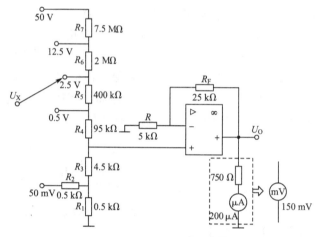

(b)扩大量程的实际电路

图 10.8.2　同相输入式直流电压表电路

了扩大电压表的量程,输入端接有由电阻 $R_1 \sim R_7$ 组成的分压器,集成运算放大器接成同相比例运算电路。

当输入电压为 $U_X = 50$ mV 时(开关拨向 50 mV 量程挡),运算放大器同相端输入电压 U_+ 为

$$U_+ = U_X \frac{R_1}{R_1 + R_2} = 50 \times \frac{0.5}{0.5 + 0.5} = 25 \text{ mV} \tag{10.8.1}$$

输出电压 U_O 为

$$U_O = U_+ \left(1 + \frac{R_F}{R} \right) = 25 \times 6 = 150 \text{ mV} \tag{10.8.2}$$

此时电压表达到满量程,表示被测电压的大小为 50 mV。又如当被测电压为 50 V 时(开关拨向 50 V 量程挡),运算放大器同相端输入电压 U_+ 为

$$U_+ = U_X \frac{R_1 + R_3}{R_1 + R_3 + R_4 + R_5 + R_6 + R_7}$$

$$= 50 \times 10^3 \times \frac{0.5 + 4.5}{0.5 + 4.5 + 95 + 400 + 2\,000 + 7\,500}$$

$$= 25 \text{ mV} \tag{10.8.3}$$

可见,此时同相端的输入电压 U_+ 仍不超过 25 mV(类似地,可以分析出只要输入电压不超过 50 V,运算放大器同相端的输入电压 U_+ 均不超过 25 mV)。根据式(10.8.2),输出电压 U_O 仍为 150 mV,表示当前被测电压的大小为 50 V。由以上分析可知,图 10.8.2

(b)所示直流电压表的量程为 0～50 V。

　　显然，由于同相输入方式的运算放大器输入电阻非常大，所以此电路可看作是内阻无穷大的直流电压表，它几乎不从被测电路吸收电流。

10.8.2　直流电流表

　　直流电流表测量的实质是将直流电流转换成电压，也可仿照上述直流电压表的原理构成电流表。这里介绍将表头接在反馈回路的直流电流表，其原理电路如图 10.8.3(a)。电阻 R_M 为表头内阻，表头流过的电流 I_F 就是被测电流，即

$$I_F = I_X \tag{10.8.4}$$

且 I_X 与表头内阻 R_M 无关。这种由运算放大器构成的电流表的内阻 R_I 很小，约为（证明从略）

$$R_I = \frac{R_M}{1+A_o} \tag{10.8.5}$$

其中 A_o 为运算放大器的开环电压放大倍数。

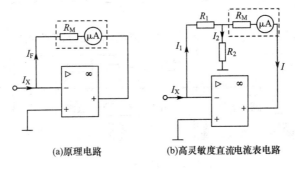

(a)原理电路　　　　　(b)高灵敏度直流电流表电路

图 10.8.3　直流电流表电路

　　图 10.8.3(b)为高灵敏度直流电流表电路。由虚短原则知 $u_- = u_+$，可推导得表头流过的电流 I 与被测电流 I_X 的关系为

$$I = \left(1 + \frac{R_1}{R_2}\right) I_X \tag{10.8.6}$$

　　可见，流过表头的电流 I 大于被测电流 I_X，所以提高了电流表的灵敏度。利用运算放大器和 100 μA 的表头构成的直流电流表，只要参数选取适当，可实现量程为 10 μA、内阻小于 1 Ω 的高精度微安表，这是普通微安表所达不到的。

第 11 章　直流稳压电源

在实际生活和生产中广泛使用的是交流电,但在某些场合,例如电解、电镀、直流电磁铁、直流电动机和大多数电子设备等,都需要直流电。除利用干电池、蓄电池和直流发电机等获得直流电外,目前广泛采用将交流电变换为直流电的直流稳压电源。

本章主要介绍直流稳压电源的组成及其各部分的工作原理,包括整流电路、滤波电路以及稳压电路。

11.1　直流稳压电源的组成

图 11.1.1 所示是直流稳压电源的原理方框图,各部分的功能如下:

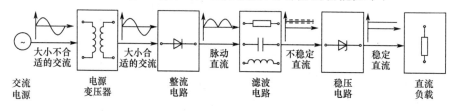

图 11.1.1　直流稳压电源框图

(1)电源变压器:也称整流变压器,将市电交流电压变换为整流所需要的交流电压,同时也起隔离交流电源和整流电路的作用。

(2)整流电路:作用是将交流电变换为方向不变的直流电。整流电路输出的是脉动直流电压,只能用于电镀、电解和蓄电池充电等对波形要求不高的工艺和设备中。而大多数电子设备中的直流电源需要脉动程度小的平滑直流电压,这就需要在整流之后再进行滤波。

(3)滤波电路:将脉动直流电压变换为平滑的直流电压。由于交流电源电压的波动和负载电流的变化会引起输出直流电压的不稳定,直流电压的不稳定会使电子设备、控制装置、测量仪表等设备的工作不稳定,产生误差,甚至不能正常工作,为此,在需要稳定直流电压的情况下,还需要在滤波电路之后再加上稳压电路。

(4)稳压电路:作用是将不稳定的直流电压变换为不随交流电源电压波动和负载电流变化而变动的稳定直流电压。

11.2　单相不可控整流电路

根据交流电的相数,整流电路可分为单相整流电路和三相整流电路等。在小功率电路中(1 kVA 以下)一般采用单相整流,常见的有单相半波、全波和桥式不可控整流。本节重点讨论单相半波和桥式不可控整流电路。

11.2.1　单相半波不可控整流电路

图 11.2.1(a)所示是单相半波不可控整流电路。它是最简单的不可控整流电路,由整流变压器 T_r、整流二极管 D 以及负载电阻 R_L 组成。

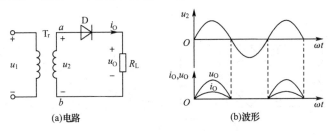

图 11.2.1　单相半波不可控整流电路

当 u_2 的波形为正半周时,a 端电位高,b 端电位低,二极管正向导通,忽略二极管的正向导通压降,负载电压 $u_O = u_2$;当 u_2 为负半周时,a 端电位低,b 端电位高,二极管反向截止,电路中电流为零,负载电压 $u_O = 0$,u_2 全部加在二极管两端。各电压波形如图 11.2.1(b)所示,由图可知,负载两端得到了方向不变的半波脉动电压(非恒定的直流电压)。

设变压器二次绕组的电压 $u_2 = \sqrt{2} U_2 \sin\omega t$,则该电路的数量关系如下:

1. 负载直流电压

指负载直流电压的平均值,也就是整流电路输出的直流电压,则

$$U_O = \frac{1}{2\pi}\int_0^\pi \sqrt{2} U_2 \sin\omega t \, \mathrm{d}(\omega t) = \frac{2\sqrt{2}}{2\pi} U_2 = 0.45 U_2 \tag{11.2.1}$$

2. 负载直流电流

$$I_O = \frac{U_O}{R_L} \tag{11.2.2}$$

3. 二极管平均电流

二极管与负载串联,因此流经二极管的平均电流为

$$I_D = I_O \tag{11.2.3}$$

4. 二极管反向电压最大值

$$U_{Rm} = \sqrt{2} U_2 \tag{11.2.4}$$

单相半波不可控整流电路的优点是结构简单,缺点是输出电压脉动大、整流设备利用率低,一般用于电流较小(几十毫安以下)、对脉动要求不高的场合。

11.2.2　单相桥式不可控整流电路

目前广泛应用的是图 11.2.2(a)所示的单相桥式不可控整流电路。四个二极管 $D_1 \sim D_4$ 构成桥式电路。

u_2 为正半周时,a 点电位高于 b 点电位,二极管 D_1 和 D_3 承受正向电压导通,D_2 和 D_4 承受反向电压截止,此时电流的通路是 $a \to D_1 \to R_L \to D_3 \to b$。

u_2 为负半周时，a 点电位低于 b 点电位，二极管 D_2 和 D_4 承受正向电压导通，D_1 和 D_3 承受反向电压截止，此时电流的通路是 $b \rightarrow D_2 \rightarrow R_L \rightarrow D_4 \rightarrow a$。

这样，在 u_2 变化的一个周期内，负载 R_L 上始终流过自上而下的电流，其电压和电流的波形为一全波脉动直流电压和电流，如图 11.2.2(b) 所示。设 $u_2 = \sqrt{2}U_2 \sin\omega t$，则该电路的数量关系如下：

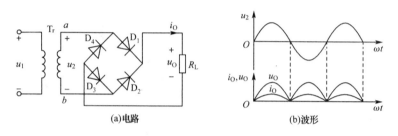

(a)电路　　　　　　　　　　　(b)波形

图 11.2.2　单相桥式不可控整流电路及波形

1. 负载直流电压

单相桥式不可控整流电路的输出电压平均值应为单相半波不可控整流电路的两倍，因此有

$$U_O = 0.9U_2 \qquad\qquad (11.2.5)$$

2. 负载直流电流

$$I_O = \frac{U_O}{R_L} \qquad\qquad (11.2.6)$$

3. 二极管平均电流

由于每个二极管只在半个周期内导通，所以

$$I_D = \frac{1}{2}I_O \qquad\qquad (11.2.7)$$

4. 二极管反向电压最大值

$$U_{Rm} = \sqrt{2}U_2 \qquad\qquad (11.2.8)$$

式(11.2.5)和式(11.2.6)是计算负载直流电压和电流的依据。式(11.2.7)和式(11.2.8)是选择二极管的依据。所选用的二极管参数必须满足

$$I_F \geqslant I_D \qquad\qquad (11.2.9)$$

$$U_R \geqslant U_{Rm} \qquad\qquad (11.2.10)$$

目前封装成整体的多种规格的整流桥块已批量生产，给使用者带来了不少方便。其外形如图 11.2.3 所示。使用时，只要将交流电压接到标有"～"的管脚上，从标有"＋"和"－"的管脚引出的就是整流后的直流电压。

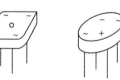

图 11.2.3　整流桥块

单相桥式不可控整流电路的直流输出电压较高，输出电压脉动较小，而且变压器在正、负半周都有电流供给负载，使变压器得到充分利用，效率较高，所以是一种获得广泛应用的电路。

11.3　单相可控整流电路

11.3.1　晶闸管

半导体器件在向集成化发展的同时,基于生产发展的需要,在大电流、高电压方面提出了要求,于是大功率晶体管和晶闸管等电力半导体器件从 20 世纪 60 年代以来陆续问世,使得半导体器件从弱电领域进入了强电领域,从而形成了另一新的学科——电力电子技术,并广泛应用于各工业部门中。晶闸管是晶体闸流管的简称,有时又称可控硅,是目前制造技术最成熟,可转换或控制的功率最大,应用最广泛的电力半导体器件,有普通型、双向型和可关断型等,下面主要介绍普通晶闸管的基本结构和工作原理。

普通晶闸管是在一块半导体上制成三个 PN 结,再引出电极并封装加固而成。如图 11.3.1(a)所示,从外层 P 区,外层 N 区和内层 P 区分别引出三个电极:阳极 A,阴极 K 和控制极(又称触发极或门极)G,它在电路图中的符号如图 11.3.1(b)所示。

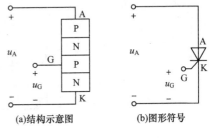

(a)结构示意图　　　(b)图形符号

图 11.3.1　普通晶闸管

按外形的不同,晶闸管有螺栓式和平板式两种,螺栓式一般为额定电流在 100 A 以下的小功率管;平板式一般为额定电流在 100 A 以上的大功率管。

晶闸管在工作时,作用于阳极和阴极之间的电压 u_A 称为阳极电压,作用于控制极和阴极之间的电压 u_G 称为控制电压或触发电压。

晶闸管同二极管一样也具有单向导电性,但何时导通是受控制极控制的。若 $u_A > 0$ 并且 $u_G > 0$ 时,晶闸管由截止变为导通;晶闸管导通后,控制极便失去了作用,因而 u_G 一般都采用脉冲电压。若 $u_G \leqslant 0$,或者阳极电流 i_A 小于某一很小的电流 I_H(称为维持电流)时,晶闸管由导通变为截止。

11.3.2　可控整流电路

晶闸管目前广泛用于可控整流和电源开关电路中,这里主要介绍一下可控整流电路。

利用二极管作整流元件的整流电路,其输出直流电压的大小是不能调节的,而利用晶闸管作整流元件的整流电路,其输出直流电压的大小是可以调节的,称为可控整流电路。应用比较广泛的是如图 11.3.2(a)所示的单相桥式可控整流电路,电路与单相桥式不可控整流电路相似,只是其中两个二极管被晶闸管替代。

在变压器二次电压 u_2 为正半周时,T_2 和 D_1 承受反向阳极电压而截止,T_1 和 D_2 虽承受正向阳极电压,但 T_1 在 $\omega t = \alpha$ 时才加上控制电压,故在 $\alpha \leqslant \omega t \leqslant \pi$ 时,T_1 和 D_2 导通,电流的通路是 $a \rightarrow T_1 \rightarrow R_L \rightarrow D_2 \rightarrow b$。

同样,在电压 u_2 为负半周时,T_1 和 D_2 承受反向阳极电压而截止,T_2 和 D_1 虽承受正向阳极电压,但 T_2 在 $\omega t = \alpha + \pi$ 时才加上控制电压,故在 $\alpha + \pi \leqslant \omega t \leqslant 2\pi$ 时,T_2 和 D_1 导通,电流的通路是 $b \rightarrow T_2 \rightarrow R_L \rightarrow D_1 \rightarrow a$。

可见,R_L 上得到的是如图 11.3.2(b)所示的不完整的全波脉动电压,它相当于从完整的脉动电压上切去了 α 一块。α 越大,切去的部分越多,输出直流电压 U_O 的平均值就越小。α 是晶闸管在正向阳极电压作用下开始导通的角度,称为控制角。如图 11.3.2(b) 中 θ 是晶闸管在一个周期内导通的范围,称为导通角。

控制电压 u_G 采用尖峰脉冲电压,它是由专门的触发电路供给的,图中未画出。通过触发电路改变产生 u_G 的时间,即改变 α 角,就可以调节输出直流电压的大小。

该电路的输出直流电压和直流电流为

$$U_O = \frac{1}{\pi}\int_{\alpha}^{\pi}\sqrt{2}U_2\sin\omega t\,\mathrm{d}(\omega t) = \frac{1+\cos\alpha}{2}0.9U_2 \tag{11.3.1}$$

$$I_O = \frac{U_O}{R_L} \tag{11.3.2}$$

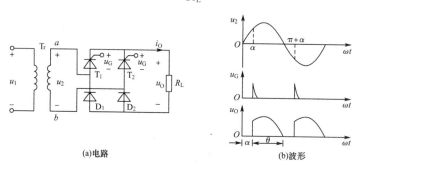

(a)电路   (b)波形

图 11.3.2   单相桥式可控整流电路及波形

11.4   滤波电路

整流电路虽然将交流电转换为直流电,但是所得到的输出电压是单向脉动电压。为了降低输出电压的脉动程度,需要在整流电路中接入滤波电路,以满足大多数电子设备的要求。滤波电路有电容、电感和 π 型滤波等多种,下面分别叙述。

11.4.1   电容滤波电路(C 滤波电路)

图 11.4.1(a)是一个单相桥式整流、电容滤波的电路,它就是在整流电路输出端与负载之间并联一个容量足够大的滤波电容。电容滤波的原理是利用电容的充放电特性来降低输出电压的脉动程度。在图 11.4.1(b)中的实线部分是加上滤波电容 C 后输出电压 u_O 的波形。分析如下:设电容两端初始电压为零,并假定 $t=0$ 时接通电路,在 u_2 的正半周,当 u_2 由零上升时,D_1、D_3 导通,C 被充电,同时 u_2 向负载电阻供电。忽略二极管正向压降和变压器内阻,电容充电时间常数近似为零,因此 $u_O = u_C \approx u_2$,在 u_2 达到最大值(图中 A 点)时,u_C 也达到最大值,然后 u_2 下降,当 $u_2 < u_C$ 时,D_1、D_3 截止,C 被充电,向负载电阻 R_L 放电,由于放电时间常数 $\tau = R_L C$ 一般较大,电容电压 u_C 按指数规律缓慢下降,当下降到 $u_C < |u_2|$(图中 B 点)时,D_2、D_4 导通,电容 C 再次被充电,输出电压增大,以后重复上述充放电过程。输出电压 u_O 的波形近似为一锯齿波直流电压,其平均值 U_O 的大小与电容放电的时间常数 τ 有关。τ 小,放电快,U_O 小;τ 大,放电慢,U_O 大。空载时,$R_L \to \infty$,$\tau \to \infty$,$U_O = \sqrt{2}U_2$ 最大。一般要求

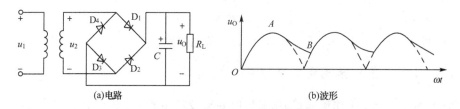

图 11.4.1　单相桥式整流电容滤波电路及波形

$$\tau \geqslant (3 \sim 5)\frac{T}{2} = \frac{1.5 \sim 2.5}{f} \tag{11.4.1}$$

式中 T 和 f 为交流电源电压的周期和频率。这时，带负载情况下

$$U_O = 1.2 U_2 \tag{11.4.2}$$

空载时的负载直流电压为

$$U_O = \sqrt{2} U_2 \tag{11.4.3}$$

其余公式与式(11.2.6)～式(11.2.8)相同。

选择整流元件时，考虑到整流电路在工作期间，一方面向负载供电，同时还要对电容充电，而且通电的时间缩短，通过二极管的电流是一个冲击电流，冲击电流峰值较大，其影响应予考虑，因此一般取 $I_F \geqslant 2I_D$，$U_R \geqslant U_{Rm}$。滤波电容值可按式(11.4.1)选取，即取

$$C \geqslant (3 \sim 5)\frac{T}{2R_L} = \frac{1.5 \sim 2.5}{R_L f} \tag{11.4.4}$$

电容器的额定工作电压(简称耐压)应不小于其实际电压的最大值，故取

$$U_{CN} \geqslant \sqrt{2} U_2 \tag{11.4.5}$$

滤波电容的电容值较大，需要采用电解电容器，这种电容器有规定的正、负极，使用时必须使正极(标以"+")的电位高于负极的电位，否则会被击穿。

电容滤波电路一般用于要求输出电压较高，负载电流较小并且变化也较小的场合。

【例 11.4.1】　设计一单相桥式整流、电容滤波电路，要求输出直流电压 30 V。已知电源频率 $f = 50$ Hz，负载电阻 $R_L = 100\ \Omega$。试选择整流二极管和滤波电容器。

解　选择整流二极管：

$$I_O = \frac{U_O}{R_L} = \frac{30}{100} = 0.3\ A$$

$$I_D = \frac{1}{2}I_O = \frac{1}{2} \times 0.3 = 0.15\ A$$

$$U_2 = \frac{U_O}{1.2} = \frac{30}{1.2} = 25\ V$$

$$U_{Rm} = \sqrt{2}U_2 = \sqrt{2} \times 25 = 35.4\ A$$

$$I_F \geqslant 2I_D = 2 \times 0.15 = 0.3\ A$$

$$U_R \geqslant U_{Rm} = 35.4\ A$$

查手册，因此可选择 2CZ53B 的二极管 4 个($I_F = 300$ mA，$U_R = 50$ V)。

选择滤波电容器：

$$C \geqslant \frac{1.5 \sim 2.5}{R_L f} = \frac{1.5 \sim 2.5}{100 \times 50} = (300 \sim 500)\ \mu F$$

$$U_{CN} \geqslant \sqrt{2}U_2 = \sqrt{2} \times 25 = 35.4 \text{ A}$$

查手册,选用 $C = 470\ \mu\text{F}$,$U_{CN} = 50\ \text{V}$ 的电解电容器。

11.4.2　电感电容滤波电路(LC 滤波电路)

图 11.4.2 是一个单相桥式整流、电感电容滤波的电路,它是在电容滤波电路之前串联一个电感器。由于通过电感线圈的电流发生变化时,线圈中要产生自感电动势阻碍电流的变化,从而使得负载电流和电压的脉动程度减小,脉动电流的频率越高,滤波电感越大,则滤波效果越好。

电感滤波电路适用于负载电流较大,并且变化大,要求输出电压脉动很小的场合,用于高频时更为适合。在电流较大、负载变动较大、并对输出电压的脉动程度要求不太高的场合下(例如晶闸管电源),也可以将电容器除去,只采用电感滤波。

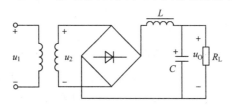

图 11.4.2　单相桥式整流电感电容滤波电路

11.4.3　π 型滤波电路

为了得到更好的滤波效果,使输出电压的脉动更小,可将电容滤波和电感滤波混合使用而构成 π 型滤波电路。图 11.4.3(a)所示的 π 型滤波电路就是其中的一种。由于电感器的体积大,成本高,在负载电流较小(即 R_L 较大时),可以用电阻代替电感,构成 π 型 RC 滤波电路,如图 11.4.3(b)所示。因为 C_2 的容抗较小,所以脉动电压的交流分量较多地落在电阻 R 两端,而 R_L 值又比 R 大,故直流分量主要落在 R_L 两端,使输出电压脉动减小。R 越大,C_2 越大,滤波效果越好,但 R 太大,将使直流电压降增加,所以这种滤波电路主要适用于负载电流较小而又要求输出电压脉动很小的场合。

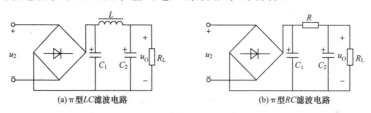

(a)π 型LC滤波电路　　　　　　　　　　　　(b)π 型RC滤波电路

图 11.4.3　π 型滤波电路

11.5　稳压电路

11.5.1　稳压二极管稳压电路

经整流和滤波后的电压还会随电网电压的波动或负载的变化而变化,造成输出电压不稳定,要获得稳定的直流电源,需要增加稳压电路。最简单的稳压电路是采用稳压二极管来稳定电压,典型电路如图 11.5.1 所示,将稳压二极管与适当数值的限流电阻 R 相配合即组成了稳压二极管稳压电路。图中 U_I 为整流滤波电路的输出电压,也就是稳压电路的输入电压。U_O 为稳压电路的输出电压,也就是负载电阻 R_L 两端的电压,它等于稳压二极管的稳定电压 U_Z。由图 11.5.1 可知

$$U_O = U_I - RI = U_I - R(I_Z + I_O)$$

当电源电压波动或者负载电流变化引起 U_O 变化时,该电路的稳压过程如下:只要 U_O 略有增加,I_Z 便会显著增加,I 随之增加,RI 增加,使得 U_O 自动降低,保持近似不变。如果 U_O 降低,则稳压过程与上述相反。

这种稳压电路由于受稳压二极管最大稳定电流的限制,输出电流不能太大,而且不能调节输出电压的大小,稳定性也不很理想,适用于固定电压且负载电流很小的场合。

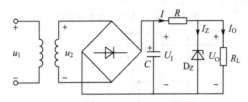

图 11.5.1　稳压电路

11.5.2　集成稳压电路

随着半导体集成技术的发展,从 20 世纪 70 年代开始,集成稳压电路迅速发展起来。其具有体积小,外围元件少,性能稳定可靠,使用、调整方便等优点,因此得到广泛的应用。

本节将介绍一种目前国内外使用最广、销量最大的三端集成稳压器,它具有体积小、使用方便、内部含有过流和过热保护电路,使用安全可靠等优点。三端集成稳压器又分为三端固定式集成稳压器和三端可调式集成稳压器两种,前者输出电压是固定的,后者输出电压是可调的。下面主要介绍三端固定式集成稳压器。

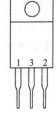

三端固定式集成稳压器外形如图 11.5.2 所示,只有输入、输出、接地三个管脚。分为 CW7800 系列和 CW7900 系列两种,CW7800 系列为正电压输出的集成稳压器,接线图如图 11.5.3 所示,管脚 1 为输入端,2 为输出端,3 为公共端。CW7900 系列为负电压输出的集成稳压器,接线图如图11.5.4所示,管脚 1 为公共端,2 为输出端,3 为输入端。输出

图 11.5.2　三端固定式集成稳压器外形图

电压有 5 V,6 V,8 V,9 V,12 V,15 V,18 V,24 V 等不同电压规格,型号的后两位数字表示输出电压值,例如 CW7805 表示输出电压为 5 V。输入和输出端各接有电容 C_i 和 C_o,C_i 用来抵消输入端接线较长时的电感效应,防止产生振荡。一般 CW7800 系列为 0.33 μF,CW7900 系列为 2.2 μF。C_o 是为了在负载电流瞬时增减时,不致引起输出电压有较大的波动。一般 CW7800 系列为 0.1 μF,CW7900 系列为 1 μF。使用时,除了输出电压值外,还要了解它们的输入电压和最大输出电流等数值,这些参数可查阅有关手册。

在很多场合下需要同时输出正、负两组电压;可选用正、负两块集成稳压器,按图 11.5.5所示电路接线。

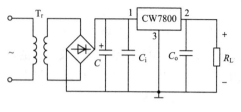

图 11.5.3　CW7800 系列接线图

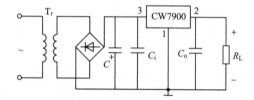

图 11.5.4　CW7900 系列接线图

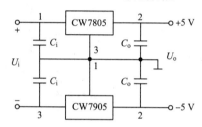

图 11.5.5　同时输出正、负两组电压的接线图

11.6　应用实例

本节以电子灭蚊灯为例,说明倍压整流电路的应用。倍压整流电路是利用滤波电容的存储作用,由多个电容和二极管可以获得几倍于变压器二次电压的输出电压。如图 11.6.1 所示电路主要由紫外线灯和四倍压整流电路构成。当接入市电 220 V 时,紫外光灯管 H 即刻点亮,利用昆虫的趋光性引诱蚊虫,当蚊虫扑向紫外光灯,触及灭蚊灯外层的电网时,利用所产生高压,将蚊虫击毙。

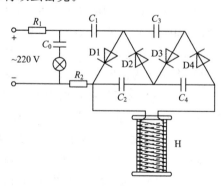

图 11.6.1　电子灭蚊灯电路原理图

在空载情况下,当 u_2 正半周时,D_1 导通,D_2 截止,C_1 充电,C_1 电压最大值可达 $\sqrt{2}U_2$;当 u_2 负半周时,D_2 导通,D_1 截止,C_2 充电,C_2 电压最大值可达 $2\sqrt{2}U_2$。根据上述分析方

法可得，C_1、C_3 上的电压为 $\sqrt{2}U_2$，C_2、C_4 上的电压为 $2\sqrt{2}U_2$。以 C_1 两端作为输出端，输出电压的值为 $\sqrt{2}U_2$；以 C_2 两端作为输出端，输出电压的值为 $2\sqrt{2}U_2$。以此类推，以 C_2 和 C_4 上电压相加作为输出，输出电压的值为 $4\sqrt{2}U_2$。可见，电荷的存储作用，使输出电压为变压器二次电压的四倍，实现所需倍数的输出电压。

　　该四倍压整流电路尽管电压很高，但电流却很小，并且在电路中还采用两只电阻 R_1、R_2 加以限流，电路更为安全。因此倍压整流电路适用于输出直流高电压、小电流的小功率整流，负载能力较差，多为示波管、显像管及灭虫高压电网等装置供电用。

第12章　组合逻辑电路

电子电路根据处理信号和工作方式的不同,可分为模拟电路和数字电路两类,本教材第9~11章所介绍的电路均为模拟电路。在模拟电路中,研究的是输出与输入之间信号的大小、相位变化等;而在本章开始介绍的数字电路中,所关注的是输出与输入之间的逻辑关系。另外,数字电路中工作的信号也不是模拟电路中的连续信号,而是不连续的脉冲信号,如图 12.0.1 所示。有信号时,电压 u 为 3 V(或 3~5 V),称为高电平,用 1 表示。无信号时,电压 u 为 0.3 V(或 0 V),称为低电平,用 0 表示。

由于脉冲信号具有 1 和 0 两种状态(电平)的特点,在数字电路中的晶体管(或场效晶体管)必须工作在开关状态,如图 12.0.2 所示,当 u_i 为高电平 1 时,晶体管 T 饱和导通,输出 $u_o = 0.3$ V,即输出为低电平 0;当 u_i 为低电平 0 时,晶体管 T 截止,输出 $u_o \approx 5$ V,即输出高电平 1。

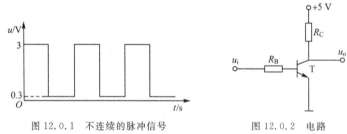

图 12.0.1　不连续的脉冲信号　　　　图 12.0.2　电路

数字电路可以分为组合逻辑电路和时序逻辑电路两大类。本章介绍组合逻辑电路,下一章介绍时序逻辑电路。

本章在介绍数字电路预备知识之后,首先介绍数字电路的基本部件——集成门电路,然后讨论组合逻辑电路的分析和设计方法,介绍几种常见的组合逻辑电路,如全加器、编码器等,最后介绍组合逻辑电路的应用实例。

12.1　数字电路预备知识

12.1.1　数　制

数制是人们对数量计算的一种统计规律。在日常生活中,我们最熟悉的是十进制,而在数字系统中广泛使用的是二进制、八进制和十六进制。

1.几种常用的数制

(1)十进制

十进制的数码有 0、1、2、3、4、5、6、7、8、9 共十个,进位规律是"逢十进一"。

对任意一个十进制数可表示为

$$(N)_{10} = \sum_{i=-m}^{n-1} a_i \times 10^i \qquad (12.1.1)$$

上式中 a_i 是第 i 位的系数,它可能是 $0 \sim 9$ 中的任意数码,n 表示整数部分的位数,m 表示小数部分的位数,10^i 表示数码在不同位置的大小,称为位权。

例如十进制数 $3\,684.25$ 可以用一个多项式形式表示为

$$(3\,684.25)_{10} = 3 \times 10^3 + 6 \times 10^2 + 8 \times 10^1 + 4 \times 10^0 + 2 \times 10^{-1} + 5 \times 10^{-2}$$

(2)二进制

在数字电路中,数以电路的状态来表示。找一个具有十种状态的电子器件比较难,而找一个具有两种状态的器件很容易,故数字电路中广泛使用二进制。

二进制的数码只有两个,即 0 和 1,进位规律是"逢二进一"。

对任意一个二进制数可表示为

$$(N)_2 = \sum_{i=-m}^{n-1} a_i \times 2^i \qquad (12.1.2)$$

上式中 a_i 是第 i 位的系数,它可能是 0、1 中的任意数码,n 表示整数部分的位数,m 表示小数部分的位数,2^i 表示数码在不同位置的大小,即位权。

例如二进制数 1101.11 可以用一个多项式形式表示为

$$(1101.11)_2 = 1 \times 2^3 + 1 \times 2^2 + 0 \times 2^1 + 1 \times 2^0 + 1 \times 2^{-1} + 1 \times 2^{-2}$$

由式(12.1.1)和式(12.1.2)可以归纳出如下结论:任意一个 k 进制数可用多项式表示为

$$(N)_k = \sum_{i=-m}^{n-1} a_i \times k^i \qquad (12.1.3)$$

上式中 a_i 是第 i 位的系数,它可能是 $0 \sim (k-1)$ 中的任意数码,n 表示整数部分的位数,m 表示小数部分的位数,k^i 表示数码在不同位置的大小,即位权。

(3)十六进制

十六进制的数码有 0、1、2、3、4、5、6、7、8、9、A、B、C、D、E、F,其中 A 的数值对应于十进制的 10,类似的,F 的数值对应于十进制的 15。进位规律是"逢十六进一"。

例如十六进制数 $2FD1$ 可以用一个多项式形式表示为

$$(2FD1)_{16} = 2 \times 16^3 + F \times 16^2 + D \times 16^1 + 1 \times 16^0$$

2. 数制间的转换

(1)非十进制数到十进制数的转换

非十进制数转换成十进制数一般采用的方法是按权相加,即把非十进制数按照式(12.1.3)展开为多项式,再按照十进制数的运算规则求出多项式的值。

这种方法是按照十进制数的运算规则,将非十进制数各位的数码乘以对应的权再累加起来。

【例 12.1.1】　将 $(1101.101)_2$ 和 $(2FD1)_{16}$ 转换成十进制数。

解　$(1101.101)_2 = (2^3 + 2^2 + 2^0 + 2^{-1} + 2^{-3})_{10}$

　　　　　　　　$= (8 + 4 + 1 + 0.5 + 0.125)_{10}$

　　　　　　　　$= (13.625)_{10}$

$$(2FD1)_{16} = (2 \times 16^3 + F \times 16^2 + D \times 16^1 + 1 \times 16^0)_{10}$$
$$= (2 \times 16^3 + 15 \times 16^2 + 13 \times 16^1 + 1 \times 16^0)_{10}$$
$$= (12\ 241)_{10}$$

（2）十进制数到非十进制数的转换

将十进制数 N 转换成 k 进制数，可将 $(N)_{10}$ 的整数部分"除 k 取余"，而将小数部分"乘 k 取整"，然后将余数和整数组合起来即可。

【例 12.1.2】 将 $(27.625)_{10}$ 转换成二进制数。

解 ①整数部分"除 2 取余"，直至商为 0，再将余数倒序排位。

②小数部分"乘 2 取整"，直到小数部分为 0 或达到所要求的精度为止，再将整数部分正序排位。转换过程如下：

2⌊27	余数	系数			0.625	整数	系数	
2⌊13	1	a_0	最低位到最高位		$\times\ 2$			最高位到最低位
2⌊6	1	a_1			1.250	1	a_{-1}	
2⌊3	0	a_2			0.250			
2⌊1	1	a_3			$\times\ 2$			
0	1	a_4			0.500	0	a_{-2}	
					$\times\ 2$			
					1.000	1	a_{-3}	

转换结果为

$$(27.625)_{10} = (11011.101)_2$$

（3）二进制数与十六进制数之间的转换

二进制数在数字电路中处理很方便，但当位数较多时，比较难记忆及书写，为了减小位数，通常将二进制数用十六进制数表示。那么，如何进行二进制数与十六进制数之间的相互转换呢？

四位二进制数共有 16 种组合，而 16 种组合正好与十六进制的 16 种组合一致，故每四位二进制数对应于一位十六进制数，因此二进制数与十六进制数之间的转换非常简单。

①二进制数转换为十六进制数时，只要将二进制数的整数部分自右向左每四位一组，最后不足四位的用零补足；小数部分则自左向右每四位一组，最后不足四位时在右边补零。再把每四位二进制数对应的十六进制数写出来即可。

②十六进制数转换为二进制数的正好与此相反，只要将每位的十六进制数对应的四位二进制数写出来即可。

【例 12.1.3】 将 $(8C.3B)_{16}$ 转换成二进制数，再将 $(1011110.1001011)_2$ 转换成十六进制数。

解 ①

$$
\begin{array}{cccc}
8 & C. & 3 & B \\
\downarrow & \downarrow & \downarrow & \downarrow \\
1000 & 1100. & 0011 & 1011
\end{array}
$$

所以，$(8C.3B)_{16} = (10001100.00111011)_2$。

②

$$
\begin{array}{cccc}
0101 & 1110. & 1001 & 0110 \\
\downarrow & \downarrow & \downarrow & \downarrow \\
5 & E. & 9 & 6
\end{array}
$$

所以，$(1011110.1001011)_2 = (5E.96)_{16}$。

12.1.2　逻辑代数及运算

1. 逻辑代数的特点及基本运算

逻辑代数又称布尔代数或开关代数,它是分析与设计数字电路的工具。逻辑代数是研究因果关系的一种代数,和普通代数类似,也是以字母代表变量,但它有与普通代数不同的两个特点:

(1)不管是变量还是函数只有"0"和"1"两个值,而且它们没有"量"的概念,只代表两种状态。

在逻辑电路中,通常规定 1 代表高电平,0 代表低电平,是正逻辑。如果规定 0 代表高电平,1 代表低电平,则称为负逻辑。在以后如不特别声明,指的都是正逻辑。

(2)逻辑函数只有三种基本运算,它们是与运算、或运算和非运算。

①与运算

如图 12.1.1 所示的串联开关电路,只有开关 A 和 B 同时闭合时,灯 F 才会亮。这里开关闭合与灯亮之间的关系为与逻辑(AND)关系,可表示为

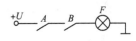

图 12.1.1　与逻辑的例子

$$F = A \cdot B = AB \qquad (12.1.4)$$

这种反映与逻辑的运算称为与运算,又称逻辑乘,其逻辑规律是:在决定某一事件的各种条件中,只有当所有的条件都具备时,事件才会发生。用"0"、"1"表示输入和输出之间逻辑关系的表格称为真值表或逻辑状态表,与运算的真值表见表 12.1.1,即:有 0 出 0,全 1 出 1。这一结论也适合于有多个变量参加的与运算。逻辑乘的运算规律如下

$$\left. \begin{array}{l} A \cdot A = A \\ A \cdot 1 = A \\ A \cdot 0 = 0 \end{array} \right\} \qquad (12.1.5)$$

表 12.1.1　与运算真值表

输　　入		输　出
A	B	F
0	0	0
0	1	0
1	0	0
1	1	1

②或运算

如图 12.1.2 所示的并联开关电路,只要开关 A 和 B 中有一个或一个以上闭合,灯 F 就会亮。这里开关闭合与灯亮之间的关系为或逻辑(OR)关系,可表示为

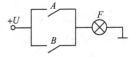

图 12.1.2　或逻辑的例子

$$F = A + B \qquad (12.1.6)$$

这种反映或逻辑的运算称为或运算,又称逻辑加,其逻辑规律是:在决定某一事件的

各种条件中,只要有一个或一个以上的条件具备,事件就会发生。或运算的真值表见表12.1.2,即:有1出1,全0出0。这一结论也适合于有多个变量参加的或运算。逻辑加的运算规律如下

$$\left.\begin{array}{l}A+A=A\\A+1=1\\A+0=A\end{array}\right\} \qquad (12.1.7)$$

表 12.1.2 或运算真值表

输入		输出
A	B	F
0	0	0
0	1	1
1	0	1
1	1	1

③非运算

如图 12.1.3 所示的电路,只有在开关 A 不闭合时,灯 F 才会亮。这里开关闭合与灯亮之间的关系为非逻辑(NOT)关系,可表示为

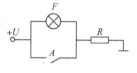

图 12.1.3 非逻辑的例子

$$F=\overline{A} \qquad (12.1.8)$$

这种反映非逻辑的运算称为非运算,又称逻辑非,其逻辑规律是:决定某一事件的条件只有一个,当条件不具备时,事件才会发生,即事件的发生与条件处于对立状态。非运算的真值表见表12.1.3,即:见1出0,见0出1。逻辑非的运算规律如下

$$\left.\begin{array}{l}A+\overline{A}=1\\A\cdot\overline{A}=0\\\overline{\overline{A}}=A\end{array}\right\} \qquad (12.1.9)$$

表 12.1.3 非运算真值表

输入	输出
A	F
0	1
1	0

2. 逻辑代数的基本公式

逻辑代数中,最基本的逻辑运算是以上介绍的逻辑乘、逻辑加和逻辑非,其他的逻辑运算都由这三种基本运算组成。根据这三种基本运算的规律可以推导出其他常用的定律和公式,这些公式连同前面介绍的逻辑运算公式一起列于表 12.1.4 中。部分逻辑代数的基本公式的正确性是显而易见的,如自等律、0-1 律。复杂一些的公式可以采用公式左右两边分别列真值表的方式加以证明(参见例 12.1.5(1))。

表 12.1.4　　　　　　　　　　　　逻辑代数的基本公式

公式名称	公式内容	公式名称	公式内容
自等律	$A+0=A$ $A \cdot 1=A$	交换律	$A+B=B+A$ $A \cdot B=B \cdot A$
0-1 律	$A+1=1$ $A \cdot 0=0$	结合律	$A+(B+C)=B+(C+A)=C+(A+B)$ $A \cdot (B \cdot C)=B \cdot (C \cdot A)=C \cdot (A \cdot B)$
重叠律	$A+A=A$ $A \cdot A=A$	分配律	$A+(B \cdot C)=(A+B) \cdot (A+C)$ $A \cdot (B+C)=(A \cdot B)+(A \cdot C)$
互补律	$A+\overline{A}=1$ $A \cdot \overline{A}=0$	吸收律	$A+(A \cdot B)=A$ $A \cdot (A+B)=A$
复原律	$\overline{\overline{A}}=A$	反演律 （摩根定律）	$\overline{A+B}=\overline{A} \cdot \overline{B}$ $\overline{A \cdot B}=\overline{A}+\overline{B}$

3. 逻辑代数的化简

一个确定的逻辑关系,如能找到最简的逻辑表达式,不仅能够更方便、更直观地分析其逻辑关系,而且在设计具体的逻辑电路时所用的元件数也会最少,从而可以降低成本,提高可靠性。最简表达式的形式一般为最简与或式,例如 $AB+CD$。最简与或式中的与项要最少,而且每个与项中的变量数目也要最少。常用的化简方法有代数化简法和卡诺图化简法,这里仅介绍代数化简法。

代数化简法就是利用逻辑代数的基本运算规则来化简逻辑函数,其实质就是对逻辑代数进行等值变换,使之成为最简与或式。下面通过举例来说明。

【例 12.1.4】 将下列各式化简为最简与或式。

(1) $Y=\overline{A}B+\overline{A}D+\overline{B}E$

(2) $F=\overline{\overline{A \cdot \overline{AB}} \cdot \overline{B \cdot \overline{AB}}}$

解　(1) $Y=\overline{A}B+\overline{A}D+\overline{B}E$

$\qquad = \overline{A}+\overline{B}+\overline{A}D+\overline{B}E$ （反演律）

$\qquad = \overline{A}+\overline{A}D+\overline{B}+\overline{B}E$ （交换律）

$\qquad = \overline{A}+\overline{B}$ （吸收律）

(2) $F=\overline{\overline{A \cdot \overline{AB}} \cdot \overline{B \cdot \overline{AB}}}$

$\qquad = \overline{\overline{A \cdot \overline{AB}}}+\overline{\overline{B \cdot \overline{AB}}}$ （反演律）

$\qquad = A \cdot \overline{AB}+B \cdot \overline{AB}$ （复原律）

$\qquad = A \cdot (\overline{A}+\overline{B})+B \cdot (\overline{A}+\overline{B})$ （反演律）

$\qquad = A\overline{A}+A\overline{B}+B\overline{A}+B\overline{B}$ （分配律）

$\qquad = 0+A\overline{B}+B\overline{A}+0$ （互补律）

$\qquad = A\overline{B}+B\overline{A}$ （自等律）

【例 12.1.5】 (1) 证明 $A+\overline{A}B=A+B$;(2) 将 $F=AB\overline{C}+A\overline{B}C+\overline{A}BC+ABC$ 化简为最简与或式。

解　(1) 设 $F_1=A+\overline{A}B$,$F_2=A+B$,列出 F_1 和 F_2 真值表见表 12.1.5。可见,在相同的输入状态下,F_1 和 F_2 的状态相同,证明 $F_1=F_2$,即 $A+\overline{A}B=A+B$。

表 12.1.5　　　　F_1 和 F_2 的真值表

A	B	F_1	F_2
0	0	0	0
0	1	1	1
1	0	1	1
1	1	1	1

$$(2)F = AB\bar{C}+A\bar{B}C+\bar{A}BC+ABC$$

$$=AB\bar{C}+ABC+A\bar{B}C+\bar{A}BC \qquad (交换律)$$

$$=AB(\bar{C}+C)+A\bar{B}C+\bar{A}BC \qquad (分配律)$$

$$=AB+A\bar{B}C+\bar{A}BC \qquad (互补律)$$

$$=A(B+\bar{B}C)+\bar{A}BC \qquad (分配律)$$

$$=A(B+C)+\bar{A}BC \qquad (本例(1)结论)$$

$$=AB+AC+\bar{A}BC \qquad (分配律)$$

$$=AB+(A+\bar{A}B)C \qquad (分配律)$$

$$=AB+(A+B)C \qquad (本例(1)结论)$$

$$=AB+AC+BC \qquad (分配律)$$

12.2　集成门电路

门电路又称逻辑门,是实现各种逻辑关系的基本电路,是组成数字电路的最基本部件。由于门电路既能完成一定的逻辑运算功能,又像"门"一样能控制信号的通断——门打开时,信号可以通过;门关闭时,信号不能通过,因此称为门电路。

12.2.1　基本门电路

最基本的逻辑关系是"与"、"或"、"非",与之对应的门电路称为与门、或门和非门电路。

1. 与门

与门的逻辑符号如图 12.2.1 所示,A 和 B 是输入端,F 是输出端,输入端的数量还可更多。

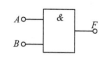

图 12.2.1　与门逻辑符号

【例 12.2.1】　在汽车计价器的车轴测速电路中,当车轴每转一圈,经整形电路后,传输线上就有一个矩形脉冲信号,如何测出该车轴的转速?

解　可采用一个 2 输入端的与门电路,如图 12.2.2 所示。将传输线接至与门的输入端 A,用一个秒脉冲信号作为控制信号接至与门的输入端 B。$B=0$ 时,与门关闭,无输出;$B=1$ 时,与门打开,矩形脉冲信号可以送出,则每秒矩形脉冲的个数就是车轴每秒的转数,再乘以 60 换算为每分钟多少转,即为车轴的转速。

2. 或门

或门的逻辑符号如图 12.2.3 所示,A 和 B 是输入端,F 是输出端,输入端的数量还可更多。

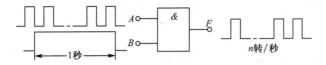

图 12.2.2　车轴测速原理

【例 12.2.2】　如图 12.2.4 所示为保险防盗报警电路。保险柜的两层门上各装有一个开关 S_1 和 S_2。门关上时,开关闭合。当任一层门打开时,报警灯亮,试说明该电路的工作原理。

　　解　该电路采用了一个 2 输入端的或门。两层门都关上时 S_1 和 S_2 闭合,或门的两个输入端全部接地,$A=B=0$,所以输出 $F=0$,报警灯不亮。任何一个门打开,相应的开关断开,该输入端经 1 kΩ 电阻接至 +5 V 电源,为高电平,故输出也为高电平,报警灯亮。

3. 非门

　　非门的逻辑符号如图 12.2.5 所示。由于非门的输入和输出的状态相反,因此非门又称为反相器或倒相器。

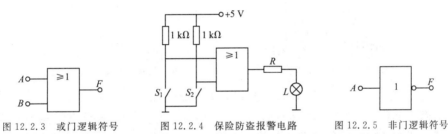

图 12.2.3　或门逻辑符号　　　图 12.2.4　保险防盗报警电路　　　图 12.2.5　非门逻辑符号

　　与门、或门和非门的每个集成电路产品中,通常含有多个独立的门电路,而且型号不同,每个电路(非门除外)的输入端数目也不相同。读者若有需要可查阅相关手册。

12.2.2　复合门电路

　　除了以上介绍的三种基本逻辑门电路以外,还有将它们的逻辑功能组合起来的复合门电路,如与非门、或非门、异或门、同或门、三态与非门、与或非门等。其中与非门是目前生产量最大、应用最广泛的集成门电路,本节重点介绍与非门、三态与非门和或非门。

　　集成逻辑门电路主要分为 TTL 电路和 MOS 电路两大类。TTL 电路的输入和输出部分都采用晶体管,故称晶体管—晶体管逻辑电路,简称 TTL 电路。TTL 电路制造工艺成熟、产量大、品种齐全、价格低、速度快,是中小规模集成电路的主流。CT54LS/74LS 系列是最常用、最流行的产品。CMOS 电路是用 PMOS 管和 NMOS 管组成的一种互补型金属氧化物场效晶体管的集成电路,简称 CMOS 电路。CMOS 电路制造方便、功耗低、带负载能力强、抗干扰能力强,工作速度接近于 TTL 电路,在大规模和超大规模集成电路中大多数采用这种电路。CC4000 系列是最流行的产品。

1. 与非门

　　实现"与非"逻辑关系的电路称为与非门电路。其逻辑功能是将各输入变量先作"与"的运算,然后经结果取"反",从而得到"与非"的逻辑功能。因此与非门可以看成由一个与门和一个非门复合而成,使用时把它看作一个整体。与非门的真值表见表 12.2.1,逻辑符号如图 12.2.6 所示,符号中的小圆圈表示将输出端取反。它的逻辑关系是:任 0 则 1,

全 1 为 0,其逻辑表达式为

$$F=\overline{A \cdot B} \tag{12.2.1}$$

表 12.2.1　与非门真值表

输　入		输　出
A	B	F
0	0	1
0	1	1
1	0	1
1	1	0

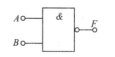

图 12.2.6　与非门的逻辑符号

图 12.2.7 所示为两种 TTL 与非门的外引线排列图。片内的各个与非门相互独立,但电源和地共用。

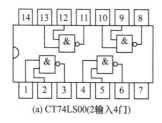
(a) CT74LS00(2输入4门)

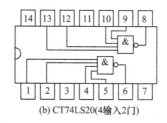
(b) CT74LS20(4输入2门)

图 12.2.7　TTL 与非门外引线排列图

2. 三态与非门

上述集成与非门是不能将两个与非门的输出线接在公共的信号传输线上的,否则,因两输出端并联,若一个输出端为高电平,另一个输出端为低电平,两者之间将有很大的电流通过,会使元件损坏。但在实用中,为了减少信号传输线的数量,以适应各种数字电路的需要,有时却需要将两个或多个与非门的输出端接在同一信号传输线上,这就需要一种输出端除了有低电平 0 和高电平 1 两种状态外,还要有第三种高阻状态(即开路状态)Z 的门电路。当输出端处于 Z 状态时,与非门与信号传输线是隔断的。这种具有 0、1、Z 三种输出状态的与非门称为三态与非门。

与前面介绍的与非门相比,三态与非门多了一个控制端,又称使能端 E。其逻辑符号和逻辑功能见表 12.2.2。表中,上图的三态与非门在控制端 $E=0$ 时,电路为高阻状态,$E=1$ 时,电路为与非门状态,故称控制端为高电平有效;在下图的三态与非门正好相反,控制端 $E=1$ 时,电路为高阻状态,$E=0$ 时,电路为与非门状态,故称控制端为低电平有效。在逻辑符号中,用 EN 端加小圆圈表示低电平有效,不加小圆圈表示高电平有效。

表 12.2.2　三态与非门逻辑符号和逻辑功能

逻辑符号	逻辑功能	
（A, B, E 输入，& ▽ EN，F 输出）	$E=0$	$F=Z$
	$E=1$	$F=\overline{A \cdot B}$

（续表）

逻辑符号	逻辑功能	
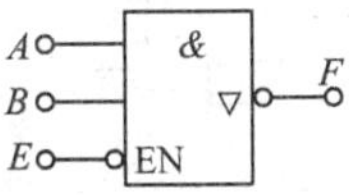 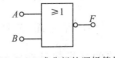	$E=0$	$F=\overline{A \cdot B}$
	$E=1$	$F=Z$

3. 或非门

实现"或非"逻辑关系的电路称为或非门电路。其逻辑功能是将各输入变量先作"或"的运算，然后经结果取"反"，从而得到"或非"的逻辑功能。因此或非门可以看成由一个或门和一个非门复合而成，使用时把它看作一个整体。或非门的真值表见表 12.2.3，逻辑符号如图 12.2.8 所示，它的逻辑关系是：任 1 则 0，全 0 为 1。其逻辑表达式为

$$F=\overline{A+B} \qquad (12.2.2)$$

表 12.2.3　或非门真值表

输	入	输 出
A	B	F
0	0	1
0	1	0
1	0	0
1	1	0

图 12.2.8　或非门的逻辑符号

图 12.2.9 所示为两种 CMOS 或非门的外引线排列图。

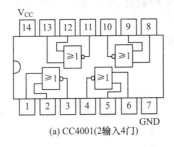

(a) CC4001(2输入4门)

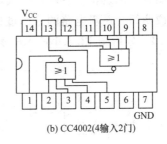

(b) CC4002(4输入2门)

图 12.2.9　CMOS 或非门外引线排列图

不同逻辑功能的门电路可以通过外部接线进行相互转换，下面举例说明。

【例 12.2.3】 与非门是应用最广泛的集成门电路，试利用与非门来组成非门、与门和或门。

解 由与非门组成非门的方法如图 12.2.10(a)所示。只需将与非门的各个输入端并接在一起作为一个输入端 A。由于 $A=0$ 时，与非各输入端都为 0，故 $F=1$；$A=1$ 时，与非各输入端都为 1，故 $F=0$，实现了非门运算。

由于与逻辑表达式可写成

$$F=A \cdot B=\overline{\overline{A \cdot B}}$$

所以，由与非组成非门的方法如图 12.2.10(b)所示。在一个与非门后面再接一个由与非门组成的非门。

或逻辑表达式可写成

$$F=A+B=\overline{\overline{A} \cdot \overline{B}}$$

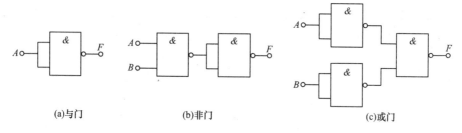

图 12.2.10　由与非门组成的非门、与门和或门

所以,由与非门组成或门的方法如图 12.2.10(c)所示。

12.3　组合逻辑电路的分析和设计

由门电路组成的逻辑电路称为组合逻辑电路,简称组合电路。由于门电路输出电平的高低仅取决于当时的输入,与以前的输出状态无关,是一种无记忆功能的逻辑部件。因而组合电路也是现时的输出仅取决于现时的输入,是一种无记忆功能的电路。

12.3.1　组合逻辑电路的分析

组合逻辑电路的分析就是在已知电路结构的前提下,研究其输出与输入之间的逻辑关系。组合逻辑电路的分析步骤大致如下:

已知逻辑图→写出逻辑式→对逻辑式进行变换或化简→列出真值表→确定逻辑功能

下面举例说明组合逻辑电路的分析过程。

【例 12.3.1】　分析图 12.3.1 所示的逻辑图。

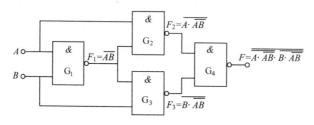

图 12.3.1　例 12.3.1 的图

解　(1)由逻辑图写出逻辑式。

从输入端到输出端,依次写出各个逻辑门的逻辑式,最后将结果标明在图上。

G_1 门的输出为 $F_1 = \overline{AB}$;

G_2 门的输出为 $F_2 = \overline{A \cdot \overline{AB}}$;

G_3 门的输出为 $F_3 = \overline{B \cdot \overline{AB}}$;

G_4 门的输出为 $F = \overline{\overline{A \cdot \overline{AB}} \cdot \overline{B \cdot \overline{AB}}}$。

(2)利用逻辑代数对输出结果进行变换或化简。

由 12.1 节的例 12.1.4(2)可知

$$F = \overline{\overline{A \cdot \overline{AB}} \cdot \overline{B \cdot \overline{AB}}} = A\overline{B} + B\overline{A}$$

（3）由逻辑式列出真值表

将 A 和 B 分别用 0 和 1 代入，根据计算结果得到的真值表见表 12.3.1。

表 12.3.1　　　　　　　异或门真值表

A	B	F
0	0	0
0	1	1
1	0	1
1	1	0

（4）确定电路的逻辑功能

分析真值表可知本电路的逻辑功能是：A、B 相同时（同为 0 或同为 1），输出 $F=0$；A、B 不同时（一个为 0，另一个为 1），输出 $F=1$。这种逻辑电路称为异或门。逻辑表达式可简写为

$$F = A\overline{B} + B\overline{A} = A \oplus B \tag{12.3.1}$$

如果 A 和 B 相同时，$F=1$；A 和 B 不同时，$F=0$。这种逻辑电路称为同或门，逻辑表达式为

$$F = AB + \overline{A}\,\overline{B} = \overline{A \oplus B} \tag{12.3.2}$$

同或门和异或门的逻辑符号见表 12.3.2。该表给出了常用电路的逻辑符号和逻辑表达式。这些门电路在使用时，若需要将某一端保持为低电平，可将该输入端接地，或经一个小阻值的电阻接地，若需将某一输入端保持高电平，可将该输入端接电源正极（电压一般不要超过 +5 V），或经电阻（阻值一般为几千欧）接电源正极。一般不允许将多余输入端悬空（悬空相当于高电平），否则将会引入干扰信号。通常情况下，可以将多余不用的输入端与某一有信号作用的输入端并联使用，或是将与逻辑（与、与非）门电路的多余输入端经电阻或直接接电源正端；将或逻辑（或、或非）门电路的多余输入端接"地"。

表 12.3.2　　　　　　　　常用门电路的逻辑符号和逻辑表达式

名称	逻辑符号	逻辑表达式	名称	逻辑符号	逻辑表达式
或门		$F = A + B$	异或门		$F = A\overline{B} + \overline{A}B = A \oplus B$
与门		$F = A \cdot B$	同或门		$F = AB + \overline{A}\,\overline{B} = \overline{A \oplus B}$
非门		$F = \overline{A}$	与或非门		$F = \overline{AB + CD}$

(续表)

名称	逻辑符号	逻辑表达式	名称	逻辑符号	逻辑表达式
或非门	A ─○ [≥1] F ─○ B ─○	$F=\overline{A+B}$	三态与非门	A ─○ [&] F ─○ B ─○ E ─○ EN ▽	$E=0,F=Z$ $E=1,F=\overline{A\cdot B}$
与非门	A ─○ [&] F ─○ B ─○	$F=\overline{A\cdot B}$		A ─○ [&] F ─○ B ─○ E ─○ EN ▽	$E=0,F=\overline{A\cdot B}$ $E=1,F=Z$

12.3.2　组合逻辑电路的设计

组合逻辑电路的设计就是在已知逻辑要求的前提下,画出能实现该逻辑要求的电路。组合逻辑电路的设计步骤大致如下:

已知逻辑要求→列出真值表→写出逻辑式→对逻辑式进行变换或化简→画出逻辑图

下面通过例题说明组合逻辑电路的设计过程。

【**例 12.3.2**】　设计一个三人(A、B、C)表决用的逻辑电路。当表决某个提案时,多数人同意,提案才通过(注:输入用高电平 1 表示同意,输出用高电平 1 表示提案通过)。

解　(1)根据题意列出真值表,见表 12.3.3。

表 12.3.3　例 12.3.2 的真值表

A	B	C	F
0	0	0	0
0	0	1	0
0	1	0	0
0	1	1	1
1	0	0	0
1	0	1	1
1	1	0	1
1	1	1	1

(2)由真值表写出逻辑式

输入共有八种组合,对于输出 $F=1$ 的只有四种。可采用如下的方法:先分析输出为 1 的条件,将输出为 1 各行中的输入变量为 1 者取原变量,为 0 者取反变量,再将它们用与的关系写出来。例如,$F=1$ 的条件有四个,写出与关系应为 $\overline{A}BC$、$A\overline{B}C$、$AB\overline{C}$ 和 ABC,显然将输入变量的实际值代入,结果都为 1,由于这四个中的任何一个得到满足,F 都为1,因此这四个之间又是或的关系,由此得到 F 的与或表达式为

$$F=\overline{A}BC+A\overline{B}C+AB\overline{C}+ABC$$

此外,也可以分析输出为 0 的条件,写出输出反变量的与或表达式,即

$$\overline{F}=\overline{A}\,\overline{B}\,\overline{C}+\overline{A}\,\overline{B}C+\overline{A}B\overline{C}+A\overline{B}\,\overline{C}$$

利用逻辑代数可以证明这两种方法所得到的结果是一致的。

上述方法可归纳为以下两个公式

$$F＝真值为 1 各行的乘积项的逻辑加 \qquad (12.3.3)$$

$$\overline{F}＝真值为 0 各行的乘积项的逻辑加 \qquad (12.3.4)$$

(3)变换或化简逻辑式

由 12.1 节的例 12.1.5(2)可知

$$F=AB\overline{C}+A\overline{B}C+\overline{A}BC+ABC=AB+AC+BC$$

(4)由逻辑式画出逻辑图

根据上面 F 化简后的最简与或式画出的逻辑图如图 12.3.2 所示,该电路由三个与门、一个或门组成。

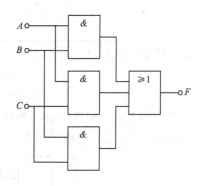

【例 12.3.3】　试用与非门实现三人表决逻辑电路的设计。

解　设计步骤(1)和(2)同前例。

图 12.3.2　用与门、或门实现的三人表决电路

(3)变换或化简逻辑式

由于要求用与非门实现电路,需要将前例中化简后的与或式变换成与非逻辑式。可用反演律完成变换,过程如下:

$$F=AB+AC+BC=\overline{\overline{AB+AC+BC}}$$
$$=\overline{\overline{AB}\cdot\overline{AC}\cdot\overline{BC}}$$

根据上式画出的逻辑图如图 12.3.3 所示,该电路由四个与非门组成。

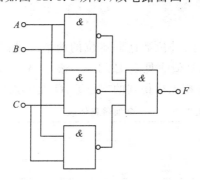

图 12.3.3　用与非门实现的三人表决电路

12.4　加法器

从本节开始,将陆续介绍几种常见的组合逻辑电路,包括加法器、编码器、译码器。本节介绍二进制加法器,它是计算机数字系统中最基本的运算单元,又有半加器和全加器之分。

12.4.1　半加器

半加器是一种不考虑低位来的进位数,只对本位上的两个二进制数求和的组合电路。其真值表见表 12.4.1,其中 A、B 是两个求和的二进制数,F 是相加后得到的本位数,C 是

相加后得到的进位数。

表 12.4.1　　　　半加器真值表

A	B	F	C
0	0	0	0
0	1	1	0
1	0	1	0
1	1	0	1

由真值表可以列出 F 和 C 的表达式分别为

$$F = A\,\overline{B} + B\,\overline{A} = A \oplus B$$

$$C = A \cdot B$$

以上结果表明半加器应由一个异或门和一个与门组成。根据逻辑表达式可以画出逻辑电路图如图 12.4.1(a)所示。图 12.4.1(b)是半加器的逻辑符号。

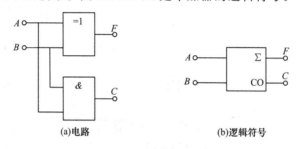

(a)电路　　　　　　　　　　　(b)逻辑符号

图 12.4.1　半加器

12.4.2　全加器

全加器是一种将低位来的进位数连同本位的两个二进制数三者一起求和的组合电路。根据这一逻辑功能列出真值表见表 12.4.2。表中 A_i 和 B_i 是本位的二进制数,C_{i-1} 是来自低位的进位数。F_i 是相加后得到的本位数,C_i 是相加后得到的进位数。

表 12.4.2　　　　全加器真值表

A_i	B_i	C_{i-1}	F_i	C_i
0	0	0	0	0
0	0	1	1	0
0	1	0	1	0
0	1	1	0	1
1	0	0	1	0
1	0	1	0	1
1	1	0	0	1
1	1	1	1	1

由真值表可以列出 F_i 和 C_i 的表达式分别为

$$F_i = \overline{A_i}\,\overline{B_i}C_{i-1} + \overline{A_i}B_i\,\overline{C_{i-1}} + A_i\,\overline{B_i}\,\overline{C_{i-1}} + A_iB_iC_{i-1}$$

$$= (\overline{A_i}\,\overline{B_i} + A_iB_i)C_{i-1} + (\overline{A_i}B_i + A_i\,\overline{B_i})\overline{C_{i-1}}$$

$$= \overline{(A_i \oplus B_i)}C_{i-1} + (A_i \oplus B_i)\overline{C_{i-1}}$$

$$= (A_i \oplus B_i) \oplus C_{i-1} = A_i \oplus B_i \oplus C_{i-1}$$

$$C_i = \overline{A_i}B_iC_{i-1} + A_i\overline{B_i}C_{i-1} + A_iB_i\overline{C_{i-1}} + A_iB_iC_{i-1}$$
$$= (\overline{A_i}B_i + A_i\overline{B_i})C_{i-1} + A_iB_i(\overline{C_{i-1}} + C_{i-1})$$
$$= (A_i \oplus B_i)C_{i-1} + A_iB_i$$

全加器电路形式可以有多种。例如,观察以上两式可知,可以用异或门、与门、或门画出全加器电路,也可以用半加器、或门构成全加器电路,如图 12.4.2(a)所示。图 12.4.2(b)是它的逻辑符号。

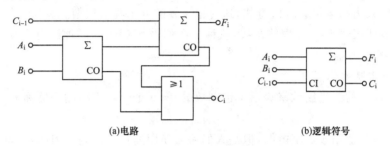

(a)电路　　　　　　　　　　　(b)逻辑符号

图 12.4.2　全加器

图 12.4.3 所示为国产 CT1283 和 CT4283 集成四位全加器的外引线排列图与逻辑图,它由四个全加器组成,利用它可以组成四位二进制加法器。

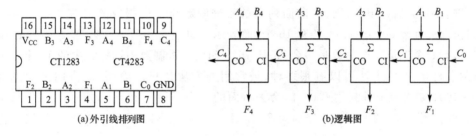

(a)外引线排列图　　　　　　　　　　(b)逻辑图

图 12.4.3　集成四位全加器 CT1283 和 CT4283

12.5　编码器

用数字或某种文字和符号来表示某一对象或信号的手段,都称为编码。例如生活中的邮政编码、电话号码、身份证号码等都属于编码。

实现编码功能的组合电路称为编码器。例如计算机的输入键盘就是由编码器组成的,每按下一个键,编码器就将该按键的含义转换成一个计算机能识别的二进制数,用它去控制机器的操作。

按允许同时输入的控制信息量的不同,编码器分为普通编码器和优先编码器两类。

12.5.1　普通编码器

普通编码器每次只允许输入一个控制信息,否则会引起输出代码的混乱。它又分二进制编码器和二-十进制编码器等。

1. 二进制编码器

用一个 n 位的二进制数来表示 2^n 个控制信息的编码器称为二进制编码器。例如两位的二进制数有 00、01、10、11 四种组合（4 个代码），可以用来表示 4 种控制信息，因而这一编码器有 4 根输入线（这里用 $A_0 \sim A_3$ 表示），2 根输出线（用 F_0 和 F_1 表示），示意图如图 12.5.1 所示。当控制信息 A_0 输入时，A_0 输入线的电平为 0（这里采用低电平编码，即输入为低电平有效的方式），其余为 1，输出代码为 00；当控制信息 A_1 输入时，A_1 输入线的电平为 0，其余为 1，输出代码为 01；以此类推。也可以采用高电平编码，即输入为高电平有效的方式，这时输入线的电平与上述情况相反。这种二进制编码器，由于有 4 根输入线、2 根输出线，故称 4 线-2 线编码器。同理还有 8 线-3 线编码器和 16 线-4 线编码器等。

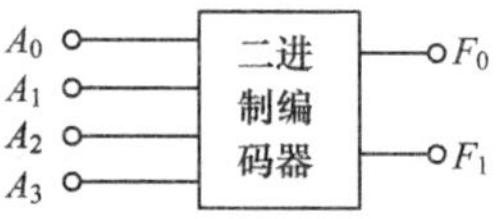

图 12.5.1 4 线-2 线编码器

2. 二-十进制编码器

用一个四位的二进制数来表示十进制数的 0～9 十个数字的编码器称为二-十进制编码器。

二进制虽然适用于数字电路，但是人们习惯使用的是十进制。因此，在电子计算机和其他数控装置中输入和输出数据时，要进行十进制数与二进制数的相互转换。为了便于人机联系，一般是将准备输入的十进制数的每一位数都用一个四位的二进制数来表示。它既具有十进制的特点，又具有二进制的形式，是一种用二进制编码的十进制数，称为二-十进制编码，简称 BCD 码，从前面列举的二进制数与十进制数的对应关系中可以看到，四位二进制数 0000～1111 共有 16 个，而表示十进制数码 0～9，只需要 10 个四位二进制数，有 6 个四位二进制数是多余的，从 16 个四位二进制数中选择其中的 10 个来表示十进制数码 0～9 的方法可以有很多种，最常用的方法是只取前面 10 个四位二进制数 0000～1001 来表示十进制数码 0～9，舍去后面的 6 个不用。由于 0000～1001 中每位二进制数的权（即基数 2 的幂次）分别为 2^3、2^2、2^1、2^0，即为 8421，所以这种 BCD 码又称为 8421 码。

表 12.5.1 所示为上述二-十进制编码器的真值表。输入任何一个十进制数，输出端便会得到相应的 8421 码。

表 12.5.1　　二-十进制编码器真值表

输　入	输　出			
十进制数	F_3	F_2	F_1	F_0
0	0	0	0	0
1	0	0	0	1
2	0	0	1	0
3	0	0	1	1
4	0	1	0	0
5	0	1	0	1
6	0	1	1	0
7	0	1	1	1
8	1	0	0	0
9	1	0	0	1

12.5.2　优先编码器

上述普通编码器每次只允许一个输入端上有信号,而在实际的应用电路中,常常出现多个输入端同时有信号的情况。例如计算机系统中有多个输入设备,可能有几个设备同时向主机发出请求,要求主机做出相应的处理。这就要求主机能够自动识别这些请求信号的优先级别,按次序进行编码。这种情况下往往需要优先编码器。

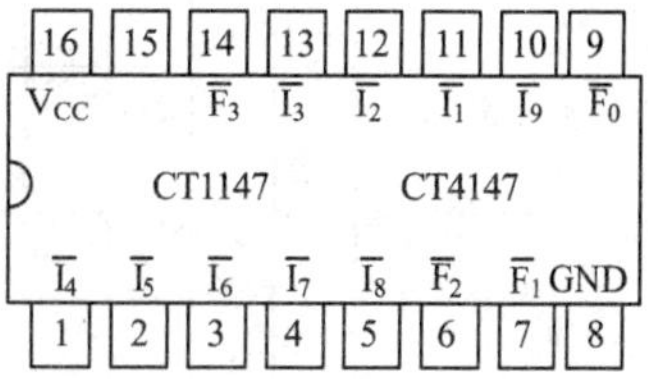

图 12.5.2 所示为国产 CT1147 和 CT4147 型二-十进制优先编码器的外引线排列图。它只有 9 个输入端 $\bar{I}_1 \sim \bar{I}_9$,4 个输出端 $\bar{F}_3 \sim \bar{F}_0$,输入和输出均采用低电平编码。当 9 个输入端都无输入信号,即 $\bar{I}_1 \sim \bar{I}_9$ 都为高电平 1 时,对应着十进制数 0,相应的 8421 码为 0000,输出 $\bar{F}_3 \sim \bar{F}_0$ 为 1111,是与 8421 码相反的数码(反码)。当输入端有输入信号,例如 $\bar{I}_1$ 有信号输入,即 $\bar{I}_1 = 0$ 时,对应着十进制数 1,相应的 8421 码为 0001,输出 $\bar{F}_3 \sim \bar{F}_0$ 为 8421 码的反码 1110;若 $\bar{I}_2$ 有信号输入,即 $\bar{I}_2 = 0$ 时,则输出数码为 1101,其他可依次类推。这种编码器的真值表见表 12.5.2,其中 ∅ 表示该输入端的输入电平为任意电平。

图 12.5.2　CT1147 和 CT4147 型二-十进制优先编码器的外引线排列图

16	15	14	13	12	11	10	9
V_{CC}		$\bar{F}_3$	$\bar{I}_3$	$\bar{I}_2$	$\bar{I}_1$	$\bar{I}_9$	$\bar{F}_0$
		CT1147			CT4147		
$\bar{I}_4$	$\bar{I}_5$	$\bar{I}_6$	$\bar{I}_7$	$\bar{I}_8$	$\bar{F}_2$	$\bar{F}_1$	GND
1	2	3	4	5	6	7	8

表 12.5.2　　　　　优先编码器真值表

$\bar{I}_9$	$\bar{I}_8$	$\bar{I}_7$	$\bar{I}_6$	$\bar{I}_5$	$\bar{I}_4$	$\bar{I}_3$	$\bar{I}_2$	$\bar{I}_1$	$\bar{F}_3$	$\bar{F}_2$	$\bar{F}_1$	$\bar{F}_0$
0	∅	∅	∅	∅	∅	∅	∅	∅	0	1	1	0
1	0	∅	∅	∅	∅	∅	∅	∅	0	1	1	1
1	1	0	∅	∅	∅	∅	∅	∅	1	0	0	0
1	1	1	0	∅	∅	∅	∅	∅	1	0	0	1
1	1	1	1	0	∅	∅	∅	∅	1	0	1	0
1	1	1	1	1	0	∅	∅	∅	1	0	1	1
1	1	1	1	1	1	0	∅	∅	1	1	0	0
1	1	1	1	1	1	1	0	∅	1	1	0	1
1	1	1	1	1	1	1	1	0	1	1	1	0
1	1	1	1	1	1	1	1	1	1	1	1	1

图 12.5.3 是利用 CT4147 构成的键控二-十进制编码器的逻辑图。按下某一按键,输入一个相应的十进制数,在输出端输出其相应的 8421 码。例如,按下 S_6 键,输入十进制数 6,即 CT4147 的 $\bar{I}_6 = 0$,$\bar{F}_3 \sim \bar{F}_0$ 为 1001,经过非门后,输出 $F_3 \sim F_0$ 为 0110,为 6 的 8421 码。

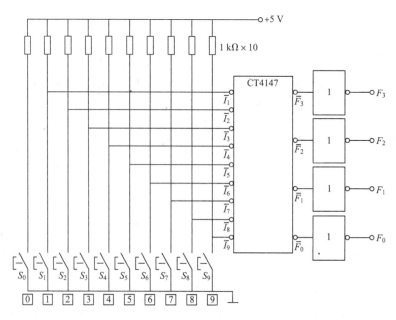

图 12.5.3　键控二-十进制编码器的逻辑图

12.6　译码器与数码显示

译码器的作用与编码器相反,也就是说,将具有特定含义的二进制代码变换成或者说翻译成一定的输出信号,以表示二进制代码的原意,这一过程称为译码。实现译码功能的组合电路称为译码器。

12.6.1　二进制译码器

二进制译码器的输入信号是 n 位的二进制数,而输出是 2^n 个状态。因此二进制译码器需要 n 根输入线,2^n 根输出线,通过输出线电平的高低来表示输入的是哪一个二进制数。因此二进制译码器又分为 2 线-4 线译码器、3 线-8 线译码器和 4 线-16 线译码器等。输出既可以采用低电平有效的译码方式,也可以采用高电平有效的译码方式。

图 12.6.1 就是一个 $n=2$ 的译码器。其中 A_0、A_1 为输入端,$F_0 \sim F_3$ 为输出端,E 为使能端,其作用与三态门中的使能端作用相同,起控制译码器工作的作用。

由逻辑电路可求得四个输出端的逻辑表达式为

$$F_0 = \overline{\overline{E}\,\overline{A_0}\,\overline{A_1}} = E + A_0 + A_1$$

$$F_1 = \overline{\overline{E}\,\overline{A_0}\,A_1} = E + A_0 + \overline{A_1}$$

$$F_2 = \overline{\overline{E}\,A_0\,\overline{A_1}} = E + \overline{A_0} + A_1$$

$$F_3 = \overline{\overline{E}A_0A_1} = E + \overline{A_0} + \overline{A_1}$$

其真值表见表 12.6.1。

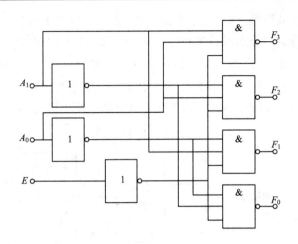

图 12.6.1 译码器电路

表 12.6.1 译码器真值表

E	A_0	A_1	F_0	F_1	F_2	F_3
1	$\varnothing$	$\varnothing$	1	1	1	1
0	0	0	0	1	1	1
0	0	1	1	0	1	1
0	1	0	1	1	0	1
0	1	1	1	1	1	0

可见:当 $E=1$ 时,译码器处于非工作状态,无论 A_0 和 A_1 是何电平,输出端 $F_0 \sim F_3$ 都为 1。

当 $E=0$ 时,译码器处于工作状态,对应于 A_0 和 A_1 的 4 种不同组合,4 个输出端中分别只有一个为 0,其余的均为 1。可见,这一译码器是通过 4 个输出端分别单独处于低电平来识别不同的输入代码的,即是采用低电平译码的。

国产数字集成电路产品中有 2 线-4 线、3 线-8 线、4 线-16 线等二进制译码器可供用户选用。图 12.6.2 所示为 CT4139 型双 2 线-4 线译码器的外引线排列图。

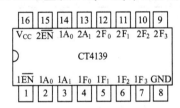

图 12.6.2 CT4139 型双 2 线-4 线译码
器的外引线排列图

12.6.2 显示译码器

在数字电路中,还常常需要将测量和运算的结果直接用十进制数的形式显示出来,这就要把二-十进制代码通过显示译码器变换成输出信号再去驱动数码显示器。

供 LED 显示器用的显示译码器有多种型号可供选用。显示译码器有 4 个输入端,7 个输出端,它将 8421 码译成 7 个输出信号以驱动 7 段 LED 显示器。图 12.6.3 是显示译码器和 LED 显示器(共阴极)的连接示意图。图 12.6.4 给出了 CT1248 型和 CT4248 型中规模集成显示译码器的外引线排列图。其中 A_0、A_1、A_2、A_3 是 8421 码的 4 个输入端。$a \sim g$ 是 7 个输出端,接 LED 显示器。$\overline{I_B}$ 是灭灯输入端,当 $\overline{I_B}=1$ 时,译码器正常显示;$\overline{I_B}=0$ 时,译码停止,输出全为 0,显示器熄灭。此外,还有灯测试输入端 $\overline{LT}$ 和灭零输入端 $\overline{I_{BR}}$ 等。显示译码器的真值表及对应的 LED 显示管显示的数码见表 12.6.2。

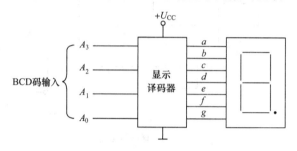

图 12.6.3　显示译码器与 LED 显示器的连接示意图

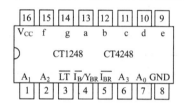

图 12.6.4　CT1248 型和 CT4248 型中规
模集成显示译码器的外引线
排列图

表 12.6.2　　显示译码器真值表及 LED 显示管显示的数码

输　入				输　出							显示数码
A_3	A_2	A_1	A_0	a	b	c	d	e	f	g	
0	0	0	0	1	1	1	1	1	1	0	0
0	0	0	1	0	1	1	0	0	0	0	1
0	0	1	0	1	1	0	1	1	0	1	2
0	0	1	1	1	1	1	1	0	0	1	3
0	1	0	0	0	1	1	0	0	1	1	4
0	1	0	1	1	0	1	1	0	1	1	5
0	1	1	0	1	0	1	1	1	1	1	6
0	1	1	1	1	1	1	0	0	0	0	7
1	0	0	0	1	1	1	1	1	1	1	8
1	0	0	1	1	1	1	1	0	1	1	9

12.7　应用实例

举重比赛有三个裁判,一个主裁判和两个副裁判。杠铃完全举上的裁决由每一个裁判控制自己面前的开关来确定。根据举重裁判规则,只有当两个或两个以上裁判(其中必须有主裁判)判定成功时,表示成功的显示灯才会亮。

图 12.7.1 所示为举重裁判电路的原理图。该电路由输入、逻辑控制、输出三部分电路组成。其中主裁判控制开关 A、两个副裁判分别控制开关 B 和 C，裁判若判定举重成功则将相应的开关拨向"是"，开关状态为高电平，否则为低电平；3 个与非门实现逻辑控制，设 3 号与非门的输出为 F，则有

$$F=\overline{\overline{AB}\cdot\overline{AC}}=AB+AC$$

根据逻辑式列出逻辑状态表，见表 12.7.1 的前两列。可以看出，只有当两个或两个以上开关(其中有主裁判控制的开关 A)状态为高电平时，F 才为高电平 1，表示"成功"。

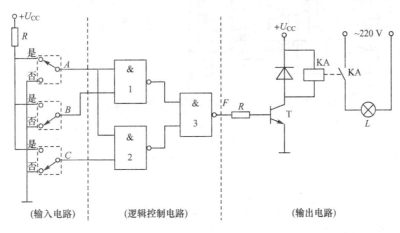

图 12.7.1　举重裁判电路原理图

F 控制输出电路中的三极管 T 的状态，进而控制指示灯的状态——F 为低电平时，T 截止，中间继电器 KA 线圈没有电流通过，指示灯 L 不被点亮；F 为高电平时，T 饱和，KA 线圈通电，控制 KA 常开触点闭合，点亮指示灯 L，表示"成功"。由以上分析列出逻辑状态表 12.7.1。

表 12.7.1　　　　举重裁判电路逻辑状态表

开关(输入)			逻辑电路输出	指示灯
A	B	C	F	
0	0	0	0	灭
0	0	1	0	灭
0	1	0	0	灭
0	1	1	0	灭
1	0	0	0	灭
1	0	1	1	亮
1	1	0	1	亮
1	1	1	1	亮

图 12.7.2 为由 CMOS 与非门 74HC00 接成的举重裁判电路。74HC00 和 TTL 与非门 74LS00 一样都是 2 输入 4 门，外引线排列也相同(参见 12.2 节图 12.2.7(a))，两者的区别在于 74HC00 的电源电压为 2～6 V，而 74LS00 为 5 V。在该电路选用的中间继电器线圈额定电压为 6 V，74HC00 芯片和继电器可以共用同一直流电源。

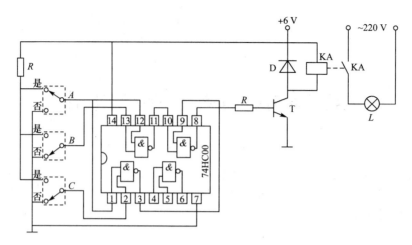

图 12.7.2 由 CMOS 与非门 74HC00 接成的举重裁判电路

第 13 章　时序逻辑电路

时序逻辑电路简称时序电路,输出不仅取决于当时的输入值,而且还与电路过去的状态有关,即具有记忆功能。各种触发器是构成时序电路的基本单元,因此本章首先介绍各种触发器,然后介绍计数器、寄存器等典型时序逻辑电路,最后给出时序逻辑电路的应用实例。

13.1　基本双稳态触发器

双稳态触发器是由门电路加上适当的反馈构成的一种新的逻辑部件。由于它的输出端有两种可能的稳定状态,而通过输入脉冲信号的触发,又能改变其输出状态,故称双稳态触发器。

双稳态触发器与门电路的不同之处是:它的输出电平的高低不仅取决于当时的输入,还与以前的输出状态有关,因而,它是一种有记忆功能的逻辑部件。

双稳态触发器简称触发器,它的种类很多。本节介绍的基本 RS 触发器是构成其他各种触发器的基本部分,输入端分别用 R 和 S 表示,简称基本触发器。

13.1.1　输入为低电平有效的基本 RS 触发器

图 13.1.1(a)所示电路是由两个与非门交叉连接而成的基本触发器。Q 和 $\overline{Q}$ 是触发器的输出端,正常情况下两者的逻辑状态相反。通常规定以 Q 端的状态定义触发器的状态,即 $Q=0,\overline{Q}=1$ 时,触发器为 0 状态,又称复位状态;$Q=1,\overline{Q}=0$ 时,触发器为 1 状态,又称置位状态。

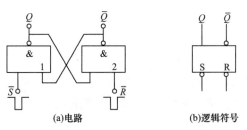

| (a)电路 | (b)逻辑符号 |

图 13.1.1　与非门组成的基本触发器

$\overline{R}$ 和 $\overline{S}$ 是触发器的输入端,输入信号采用负脉冲,即信号未到时,$\overline{R}=1$ 或 $\overline{S}=1$;信号到来时,$\overline{R}=0$ 或 $\overline{S}=0$。也就是说,这种由与非门组成的基本 RS 触发器,输入信号为低电平有效。为此,在输入端 R 和 S 上面加上"－"。

下面分四种情况来分析这种触发器的逻辑功能。

(1) $\overline{R}=0$，$\overline{S}=1$ 时，触发器为 0 态

根据与非门的逻辑功能：任 0 则 1（有一个或一个以上输入为 0，输出为 1），全 1 为 0（输入全部为 1，输出为 0），可知

$$\overline{R}=0 \rightarrow \overline{Q}=1$$
$$\downarrow$$
$$\overline{S}=1 \rightarrow Q=0$$

可见，$\overline{R}$ 端有信号输入时，触发器为 0 态，因此，$\overline{R}$ 端被称为直接置 0 端或直接复位端。

(2) $\overline{R}=1$，$\overline{S}=0$ 时，触发器为 1 态

$$\overline{S}=0 \rightarrow Q=1$$
$$\downarrow$$
$$\overline{R}=1 \rightarrow \overline{Q}=0$$

可见，$\overline{S}$ 端有信号输入时，触发器为 1 态，因此，$\overline{S}$ 端被称为直接置 1 端或直接置位端。

(3) $\overline{R}=1$，$\overline{S}=1$ 时，触发器保持原态

如果触发器原为 0 态，则

$$Q=0 \rightarrow \overline{Q}=1$$
$$\downarrow$$
$$\overline{S}=1 \rightarrow Q=0$$

如果触发器原为 1 态，则

$$\overline{Q}=0 \rightarrow Q=1$$
$$\downarrow$$
$$\overline{R}=1 \rightarrow \overline{Q}=0$$

可见，$\overline{R}$ 和 $\overline{S}$ 端都无信号输入时，触发器保持原态，所以触发器具有存储和记忆的功能。

(4) $\overline{R}=0$，$\overline{S}=0$ 时，触发器状态不定

由于信号存在时，$\overline{R}=0$，$\overline{S}=0$，因此 $Q=1$，$\overline{Q}=1$，破坏了两者应该状态相反的逻辑要求，使触发器既非 0 态，又非 1 态，故为不定状态。

由于信号撤销后，$\overline{R}=1$，$\overline{S}=1$，触发器的状态将由两个与非门的信号传输快慢来决定，最终结果是随机的，故亦为不定状态。

可见，当 $\overline{R}$ 和 $\overline{S}$ 端都有信号输入时，触发器状态不定，这种情况应禁止出现，并以此作为对输入信号的约束条件。

归纳以上逻辑功能，可得到该触发器的真值表，见表 13.1.1。其中以 Q_n 表示触发器在接收信号之前的状态，称为原态；以 Q_{n+1} 表示触发器接收信号之后的状态，称为现态。上述基本 RS 触发器的逻辑符号如图 13.1.1(b) 所示，在 R 和 S 的端部各加有一个小圆圈，以表示输入信号为低电平有效。

表 13.1.1　输入为低电平有效的基本触发器真值表

$\overline{R}$	$\overline{S}$	Q_{n+1}
0	0	不定
0	1	0
1	0	1
1	1	Q_n

13.1.2 输入为高电平有效的基本 RS 触发器

图 13.1.2(a)所示电路是由两个或非门交叉连接而成的基本触发器。输入信号采用正脉冲,即输入信号为高电平有效,故输入端 R 和 S 上面不加"一"。

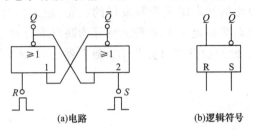

(a)电路 (b)逻辑符号

图 13.1.2 或非门组成的基本触发器

根据或非门的逻辑功能可以求得该触发器的真值表,见表 13.1.2。与表 13.1.1 比较一下可知两种基本 RS 触发器的逻辑功能是相同的,即只有 R 端有信号输入时,触发器为 0 态;只有 S 端有信号输入时,触发器为 1 态;R 和 S 端均无信号输入时,触发器为原态;R 和 S 端均有信号输入时,触发器状态不定。输入为高电平有效的基本 RS 触发器的逻辑符号如图 13.1.2(b)所示。与图 13.1.1(b)的不同之处是 R 和 S 的端部不加小圆圈,以表示输入信号为高电平有效,而且 R 和 S 的位置对调了一下。

表 13.1.2 输入为高电平有效的基本触发器真值表

R	S	Q_{n+1}
0	0	Q_n
0	1	1
1	0	0
1	1	不定

图 13.1.3 给出了国产 CMOS 集成基本 RS 触发器中的 CC4043 型和 CC4044 型外引线排列图。其中图 13.1.3(a)为或非门组成的基本 RS 触发器,图 13.1.3(b)为与非门组成的基本 RS 触发器,它们都含有四个基本触发器,而且增加了一个公共的使能端 E。当 $E=1$ 时,它们按基本触发器工作;当 $E=0$ 时,处于高阻状态。由于这种触发器具有三态输出功能,所以又称为三态 RS 锁存触发器。

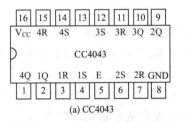
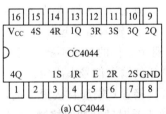

(a) CC4043 (a) CC4044

图 13.1.3 CC4043 型和 CC4044 型基本 RS 触发器外引线排列图

13.2 钟控触发器

基本触发器虽然具有置 0、置 1 和记忆的功能,但在使用上仍不够完善。因为一个数字系统往往由多个双稳态触发器,它们的动作速度各异,为了避免众触发器动作参差不齐,就需要用一个统一的信号来协调各触发器的动作。也就是说,各触发器都要受一个统一的指挥信号控制。这个指挥信号称为时钟脉冲信号。有时钟脉冲的触发器称为钟控触发器,又称同步触发器。

钟控触发器仍将 Q 端的状态定义为触发器的状态,输入信号都用正脉冲,信号未到时为低电平 0,信号来到时为高电平 1,即输入信号为高电平有效。

按逻辑功能的不同,钟控触发器可分为 RS 触发器、JK 触发器、D 触发器和 T 触发器等。

13.2.1　RS 触发器

1.电路结构

图 13.2.1 是一个四门钟控型电路结构的 RS 触发器。上面两个与非门组成了一个基本 RS 触发器,下面两个与非门组成了把时钟脉冲和输入信号引入的导引电路。

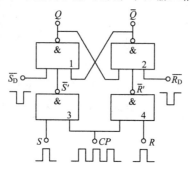

图 13.2.1　RS 触发器

Q 和 $\overline{Q}$ 是信号输出端,R 和 S 是信号输入端,CP 是时钟脉冲的输入端。CP 的输入电平称为触发电平,时钟脉冲采用周期一定的一串正脉冲。

当时钟脉冲未到时,$CP=0$,无论 R 和 S 有无信号输入,与非门 3 和与非门 4 的输出都为 1,即 $\overline{R'}=1$ 和 $\overline{S'}=1$,触发器保持原状态不变,R 和 S 不起作用,信号无法输入,这种情况,称为导引门 3、4 被封锁。

当时钟脉冲到来时,$CP=1$,触发器的状态才由 R 和 S 的输入信号来决定,即 R 和 S 才起作用,信号才能输入,这种情况,称为导引门 3、4 被打开。

由于 CP 脉冲对输入信号起着打开和封锁导引门的作用,因而在多个触发器共存的系统中便可以避免动作的参差不齐。可见,CP 起统一步调的作用,而每个触发器的输出状态仍由 R 和 S 的输入信号来决定。

$\overline{R}_D$ 和 $\overline{S}_D$ 是直接置 0 端和直接置 1 端,采用负脉冲。由于它们是从上部的基本触发器直接引出的,故不受时钟脉冲的控制,通常用于预置触发器的初始状态。例如,希望触发器的初始状态为 0,则将 $\overline{R}_D$ 端输入一个负脉冲($\overline{S}_D$ 端保持高电平)即可。不用时让两者都保持高电平。

2.逻辑功能

根据与非门的逻辑功能得到钟控 RS 触发器的逻辑功能如下:

(1)$R=0$,$S=0$ 时,触发器保持原态

因为时钟脉冲到来时,$CP=1$,所以

$$R=0 \searrow \overline{R'}=1 \searrow$$
$$CP=1 \nearrow \searrow \quad Q_{n+1}=Q_n$$
$$S=0 \nearrow \overline{S'}=1 \nearrow$$

可见,当 R 和 S 都无信号输入时,触发器也是保持原态。这正是要将输入信号改为正脉冲的原因。因为在无输入信号时,触发器能保持原态,才具有储存和记忆的功能。

(2)$R=0$,$S=1$ 时,触发器为 1 态

$$R=0 \searrow \overline{R'}=1 \searrow$$
$$CP=1 \nearrow \searrow \quad Q=1,\overline{Q}=0$$
$$S=1 \nearrow \overline{S'}=0 \nearrow$$

可见,当 S 端有信号输入时,触发器为 1 态,所以 S 称为置 1 端。

(3)$R=1$,$S=0$ 时,触发器为 0 态

$$R=1 \searrow \overline{R'}=0 \searrow$$
$$CP=1 \nearrow \searrow \quad Q=0,\overline{Q}=1$$
$$S=0 \nearrow \overline{S'}=1 \nearrow$$

可见,当 R 端有信号输入时,触发器为 0 态,所以 R 称为置 0 端。

(4)$R=1$,$S=1$ 时,触发器状态不定

$$R=1 \searrow \overline{R'}=0 \searrow$$
$$CP=1 \nearrow \searrow \quad \text{状态不定}$$
$$S=1 \nearrow \overline{S'}=0 \nearrow$$

可见,R 和 S 端同时都有信号输入时,触发器状态也是不定的,实际使用时应该避免该情况出现。

以上分析说明这种触发器的逻辑功能与基本 RS 触发器相同,所以也称为 RS 触发器。为区别起见,前者称为基本 RS 触发器或异步 RS 触发器,后者称为钟控 RS 触发器或同步 RS 触发器。归纳以上逻辑功能其真值表见表 13.2.1。

表 13.2.1 RS 触发器真值表

R	S	Q_{n+1}
0	0	Q_n
0	1	1
1	0	0
1	1	不定

3. 触发方式

时钟脉冲由 0 跳变至 1 的时刻,称为正脉冲的前沿或上升沿;由 1 跳变至 0 的时刻,称为正脉冲的后沿或下降沿。所谓触发方式就是触发器在时钟脉冲的什么时间接收输入信号和输出相应状态。

本电路如前所述,只有在 $CP=1$ 时,触发器才能接收输入信号,并立即输出相应状态。而且在 $CP=1$ 的整个时间内,输入信号变化时,输出状态都要发生相应的变化。如果在 CP 端之前加一个非门,则变成只有在 $CP=0$ 时,触发器才能接收输入信号,并立即输出相应的状态,而且在 $CP=0$ 的整个时间内,输入信号变化时,输出状态都要发生相应的变化。像这种只要在 CP 脉冲为规定的电平时,触发器都能接收输入信号并立即输出

相应状态的触发方式称为电平触发,它又分为高电平触发和低电平触发两种。本电路属于高电平触发。而前面提到的在 CP 前加非门的电路则为低电平触发。电平触发 RS 触发器的逻辑符号如图 13.2.2 所示。

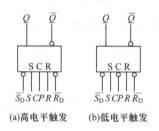

(a)高电平触发   (b)低电平触发

图 13.2.2 电平触发 RS 触发器的逻辑符号

【例 13.2.1】 已知高电平触发 RS 触发器,R 和 S 端的输入信号波形如图 13.2.3 所示,而且已知触发器初始状态为 0 态,求输出端 Q 的波形。

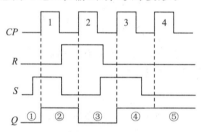

图 13.2.3 例 13.2.1 的波形

解 分析钟控 RS 触发器的输出波形时,一是要牢记触发器的逻辑功能,二是要注意触发方式。前者决定了触发器的输出状态,后者决定了状态的输出时刻。对于高电平触发方式而言,触发器输出状态 Q 由 CP 高电平期间 R 和 S 的状态所决定,输出时间也是在 CP 高电平期间。而在 CP 低电平期间,Q 的状态不变。

①Q 的初态为 0,该状态可保持到第 1 个 CP 高电平到来之前;

②在第 1 个 CP 高电平期间,由于 $R=0,S=1$,根据 RS 触发器的逻辑功能可知 $Q=1$,因此在此期间触发器输出 1,这一结果一直维持到第 2 个 CP 高电平到来之前;

③在第 2 个 CP 高电平期间,由于 $R=1,S=0$,根据 RS 触发器的逻辑功能可知 $Q=0$,因此在此期间触发器输出 0,这一结果又要维持到第 3 个 CP 高电平到来之前;

④在第 3 个 CP 高电平期间,由于 $R=0,S=1$,故 $Q=1$,这一结果一直维持到第 4 个 CP 高电平到来之前;

⑤在第 4 个 CP 高电平期间,由于 $R=0,S=0$,故 Q 不变,保持上一个状态 1 不变。

最后得到 Q 的波形如图 13.2.3 所示。

13.2.2 JK 触发器

1. 电路结构

图 13.2.4 是一个主从型电路结构的 JK 触发器,它是由两个钟控 RS 触发器组成。上面的触发器为低电平触发,下面的触发器为高电平触发。输入端改用 J、K 表示,故名为 JK 触发器。

在两个 RS 触发器中,输入信号的 RS 触发器称为主触发器,输出信号的 RS 触发器称为从触发器。主触发器的输出信号也就是从触发器的输入信号。从触发器的输出状态将由主触发器的状态来决定,即主触发器是什么状态,从触发器也会是什么状态。这就是主从触发器两字的由来,因此这种触发器称为主从型 JK 触发器。

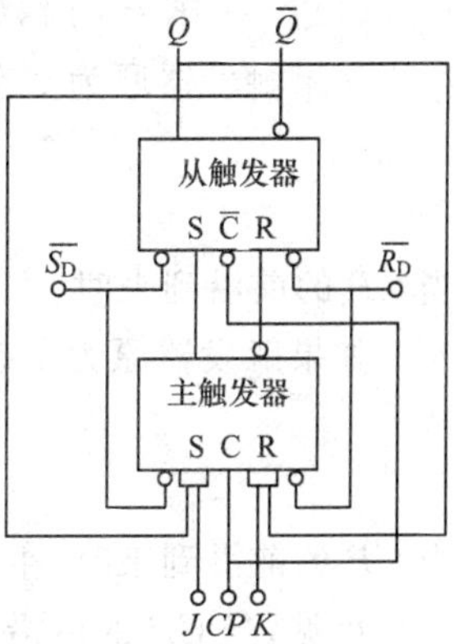

从触发器的输出通过两根反馈线送回到主触发器的 R 和 S 端,因而,主触发器的 R 和 S 都各有两个输入端,这两个输入端之间为逻辑乘的关系,即

$$R = KQ$$
$$S = J\overline{Q}$$

图 13.2.4 JK 触发器

当 CP 脉冲从 0 上跳至 1,即时钟脉冲前沿到来时,由于 $CP=1$,主触发器(高电平触发)接收输入信号,其输出状态由 J、K、Q、$\overline{Q}$ 决定。而从触发器(低电平触发)不接收输入信号,其输出状态不变。当 CP 脉冲由 1 下跳至 0,即时钟脉冲的后沿到来时,由于 $CP=0$,主触发器不接收输入信号,其输出状态保持 $CP=1$ 时的状态不变,而从触发器接收输入信号,其输出状态由主触发器的状态来决定。可见,在时钟脉冲的前沿到来时,主触发器接收输入信号;在时钟脉冲的后沿到来时,从触发器才输出相应的状态。

$\overline{R_D}$ 和 $\overline{S_D}$ 是直接置 0 端和直接置 1 端,其作用与钟控 RS 触发器中的 $\overline{R_D}$ 和 $\overline{S_D}$ 作用相同。

2. 逻辑功能

(1) $J=0$、$K=0$ 时,触发器保持原态

由于主触发器的输入端 R、S 分别为

$$R = KQ = 0 \cdot Q = 0$$
$$S = J\overline{Q} = 0 \cdot \overline{Q} = 0$$

因此,当 CP 的前沿到来时,主触发器状态不变;当 CP 的后沿到来时,从触发器的状态也不变,即 $Q_{n+1} = Q_n$。

(2) $J=0$、$K=1$ 时,触发器为 0 态

如果触发器原为 0 态,则主触发器的输入端 R、S 分别为

$$R = KQ = 1 \cdot 0 = 0$$
$$S = J\overline{Q} = 0 \cdot 1 = 0$$

当 CP 的前沿到来时,主触发器保持 0 态。

如果触发器原为 1 态,则主触发器的输入端 R、S 分别为

$$R = KQ = 1 \cdot 1 = 1$$
$$S = J\overline{Q} = 0 \cdot 0 = 0$$

当 CP 的前沿到来时,主触发器翻转为 0 态。

可见,无论触发器原为 0 态还是 1 态,当 CP 的后沿到来时,从触发器都为 0 态,即 $Q_{n+1}=0$。所以 K 为置 0 端。

(3) $J=1$、$K=0$ 时,触发器为 1 态

情况与(2)相反,读者可自行分析,所以 J 为置 1 端。

(4)$J=1$、$K=1$ 时，触发器翻转

如果触发器原为 0 态，则主触发器的输入端 R、S 分别为

$$R=KQ=1 \cdot 0=0$$
$$S=J\overline{Q}=1 \cdot 1=1$$

当 CP 的前沿到来时，主触发器变为 1 态。

如果触发器原为 1 态，则主触发器的输入端 R、S 分别为

$$R=KQ=1 \cdot 1=1$$
$$S=J\overline{Q}=1 \cdot 0=0$$

当 CP 的前沿到来时，主触发器变为 0 态。

可见，当 CP 的后沿到来时，从触发器翻转，即 $Q_{n+1}=\overline{Q_n}$。不会像 RS 触发器那样出现不定状态。

归纳以上逻辑功能，可得到 JK 触发器的真值表，见表 13.2.2。以上分析说明，JK 触发器不但具有记忆和置数(置 0 和置 1)功能，而且还具有计数功能。所谓计数，就是每来一个脉冲，触发器就翻转一次，从而记下脉冲的数目。JK 触发器在 $J=1$、$K=1$ 时，若将 CP 脉冲改作计数脉冲，便可实现计数。所以 JK 触发器是功能最齐全的触发器。

表 13.2.2 JK 触发器真值表

J	K	Q_{n+1}
0	0	Q_n
0	1	0
1	0	1
1	1	$\overline{Q_n}$

3. 触发方式

主从型结构的触发器，触发过程是分两步进行的。在上述电路中，主触发器在 $CP=1$ 时接收信号，从触发器在 CP 由 1 下跳至 0 时，即 CP 后沿到来瞬间输出相应的状态。如果改变电路结构，例如将主触发器改用低电平触发，从触发器改用高电平触发，则变成主触发器在 $CP=0$ 时接收信号，而从触发器在 CP 由 0 上跳至 1 时，即 CP 前沿到来瞬间输出相应的状态。像这种在 CP 规定的电平时，主触发器接收输入信号，当 CP 再跳变时，从触发器输出相应状态的触发方式称为主从触发。按主从触发器输出状态时刻的不同又分为后沿主从触发和前沿主从触发两种，图 13.2.4 所示电路属于后沿主从触发，上面提到的将主从触发器的触发电平颠倒过来的电路则属于前沿主从触发。目前，应用最多

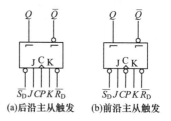

图 13.2.5   主从 JK 触发器的逻辑符号

的是后沿主从触发。它们的逻辑符号如图 13.2.5 所示，其中图(a)的 C 处不加小圆圈，而用符号 $\wedge$ 表示触发器是在 CP 前沿到来时开始输入信号，符号 $\neg$ 则表示输出延迟的意思，即延迟至 CP 后沿到来时输出相应状态。图(b)情况正好相反，在 C 处加小圆圈，并用符号 $\wedge$，输出端加延迟符号 $\neg$，表示该触发器在 $CP=0$ 时接收输入信号，延迟至下一个 CP 前沿到来时输出相应状态。

【**例 13.2.2**】   已知后沿主从触发的 JK 触发器，J 和 K 端的输入信号波形如图

13.2.6 所示,而且已知触发器原为 0 态,求输出端 Q 的波形。

解 注意后沿主从触发方式的特点:触发器输出什么状态,由 CP 高电平期间所对应的 J 和 K 决定,而触发器输出相应状态的时刻却在 CP 后沿。

①触发器原为 0 态,则该状态一直保持到第 1 个 CP 的后沿;

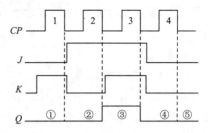

图 13.2.6 例 13.2.2 的波形

②在第 1 个 CP 高电平期间,由于 $J=0,K=1$,根据 JK 触发器的逻辑功能可知 $Q=0$,该状态在第 1 个 CP 的后沿到来瞬间输出,且一直维持到第 2 个 CP 的后沿;

③在第 2 个 CP 高电平期间,由于 $J=1,K=0$,根据 JK 触发器的逻辑功能可知 $Q=1$,该状态在第 2 个 CP 的后沿到来瞬间输出,且一直维持到第 3 个 CP 的后沿;

④在第 3 个 CP 高电平期间,由于 $J=1,K=1$,根据 JK 触发器的逻辑功能可知,触发器的状态翻转,即 Q 由上一个状态 1 翻转为 0,该状态在第 3 个 CP 的后沿到来瞬间输出,且一直维持到第 4 个 CP 的后沿;

⑤在第 4 个 CP 高电平期间,由于 $J=0,K=0$,根据 JK 触发器的逻辑功能可知,触发器的状态不变,即 Q 仍保持上一个状态 0,该状态在第 4 个 CP 的后沿到来瞬间输出。

最后得到 Q 的波形如图 13.2.6 所示。

13.2.3 D 触发器

1. 电路结构

图 13.2.7 是一个维持阻塞型电路结构的 D 触发器。它是由六个与非门组成。上面两个与非门组成一个基本 RS 触发器,作为触发器的输出电路。中间两个与非门组成时钟脉冲的导引电路。下面两个与非门组成信号输入电路。输入端只有一个,用 D 表示,故称 D 触发器。

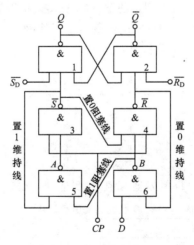

图 13.2.7 D 触发器

导引电路的作用与前两种触发器相同,时钟脉冲到来时,$CP=0$,中间两个与非门有

0 出 1,使得 $\overline{R}=1$,$\overline{S}=1$,基本触发器输出保持原态,与 D 端输入无关,即导引门被封锁,信号无法输入。时钟脉冲到来之后,$CP=1$,导引门被打开,Q 和 $\overline{Q}$ 的状态才由输入信号来决定。

2. 逻辑功能

(1)$D=0$ 时,触发器为 0 态

如前所述,在 $CP=0$ 时,中间两个与非门被封锁,$\overline{R}=1$,$\overline{S}=1$。当 CP 由 0 跳变至 1 时,由于 $D=0$,与非门 6 有 0 出 1,$B=1$;与非门 4 全 1 则 0,$\overline{R}=0$;与非门 2 有 0 出 1,$\overline{Q}=1$;与非门 1 全 1 则 0,$Q=0$;故触发器为 0 态。而且在 $CP=1$ 的整个时期内,由于 $\overline{R}=0$ 被反馈到与非门 6 的输入端,无论 D 端输入信号是否改变,与非门 6 的输出 B 始终为 1,只要 $\overline{S}$ 也为 1,触发器将继续维持 0 态,所以由 $\overline{R}$ 至与非门 6 的反馈线称为置 0 维持线。同时,由于 $B=1$ 被送到了与非门 5 的输入端,使得与非门 5 全 1 则 0,$A=0$,与非门 3 有 0 出 1,保证了 $\overline{S}$ 始终为 1,这就阻塞了使触发器置 1 的可能,所以,由 B 引至与非门 5 的这根线称为置 1 阻塞线。分析过程可表示如下:

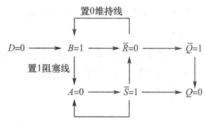

(2)$D=1$ 时,触发器为 1 态

在 $CP=0$ 时,又恢复到 $\overline{R}=1$,$\overline{S}=1$。当 CP 由 0 跳变至 1 时,由于与非门 6 全 1 则 0,$B=0$,与非门 4 有 0 出 1,$\overline{R}=1$;与非门 5 有 0 出 1,$A=1$;与非门 3 全 1 则 0,$\overline{S}=0$;与非门 1 有 0 出 1,$Q=1$;与非门 2 全 1 则 0,$\overline{Q}=0$,所以触发器为 1 态。而且在 $CP=1$ 的整个时期内,由于 $\overline{S}=0$ 被反馈到与非门 5 的输入端,与非门 5 有 0 出 1,$A=1$;与非门 3 全 1 则 0,$\overline{S}=0$;与非门 1 有 0 出 1,Q 将继续维持 1,所以 $\overline{S}$ 至与非门 5 的反馈线称为置 1 维持线。同时,由于 $\overline{S}=0$ 被送到了与非门 4 的输入端,无论 D 端信号是否变化,与非门 4 都有 0 出 1,$\overline{R}=1$;与非门 2 全 1 则 0,$\overline{Q}=0$,这样就阻塞了使触发器置 0 的可能,故这根由 $\overline{S}$ 至与非门 4 的线称为置 0 阻塞线。分析过程可表示如下:

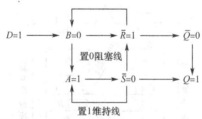

归纳以上逻辑功能,得到 D 触发器真值表,见表 13.2.3。也可以记为 $Q_{n+1}=D$。

表 13.2.3 D 触发器真值表

D	Q_{n+1}
0	0
1	1

3. 触发方式

上述 D 触发器是在 CP 由 0 跳变至 1 时,接收输入信号,并输出相应状态。改变电路结构,例如在 CP 端前面加上一个非门,便可以变成在 CP 由 1 跳变至 0 时,接收输入信号,并输出相应状态。像这种只有在时钟脉冲的电平跳变时,接收输入信号并输出相应状态的触发方式称为边沿触发。边沿触发又分为前沿触发和后沿触发两种。前述电路属于前沿触发,而上面讲到的在 CP 端前面加非门的电路则为后沿触发。边沿触发 D 触发器的逻辑符号如图 13.2.8 所示。目前,以前沿触发应用较多。与电平触发方式和主从触发方式相比,边沿触发方式抗干扰能力最强。

【**例 13.2.3**】 已知前沿触发 D 触发器 D 端的输入信号波形如图 13.2.9 所示,而且已知触发器原为 0 态,求输出端 Q 的波形。

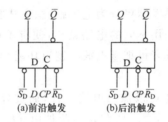

(a)前沿触发　　　(b)后沿触发

图 13.2.8 边沿触发 D 触发器的逻辑符号

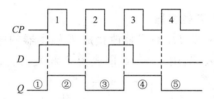

图 13.2.9 例 13.2.3 的波形

解 相对于其他触发方式,边沿触发方式的波形分析比较简单。对于前沿触发器而言,触发器的输出状态由 CP 前沿瞬间的状态决定,且状态的输出也是在前沿瞬间完成。

①触发器原为 0 态,则该状态一直保持到第 1 个 CP 的前沿;

②在第 1 个 CP 前沿时刻,由于 $D=1$,根据 D 触发器的逻辑功能可知 $Q=1$,该状态也是在第 1 个 CP 的前沿时刻输出,且一直维持到第 2 个 CP 的前沿到来之前;

③在第 2 个 CP 前沿时刻,由于 $D=0$,根据 D 触发器的逻辑功能可知 $Q=0$,该状态也是在第 2 个 CP 的前沿时刻输出,且一直维持到第 3 个 CP 的前沿到来之前;

④在第 3 个 CP 前沿时刻,由于 $D=1$,根据 D 触发器的逻辑功能可知 $Q=1$,该状态也是在第 3 个 CP 的前沿时刻输出,且一直维持到第 4 个 CP 的前沿到来之前;

⑤在第 4 个 CP 前沿时刻,由于 $D=0$,根据 D 触发器的逻辑功能可知 $Q=0$,该状态也是在第 4 个 CP 的前沿时刻输出。

最后得到 Q 的波形如图 13.2.9 所示。

13.2.4 T 触发器

T 触发器只有一个输入端 T,当 $T=0$ 时,触发器保持原态;$T=1$ 时,触发器翻转。真值表见表 13.2.4。由于 $T=1$ 时,每来一个 CP 脉冲,触发器就要翻转一次,所以它不但像其他触发器一样具有记忆功能,而且还具有计数功能,是一种受控计数触发器。

表 13.2.4 　　　　　 T 触发器真值表

T	Q_{n+1}
0	Q_n
1	$\overline{Q_n}$

通过前面的分析可知:

按电路结构的不同,钟控触发器可分为四门钟控型、主从型和维持阻塞型等。

按逻辑功能的不同,钟控触发器可分为 RS 触发器、JK 触发器、D 触发器和 T 触发器等。

按触发方式的不同,钟控触发器可分为电平触发、主从触发和边沿触发等。

相同逻辑功能的触发器,采用不同的电路结构,便有不同的触发方式。在电路结构、逻辑功能和触发方式三者中,读者可把重点放在逻辑功能和触发方式上,对电路结构可不做深究。

不同逻辑功能的触发器,还可以像门电路一样,通过外部接线进行相互转换。转换后,逻辑功能改变,但触发方式不变。现在介绍两种由 JK 触发器和 D 触发器转换成的 T 触发器。

1. 将 JK 触发器转换成 T 触发器

图 13.2.10(a)是将主从型 JK 触发器改接成 T 触发器的电路,只要将 JK 触发器的 J 端和 K 端合并成一个输入端,用 T 表示,即成为 T 触发器。证明如下:

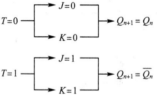

转换后,触发方式不变,故图 13.2.10(a)是主从触发器的 T 触发器,其逻辑符号如图 13.2.10(b)所示。

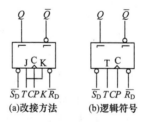

(a)改接方法　　(b)逻辑符号

图 13.2.10　JK 触发器改
为 T 触发器

2. 将 D 触发器转换成 T 触发器

图 13.2.11(a)是将维持阻塞型 D 触发器改接成 T 触发器的电路,只要将 D 触发器的输入端 D 接异或门的输出端,异或门的一个输入端与 Q 端相连,另一端作为 T 输入端。证明如下:

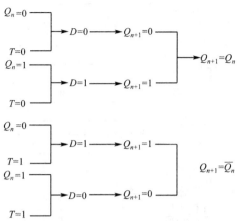

转换后,触发方式不变,故图 13.2.11(a)是边沿触发的 T 触发器,其逻辑符号如图 13.2.11(b)所示。

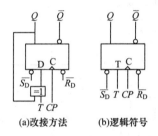

图 13.2.11　D 触发器改为 T 触发器

在上述各种双稳态触发器中,由于 JK 触发器功能最齐全,D 触发器使用最方便,并且都能转换成其他触发器,因而,目前市场上供应的集成电路产品主要是这两种。其中,JK 触发器较多采用主从型,D 触发器较多采用维持阻塞型。图 13.2.12(a)给出了国产 CT1072 型 JK 触发器的外引线排列图,它是主从型的,J 和 K 各有 3 个输入端,3 个输入端之间为逻辑乘关系。图 13.2.12(b)给出了国产 CT1174 型 D 触发器的外引线排列图,它含有 6 个独立的维持阻塞型 D 触发器,CP 是它们公共的时钟脉冲输入端。

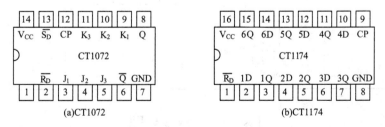

图 13.2.12　CT1072 型 JK 触发器和 CT1174 型 D 触发器的外引线排列图

这两节介绍的主要的触发器汇总见表 13.2.5,可供读者参考。

表 13.2.5　　　　　　　　　　　常用双稳态触发器

名　称	逻辑符号	真值表			触发方式
基本 RS 触发器	Q　$\bar{Q}$　S　R	$\bar{R}$	$\bar{S}$	Q_{n+1}	
		0	0	不定	
		0	1	0	
		1	0	1	
		1	1	Q_n	

钟控触发器	名称	逻辑符号	真值表			触发方式
	RS 触发器	Q　$\bar{Q}$　SCR　$\bar{S}_D\,S\,CP\,R\,\bar{R}_D$	R	S	Q_{n+1}	电平触发（高电平）
			0	0	Q_n	
			0	1	1	
			1	0	0	
			1	1	不定	
	JK 触发器	Q　$\bar{Q}$　JCK　$\bar{S}_D\,J\,CP\,K\,\bar{R}_D$	J	K	Q_{n+1}	主从触发（后沿主从）
			0	0	Q_n	
			0	1	0	
			1	0	1	
			1	1	$\overline{Q_n}$	
	D 触发器	Q　$\bar{Q}$　D C　$\bar{S}_D\,D\,CP\,\bar{R}_D$	D		Q_{n+1}	边沿触发（前沿）
			0		0	
			1		1	
	T 触发器	Q　$\bar{Q}$　T C　$\bar{S}_D\,T\,CP\,\bar{R}_D$	T		Q_{n+1}	主从触发（后沿主从）
			0		Q_n	
			1		$\overline{Q_n}$	
		Q　$\bar{Q}$　T C　$\bar{S}_D\,T\,CP\,\bar{R}_D$				边沿触发（前沿）

13.3　计数器

　　计数器和寄存器是常用的两种时序逻辑电路。本节先介绍计数器,寄存器留待下一节讨论。

在数字系统中,计数器的应用十分广泛。它不仅具有计数功能,还可以用于分频、产生序列脉冲、定时等操作。计数器必须由具有记忆功能的触发器组成。

按计数器中各触发器翻转情况不同,计数器分为同步计数器和异步计数器两种。在同步计数器中,输入计数脉冲作为各触发器的时钟脉冲同时作用于各触发器的 CP 端,它们的动作是同步的;在异步计数器中,有的触发器将输入计数脉冲作为时钟脉冲,受其直接控制,有的触发器是将其他触发器的输出作为时钟脉冲,因而它们的动作有先有后,是异步的。

按数制的不同,计数器又分为二进制计数器、十进制计数器和 N(任意)进制计数器。一般来说,几个状态构成一个计数循环,就称为几进制计数器。但二进制计数器是个例外。n 位的二进制计数器共有 2^n 个状态,例如 4 位二进制计数器有 0000～1111 共 $2^4 = 16$ 个状态,故也可以称为十六进制计数器。

按计数过程中数字的增减来分,计数器又有加法计数器、减法计数器和既可加又可减的可逆计数器三种。

计数器的种类很多,这里不可能对每一种计数器都一一加以介绍。另外,目前大量使用的是中规模集成计数器。因此下面仅通过两个例子来说明计数器的工作原理,再介绍中规模集成计数器 74LS90 的使用方法。

13.3.1　同步二进制减法计数器

图 13.3.1(a)所示是用 JK 触发器组成的二进制减法计数器。计数脉冲 CP 是连在两个触发器的触发端,由于该电路的时钟脉冲是同时作用于两个触发器的时钟脉冲输入端的,故称同步计数器。

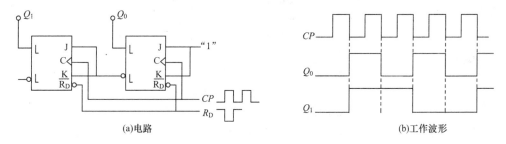

(a)电路　　　　　　　　　　　　　　　(b)工作波形

图 13.3.1　同步二进制减法计数器

计数开始前,令各位触发器的 $\overline{S_D}=1$(图中省略其接线),在 $\overline{R_D}$ 端加负脉冲将各触发器清零。$J_0=K_0=1$,故对每个计数脉冲,Q_0 都会发生状态翻转。J_1 和 K_1 接在一起与 $\overline{Q_0}$ 端相连,即 $J_1=K_1=\overline{Q_0}$。当 $\overline{Q_0}=1$ 时,Q_1 发生状态翻转,否则保持原态。根据上述原则画出计数器的工作波形如图 13.3.1(b)所示。由波形图可见:

(1)触发器的状态 Q_1Q_0 从 00 开始,经过 $4(2^2)$ 个计数脉冲恢复为 00,所以称其为二进制计数器。

(2)随着计数脉冲的输入,两位触发器 Q_1Q_0 的状态依次递减 1,所以称其为减法计数器。

(3)Q_0 波形的频率是 CP 的二分之一,从 Q_0 输出时称为二分频;Q_1 波形的频率是 CP 的四分之一,从 Q_1 输出时称为四分频。显然,计数器可以做分频器使用,以得到不同频率的脉冲。

（4）两位二进制减法计数器,能计数的最大十进制数为 $2^2-1=3$。n 位二进制减法计数器,能计数的最大十进制数为 2^n-1。

如果将 J_1 和 K_1 接在一起与 Q_0 端相连,即 $J_1=K_1=Q_0$,则上述电路变为同步二进制加法计数器,读者可自行分析。

13.3.2 异步五进制加法计数器

图 13.3.2(a)所示是用三个 JK 触发器(后沿主从触发)组成的五进制加法计数器,该电路中计数脉冲 CP 不是同时加到各个触发器上的,而只是加到 F_0 和 F_2 触发器上,而 F_1 的触发脉冲来源于 Q_0。三个触发器并不是同时动作的,而是动作顺序有先有后,所以称为异步计数器。

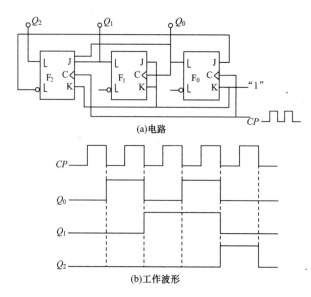

图 13.3.2 五进制加法计数器

开始计数前,令各位触发器的 $\overline{S_D}=1$,在 $\overline{R_D}$ 端加负脉冲将各触发器清零(图中省略其接线)。$K_0=1,J_0=\overline{Q_2}$;$J_1=K_1=1$,并注意 Q_0 是 F_1 的触发脉冲;$J_2=Q_1Q_0$,$K_2=1$。图 13.3.2(b)所示是该计数器的工作波形。由波形图可见:

（1）触发器 $Q_2Q_1Q_0$ 的状态从 000 开始,每经过 5 个脉冲发生一次计数循环,所以称该计数器为五进制计数器。

（2）随着计数脉冲的输入,$Q_2Q_1Q_0$ 的状态所表示的二进制数依次递增 1,所以称该计数器为加法计数器。

（3）Q_2 波形的频率是 CP 的五分之一,即对 CP 进行了五分频。显然,N 进制计数器也可以做分频器使用。

以上两个例子都是由 JK 触发器组成的计数器。实际上,用 T、D 等触发器也可组成计数器,例如上述的同步二进制减法用的触发器实际上均为由 JK 触发器转换的 T 触发器。

13.3.3　中规模集成计数器及其应用

1. 中规模集成计数器介绍

集成计数器产品的类型很多。例如,四位二进制加法计数器 74LS161,双时钟四位二进制可逆计数器 74LS193,单时钟四位二进制可逆计数器 74LS191,单时钟十进制可逆计数器 74LS190,双时钟二-五-十进制计数器 74LS90 等。由于集成计数器功耗低、功能灵活、体积小,所以在一些小型数字系统中得到了广泛的应用。

图 13.3.3(a)所示是 74LS90 的内部电路原理图,图 13.3.3(b)是其外引线排列图。表 13.3.1 中列出了其逻辑功能。

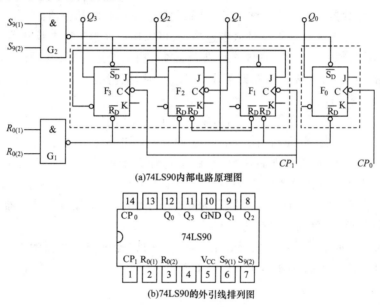

(a)74LS90内部电路原理图

(b)74LS90的外引线排列图

图 13.3.3　74LS90 内部电路原理图和外引线排列图

表 13.3.1　　　　　74LS90 的功能表

CP_0	CP_1	$R_{0(1)}$	$R_{0(2)}$	$S_{9(1)}$	$S_{9(2)}$	Q_3	Q_2	Q_1	Q_0
$\times$	$\times$	1	1	$\times$	0	0	0	0	0
				0	$\times$				
$\times$	$\times$	$\times$	0	1	1	1	0	0	1
		0	$\times$						
$\downarrow$	$\times$	$\times$	0	$\times$	0	由 Q_0 输出,二进制计数器			
		0	$\times$	0	$\times$				
$\times$	$\downarrow$	$\times$	0	$\times$	0	由 $Q_1 \sim Q_3$ 输出,五进制计数器			
		0	$\times$	0	$\times$				
$\downarrow$	Q_0	$\times$	0	$\times$	0	由 $Q_0 \sim Q_3$ 输出,十进制计数器			
		0	$\times$	0	$\times$				

由图 13.3.3(a)和表 13.3.1 可以看出 74LS90 具有如下功能:

(1)F_0 的脉冲由 CP_0 输入,其构成一位二进制计数器,即逢二进一;$F_1 \sim F_3$ 构成五进制计数器,F_1、F_3 计数脉冲由 CP_1 输入,每输入 5 个脉冲其状态循环一次(工作原理见

13.3.2 节)。单独使用 F_0 即为二进制计数器;单独使用 $F_1 \sim F_3$ 即为五进制计数器;将 Q_0 与 CP_1 连接起来,由 CP_0 输入计数脉冲,就构成十进制计数器(读者可自行分析)。

(2)门 G_1 用于计数器清零,当门 G_1 的输入 $R_{0(1)}$ 和 $R_{0(2)}$ 全 1 时,计数器的各位触发器被清零;门 G_2 用于计数器置 9,当门 G_2 的输入 $S_{9(1)}$ 和 $S_{9(2)}$ 全 1 时,F_0 和 F_3 被置 1,F_1 和 F_2 被清零,此时 $Q_3 Q_2 Q_1 Q_0 = 1001$。

(3)当计数器工作时,$R_{0(1)}$ 和 $R_{0(2)}$ 中应该至少有一个为 0,$S_{9(1)}$ 和 $S_{9(2)}$ 中也应该至少有一个为 0。

(4)表 13.3.1 中的箭头"↓"表示时钟脉冲的后沿为触发沿。

2.74LS90 的应用举例

尽管集成计数器产品种类很多,也不可能做到任意进制的计数器都有其相应的产品。但是用一片或几片集成计数器经过适当连接,就可以构成任意进制的计数器。

若一片集成计数器为 M 进制,欲构成 N 进制,构成任意进制计数器的原则是:当 $M > N$ 时,只需要用一片集成计数器即可;当 $M < N$ 时,则需要几片 M 进制集成计数器才可以构成 N 进制的计数器。

用集成计数器构成任意进制计数器,常用的方法有:反馈清零法、级联法和反馈置数法。下面以 74LS90 为例,介绍用反馈清零法构成任意进制计数器的方法。

用反馈清零法构成任意进制计数器,就是将计数器的输出状态反馈到直接清零端 $R_{0(1)}$ 和 $R_{0(2)}$,使计数器在第 N 个脉冲时清零,此后再从 0 开始计数,从而实现 N 进制计数。74LS90 集成计数器的计数循环状态为 0000~1001。当欲接成的计数器进制小于 10 ($M < N$)时,应设法避免无效状态的出现。

图 13.3.4 所示是用一片集成计数器 74LS90 构成七进制计数器的外部连线图。首先将 74LS90 连成十进制计数器,即 Q_0 与 CP_1 连接,由 CP_0 输入计数脉冲,$S_{9(1)}$ 和 $S_{9(2)}$ 中有一个为 0 即可。

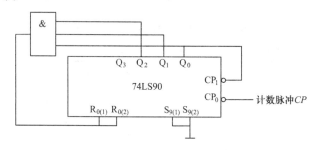

图 13.3.4   用 74LS90 构成的七进制计数器

图 13.3.4 中将 Q_2、Q_1、Q_0 分别接到与门的输入端,再将与门的输出接到直接清零的 $R_{0(1)}$ 和 $R_{0(2)}$ 端。当计数器输入第 7 个计数脉冲时 $Q_3 Q_2 Q_1 Q_0 = 0111$,与门就输出 1 而使计数器立即清零,即 0111 仅作为过渡状态而不能作为独立状态存在。此后再输入第 8 个计数脉冲时则从 1 开始计数。计数器的状态每经过 7 个计数脉冲就循环一次,所以是七进制计数器。

注意,Q_2、Q_1、Q_0 的状态必须经过与门后才能直接连接到直接清零端,切不可将 Q_2、Q_1、Q_0 相互短接再接到直接清零端。

利用反馈清零法,用一片 74LS90 可以构成三～九进制的计数器(要构成五进制计数器,不必反馈清零)。

13.4 寄存器

寄存器是数字电路中用来存放数码和指令等的主要部件。按功能的不同,寄存器可分为数码寄存器和移位寄存器两种。数码寄存器只供暂时存储数码,然后根据需要取出数码。移位寄存器不仅能存储数码,而且具有移位的功能,即每从外部输入一个移位脉冲(时钟脉冲)其存储数码的位置就同时向左或向右移动一位。这是进行算术运算时所必需的。按存放和取出数码方式的不同,寄存器又有并行和串行之分。前者一般用在数码寄存器中,后者一般用在移位寄存器中。

13.4.1 数码寄存器

图 13.4.1 是一个可以存放四位二进制数码的数码寄存器。一般来说,一个双稳态触发器可以存放一位二进制数码。因此,一个四位二进制数码寄存器需要 4 个双稳态触发器。图中采用了 4 个高电平触发的 RS 触发器,它们的输入端和输出端都利用门电路来进行控制。A_3、A_2、A_1、A_0 是数码存入端,Q_3、Q_2、Q_1、Q_0 是数码寄存端,O_3、O_2、O_1、O_0 是数码取出端。图中双稳态触发器的 $\overline{Q}$ 和 $\overline{S_D}$ 端不用,故未画出。该寄存器的工作过程如下:

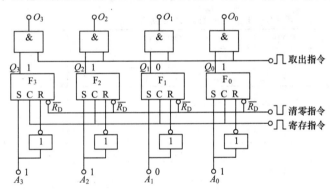

图 13.4.1 数码寄存器

1.预先清零

在清零输入端输入清零负脉冲,使得各触发器的直接置 0 端 $\overline{R_D}$ 都为 0,各触发器都处于 0 态。

2.存入数码

设待存数码为 1101,将它们分别加到 A_3、A_2、A_1、A_0 端,利用 CP 脉冲为寄存指令。在寄存指令未到时,CP 端为 0,各触发器保持原态,即清零后的 0 态,这时数码尚未存入。寄存指令到来时,触发器 F_3、F_2 和 F_0 的 $R=0$,$S=1$,Q_3、Q_2 和 Q_0 都为 1,F_1 的 $R=1$,$S=0$,Q_1 为 0,故 Q_3、Q_2、Q_1、Q_0 为 1101,数码已被存入。寄存指令过后,各触发器保持原态,即数码被寄存。

3.取出数码

取出指令未到时,由于 4 个与门的右边输入为 0,它们的输出也为 0,即 $O_3=0$、$O_2=$

0、$O_1=0$、$O_0=0$,故数码虽已存入,但未取出。取出指令到来时,4个与门右边输入都为1,其输出取决于它们的另一输入,即取决于4个Q端的数码。由于Q_3、Q_2和Q_0为1,Q_1为0,故,$O_3=1$,$O_2=1$,$O_1=0$,$O_0=1$,寄存数码被取出。

上述寄存器,寄存时数码是从4个存入端同时存入,取出时又同时从4个取出端取出,所以又称为并行输入并行输出寄存器。

13.4.2 移位寄存器

移位寄存器按移位方向的不同又有右移、左移和双向移位之分。图13.4.2是一个四位的右移寄存器,它由4个上升沿触发的D触发器组成。它只有一个输入端和一个输出端。数码是从输入端D_3逐位输入,从输出端Q_0逐位输出。其工作过程可借助表13.4.1来说明。

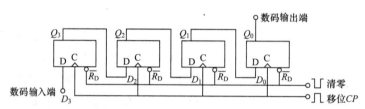

图13.4.2 移位寄存器

表 13.4.1　　　移位寄存器状态表

CP 顺序	D_3	Q_3	Q_2	Q_1	Q_0	存取过程
0	$\varnothing$	0	0	0	0	清零
1	1	1	0	0	0	存入1位
2	0	0	1	0	0	存入2位
3	1	1	0	1	0	存入3位
4	1	1	1	0	1	存入4位
5	0	0	1	1	0	取出1位
6	0	0	0	1	1	取出2位
7	0	0	0	0	1	取出3位
8	0	0	0	0	0	取出4位

1. 预先清零

在清零输入端输入清零脉冲,使得 $Q_3=Q_2=Q_1=Q_0=0$。

2. 存入数码

设待存数码仍是1101。将它按时钟脉冲(即移位时钟)CP的节拍从低位数到高位数,即从第1位数到第4位数依次串行送到数码输入端D_3。由于D_2、D_1、D_0分别接至Q_3、Q_2和Q_1,因此在每个CP脉冲的上升沿到来时,它们的电平分别等于上一个CP时的Q_3、Q_2和Q_1的电平。于是可知存入数码的过程如下:

(1)首先令$D_3=1$(第1位数),在第1个CP的上升沿到来时,由于$D_3=1$,$D_2=0$,$D_1=0$,$D_0=0$,所以$Q_3=1$,$Q_2=0$,$Q_1=0$,$Q_0=0$,存入第1位。

(2)继之令$D_3=0$(第2位数),在第2个CP的上升沿到来时,由于$D_3=0$,$D_2=1$,$D_1=0$,$D_0=0$,所以$Q_3=0$,$Q_2=1$,$Q_1=0$,$Q_0=0$,又存入第2位。

（3）然后令 $D_3 = 1$（第 3 位数），在第 3 个 CP 的上升沿到来时，由于 $D_3 = 1$、$D_2 = 0$、$D_1 = 1$、$D_0 = 0$，所以 $Q_3 = 1$，$Q_2 = 0$，$Q_1 = 1$，$Q_0 = 0$，又存入第 3 位。

（4）最后令 $D_3 = 1$（第 4 位数），在第 4 个 CP 的上升沿到来时，由于 $D_3 = 1$、$D_2 = 1$、$D_1 = 0$，$D_0 = 1$，所以 $Q_3 = 1$，$Q_2 = 1$，$Q_1 = 0$，$Q_0 = 1$，又存入第 4 位。

3. 取出数码

只需令 $D_3 = 0$，再连续输入 4 个移位脉冲 CP，结合表 13.4.1 可知，所存入的 1101 将从低位到高位逐位由数码输出端 Q_0 输出。

在移位脉冲的作用下，寄存器 Q_3、Q_2、Q_1 和 Q_0 的波形如图 13.4.3 所示。也可以先画出波形图，再确定状态表。画波形图时，可先根据待存数码 D_3 画出 Q_3 的全部波形，再依次由高位触发器的输出画出相邻低位触发器的输出。但要注意，D_2、D_1 和 D_0 应分别等于上个 CP 时的 Q_3、Q_2 和 Q_1。例如第 3 个 CP 输出时的 Q_2 应由第 2 个 CP 过后的 Q_3 $= D_2$ 来确定。

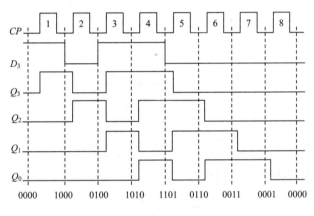

图 13.4.3　移位寄存器的波形图

上述寄存器，数码是逐位串行输入，逐位串行输出的，所以又称为串行输入串行输出寄存器。

如果将上述寄存器中的每个触发器的输出端都引到外部，则四位数码经 4 个移位脉冲串行输入后，便可从各个触发器的输出端 $Q_3 Q_2 Q_1 Q_0$ 并行输出，这样就成了串行输入并行输出的移位寄存器。

从以上的分析可以看到，右移寄存器的特点是：右边的触发器受左边触发器的控制。在移位脉冲作用下，寄存器内存放的数码均是从高位向低位移一位。如果反过来，左边的触发器由右边的触发器控制，待存数码从高位数到低位数依次串行送到输入端，在移位脉冲作用下，寄存器内存放的数码均从低位向高位移一位，则这样的寄存器称为左移寄存器。

目前国产集成寄存器的种类甚多，图 13.4.4 给出了 CT1194（四位双向移位寄存器）的外引线排列图。这种寄存器功能比较全面，既可并行输入，也可串行输入；既可并行输出，又可串行输出；既可右移，又可左移。Q_3、Q_2、Q_1 和 Q_0 是并行输出端，D_3、D_2、D_1 和 D_0 是并行输入端，$\overline{S_0}$ 和 $\overline{S_1}$ 是功能控制端。例如串行右移时，令 $\overline{S_0} = 1$，$\overline{S_1} = 0$，数码由 D_{SR}

逐位输入，由 Q_0 端输出；串行左移时，令 $\overline{S_0}=0$，$\overline{S_1}=1$，数码从 D_{SL} 逐位输入，由 Q_3 端输出；并行输入时，$\overline{S_0}=1$，$\overline{S_1}=1$。

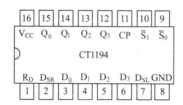

图 13.4.4   CT1194（四位双向移位寄存器）的外引线排列图

13.5   应用实例

本节以抢答电路为例来介绍时序逻辑电路的应用。如图 13.5.1 所示为供六组人员参加智力竞赛的抢答电路。该电路以 6D 触发器 CT1174 为核心，包括按钮、抢答指示灯、扬声器及驱动电路等。

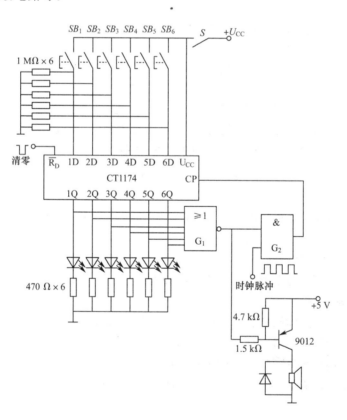

图 13.5.1   六组抢答电路

比赛之前，先闭合电源开关 S，使触发器与电源接通。然后在 $\overline{R_D}$ 端输入清零负脉冲，使 6 个 D 触发器都预置在 0 态。这时，作指示灯用的发光二极管都不亮，或非门 G_1 的输入皆为 0，输出为 1，与门 G_2 被打开，时钟脉冲进入 CP 端。

　　六组参赛者分别手持按钮 $SB_1 \sim SB_6$。六组都不按按钮,则 6 个 D 触发器输入皆为 0,它们的输出端 Q 也为 0,或非门 G_1 输出为 1,PNP 三极管 9012 截止,扬声器不工作。抢答时,哪个组先按下按钮,该组所属的 D 触发器输入为 1,输出 Q 也为 1,相应的指示灯亮。此时,或非门 G_1 因有一个输入为 1,其输出变为 0,一方面使得三极管 9012 导通,驱动扬声器响;另一方面与门 G_2 关闭,输出始终为 0,时钟脉冲不能再进入 CP 端,其他人再按下按钮已不起作用。

　　抢答判决完毕,再清零,准备下次抢答用。

第 14 章　A/D 转换器和 D/A 转换器

随着数字电子技术的发展和数字计算机的广泛运用,经常需要进行数字量和模拟量之间的相互转换,例如要实现计算机控制,必须先把要控制的模拟信号转换为数字信号输入计算机内,而经过计算机处理后的数字信号又必须再转换为模拟信号,才能控制驱动装置以实现对被控制对象的控制。以上过程的控制方框图如图 14.0.1 所示。

图 14.0.1　模数与数模转换的方框图

其中,将模拟信号转换为数字信号的装置为模数转换器,简称 A/D 转换器;而将数字信号转换为模拟信号的装置为数模转换器,简称 D/A 转换器。它们是模拟系统与数字系统之间的接口。本章主要介绍这种转换的基本原理和主要芯片。

14.1　数模转换器

数模转换器的基本思想是将数字量转换成与它等值的十进制数成正比的模拟量。数模转换器的种类很多,本书仅以常用的 R-$2R$ 型数模转换器为例来说明数模转换的基本原理。R-$2R$ 型数模转换器电路如图 14.1.1 所示,由 R-$2R$ 型电阻网络(也称 T 型网络)、电子双向开关($S_0 \sim S_3$)和运算放大器构成。整个电路由许多相同的环节组成,每个环节都有一个 $2R$ 电阻和一个电子双向开关。相邻两环节之间通过电阻 R 联系起来。每个环节反映二进制数的一位数码。每个环节的双向电子开关的位置由该位的二进制数码来控制,当该位数码为 1 时,开关接基准电压 U_{REF};为 0 时,开关接地。二进制数由 D_3、D_2、D_1、D_0 端输入,经过 T 型网络将每位的二进制数转换成相应的模拟量,最后由集成运算放大器进行求和运算。

如果电路可以输入 n 位二进制数,则转换后的模拟电压为

$$U_o = -\frac{U_{REF}}{2^n} \sum_{i=0}^{n-1} 2^i D_i \qquad (14.1.1)$$

由上式可知,其输出的模拟量 U_o 是与输入的数字量成正比的,这样就实现了数字量与模拟量的转换。

数模转换器的非零最小输出电压 U_{omin} 与最大输出电压 U_{omax} 之比称为数模转换器的分辨率。它的大小取决于数模转换器的位数。输出电压是与数字量对应的十进制数成正比的,所以分辨率为

$$K_{RR} = \frac{U_{omin}}{U_{omax}} = \frac{1}{2^n - 1} \qquad (14.1.2)$$

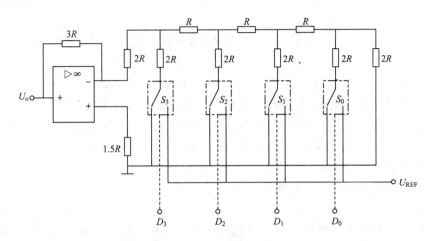

图 14.1.1　数模转换器

目前,市场供应的 D/A 转换芯片种类很多,由于使用的情况不同,对 D/A 芯片的位数、速度、精度及价格有不同要求,用户可根据实际情况选用不同型号的芯片。

数模转换器按输入的二进制数的位数分别有 8 位、10 位、12 位和 16 位等,例如 DAC0832 是 8 位 R-$2R$ 型集成数模转换器,该产品为双列直插式封装,内含运算放大器,其具有价格低廉,接口简单,转换控制容易等优点,在计算机应用系统中得到了广泛的应用。DAC0832 转换器的引脚图如图 14.1.2 所示。

各引脚信号功能如下:

$DI_0 \sim DI_7$:8 位数字数据输入线;

I_{LE}:数据锁存允许控制信号输入线,高电平有效;

$\overline{CS}$:片选信号输入线,低电平有效;

$\overline{WR_1}$:为输入寄存器的写选通信号。当 $\overline{WR_1}$、$\overline{CS}$、I_{LE} 均有效时,可将数据写入输入寄存器中;

$\overline{XFER}$:数据传送控制信号输入线,低电平有效;

$\overline{WR_2}$:为 DAC 寄存器写选通输入线;

I_{OUT1}:电流输出线,外接运算放大器反相输入端。当输入全为 1 时 I_{OUT1} 最大;

I_{OUT2}:电流输出线,外接运算放大器的同相输入端。其值与 I_{OUT1} 之和为一常数;

R_{fb}:反馈信号输入线,芯片内部有反馈电阻;

U_{CC}:电源输入线(+5 V～+15 V);

U_{REF}:基准电压输入线 ,在−10 V～+10 V 范围内调节,为芯片内电阻网络提供高精度基准电压;

AGND:模拟地,模拟信号和基准电源的参考地;

DGND:数字地,即 U_{CC}、数据、地址及控制信号的零电平输入引脚。

	DAC0832	
$\overline{CS}$ — 1		20 — U_{CC}
$\overline{WR_1}$ — 2		19 — I_{LE}
AGND — 3		18 — $\overline{WR_2}$
DI_3 — 4		17 — $\overline{XFER}$
DI_2 — 5		16 — DI_4
DI_1 — 6		15 — DI_5
DI_0 — 7		14 — DI_6
U_{REF} — 8		13 — DI_7
R_{fb} — 9		12 — I_{OUT2}
DGND — 10		11 — I_{OUT1}

图 14.1.2　DAC0832 数模转换器的引脚图

14.2 模数转换器

模数转换器或称 A/D 转换器，与 D/A 转换器相反，是将模拟量转换成与其相当的数字量。A/D 转换器种类很多，主要有两大类。一类是直接 A/D 转换器，将输入模拟电压直接转换成数字量，不经过任何中间变量，这类转换器主要有逐次逼近型。另一类是间接 A/D 转换器，先将输入的模拟电压转换成某一中间变量，如时间、频率等，再将这个中间变量转换成数字量，这类转换主要有单积分型、双积分型等。

A/D 转换器的主要技术指标如下：

1. 转换时间

转换时间指从输入转换起动信号开始到转换结束所需要的时间，反映的是 ADC 的转换速度。不同 A/D 转换器转换时间差别很大。例如逐次逼近式 A/D 转换器 ADC0809 在工作频率为 640 kHz 时，其转换时间为 100 μs。

2. 量程

量程是指 ADC 所能够转换的模拟量输入电压范围。ADC0809 的量程为 0～+5 V。

3. 分辨率

分辨率是 A/D 转换器可转换成数字量的最小模拟电压值，反映 A/D 转换器对输入电压微小变化的响应能力。一个 n 位的 ADC，其分辨率为

$$K_{RR} = \frac{U_{omin}}{U_{omax}} = \frac{1}{2^n - 1} \tag{14.2.1}$$

当模拟信号小于该值时，A/D 转换器不能进行转换，输出的数字量为零。由于能够分辨的模拟量取决于二进制位数，所以也常用位数 n 来间接表示分辨率。

下面主要介绍 CC14433 型 $3\frac{1}{3}$ 位 A/D 转换器，它是双积分型，价格低廉，抗干扰性好，外接器件少，使用方便，能与微处理器或其他数字系统兼容，广泛用于数字面板表、数字万用表、数字温度计、数字量具及遥测、遥控系统。其引脚图如图 14.2.1 所示，芯片有 24 只引脚，采用双列直插式封装。

引脚功能说明如下：

U_{AG}（1 脚）：被测电压 U_X 和基准电压 U_R 的参考地；

U_R（2 脚）：外接基准电压（2 V 或 200 mV）输入端；

U_X（3 脚）：被测电压输入端；

R_1（4 脚）、R_1/C_1（5 脚）、C_1（6 脚）：外接积分阻容元件端。$C_1 = 0.1\ \mu F$（聚酯薄膜电容器）；$R_1 = 470\ k\Omega$（基准电压为 2 V）或 $R_1 = 27\ k\Omega$（基准电压为 200 mV）；

C_{01}（7 脚）、C_{02}（8 脚）：外接失调补偿电容端，典型值为 $0.1\ \mu F$；

DU（9 脚）：实时显示控制输入端。若与 EOC（14 脚）端连接，则每次 A/D 转换均显示；

CLK_1（10 脚）、CLK_0（11 脚）：时钟振荡外接电阻端，典

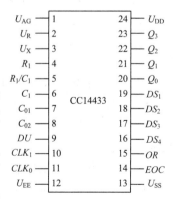

图 14.2.1 CC14433 模数转换器的引脚图

型值为 470 kΩ；

U_{EE}(12 脚)：负电源端,接－5 V；

U_{SS}(13 脚)：除 CLK 外所有输入端的低电平基准(通常与 1 脚连接)；

EOC(14 脚)：转换周期结束标记输出端,每一次 A/D 转换周期结束,EOC 输出一个正脉冲,宽度为时钟周期的二分之一；

$\overline{OR}$(15 脚)：过量程标志输出端,当 $|U_X|>U_R$ 时,$\overline{OR}$ 输出为低电平；

$DS_4 \sim DS_1$(16～19 脚)：多路选通脉冲输入端,DS_1 对应于千位,DS_2 对应于百位,DS_3 对应于十位,DS_4 对应于个位；

$Q_0 \sim Q_3$(20～23 脚)：BCD 码数据输出端,DS_2、DS_3、DS_4 选通脉冲期间,输出三位完整的十进制数；在 DS_1 选通脉冲期间,输出千位 0 或 1 及过量程、欠量程和被测电压极性标志信号；

U_{DD}(24 脚)：正电源端,接＋5 V。

CC14433 具有自动调零,自动极性转换等功能。可测量正或负的电压值。

14.3　应用实例

本节以温度测量系统为例,介绍一个模数转换电路的应用。A/D 转换采用 CC14433A/D 芯片,转换后的数字信号驱动 LED 译码显示器 CC4511 和位选择驱动器 CC1413。

整个系统可以包括传感器、前置信号处理电路、模数转换和显示电路。传感器采用温度传感器,将温度信号转换为与温度成正比的电压或电流信号送入到前置信号处理电路。前置信号处理电路包括模拟开关、由运算放大器构成的放大电路等,得到合适的模拟电压信号。模拟电压信号 U_X 直接送至 A/D 转换器 CC14433,使之转换为数字信号。然后通过译码驱动 LED 数码管显示所测量温度。

CC14433 A/D 芯片按外接部件选择的要求,在量程为 2 V 的情况下,积分电阻 R_1 选 470 kΩ,积分电容 C_1 选 0.1 μF。时钟外接电阻选 300 kΩ,时钟频率为 66 kHz,A/D 转换器的取样速率为 4.16 次/秒。基准电压 U_R＝2 V。显示更新数据输入端 DU 与转换结束信号端 EOC 直接相连,以使 A/D 转换器不断显示更新的数据。

CC4511 为 BCD7 段译码器。CC14433 的输出 BCD 码 $Q_0 \sim Q_3$ 接到 CC4511 的 A、B、C、D 的输入端,经 CC4511 内部译码,输出的 a、b、c、d、e、f、g 直接驱动 LED 数码管的 7 段发光部分。将 CC14433 的过量程 $\overline{OR}$ 端和 CC4511 的 $\overline{BI}$ 端相连,当输入电压超出量程时,$\overline{OR}$ 端由高电平变为低电平,使 $\overline{BI}$ 为 0,数码管无显示。

CC1413 内部含有 7 个反相器,起到位选开关的作用。CC14433 输出的选通脉冲 $DS_1 \sim DS_4$ 端分别接至 CC1413 的 $I_2 \sim I_5$,选通脉冲经 CC1413 反相后,使输出端 $O_2 \sim O_5$ 成为低电平,以控制 4 个数码管的阴极,使它们轮流显示。

被测直流电压 U_X 经 A/D 转换成数字量后以动态扫描形式输出,CC14433 输出端 Q_0、Q_1、Q_2、Q_3 上的 BCD 码按照时间先后顺序输出。数字信号经七段译码器 CC4511 译码后,驱动 4 只 LED 数码管的各段阳极。当 DS_1 的输出为高电平时,千位数码管的阴极为低电平,此时正是 BCD 码经译码后输出千位数的字段信号,故千位数码管显示出千位数。当 DS_2 的输出为高电平时,百位数码管的阴极为低电平,此时正是 BCD 码经译码后输出百位数的字段信号,故百位数码管显示出百位数。这样就把 A/D 转换器按时间顺序输出的数据以扫描形式在 4 只数码管上依次显示出来。在一个转换周期各位循环高达 200 次以上,由于人眼具有视觉暂留特性,因此看起来是四位数码管同时显示三位半十进制数字量。

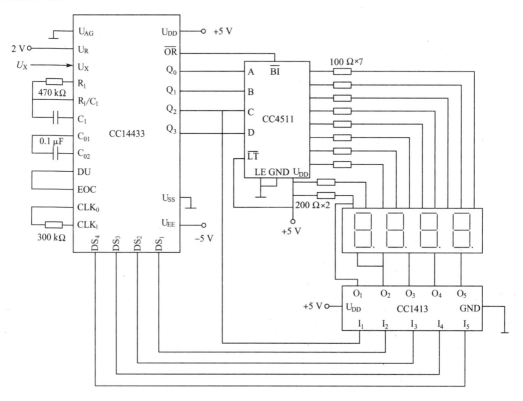

图 14.3.1   显示电路

该测温系统调试简便,测量精度较高。在实际应用中,如果需要进一步处理,如非线性修正、传输、打印和实现各种控制功能的,一般采用微机系统处理,不仅保证足够的测量精度,而且功能更完善。